三菱PLC、变频器与触摸屏
>>>>>>> 应用实例精选

● 周 军 李忠文 卢梓江 等编著

化学工业出版社

·北京·

本书以三菱 FX2N 系列 PLC、变频器 FR-A740 和触摸屏 GT1155 为例,介绍了 PLC 基本指令运用、基本编程思路、方法,PLC 步进顺序控制指令各种应用,FX2N 系列 PLC 功能指令的典型应用,变频器、触摸屏基本使用,PLC 与变频器等设备的通信,PLC 过程控制功能模块 A/D、D/A 应用以及 PLC 在定位控制方面的应用。

本书可作为高职高专 PLC 应用高级技能人才培训用书,为适应教学需要,附录中收入了本书作为项目化教材使用的说明,并附维修电工理论考核复习题。本书还可供电气、自动化技术人员参考和相关专业院校教学使用。

图书在版编目(CIP)数据

三菱 PLC、变频器与触摸屏应用实例精选/周军等编著.
北京:化学工业出版社,2017.9(2021.2 重印)
ISBN 978-7-122-30057-7

Ⅰ.①三… Ⅱ.①周… Ⅲ.①PLC 技术②变频器③触
摸屏 Ⅳ.①TM571.61②TN773③TP334.1

中国版本图书馆 CIP 数据核字(2017)第 154093 号

责任编辑:李玉晖　　　　　　　　　　　　文字编辑:陈　喆
责任校对:边　涛　　　　　　　　　　　　装帧设计:韩　飞

出版发行:化学工业出版社(北京市东城区青年湖南街 13 号　邮政编码 100011)
印　　装:北京虎彩文化传播有限公司
787mm×1092mm　1/16　印张 16¾　字数 411 千字　2021 年 2 月北京第 1 版第 3 次印刷

购书咨询:010-64518888　　　　　　　　售后服务:010-64518899
网　　址:http://www.cip.com.cn

定　　价:59.00 元

→ 前　言

可编程控制器（PLC）是集计算机技术、自动控制技术和通信技术于一体的高新技术产品，因其具有功能完备、可靠性高、使用灵活方便的优点，已成为工业及各相关领域中发展最快、应用最广的控制装置，是现代工业自动化的三大支柱之一。 PLC 控制技术已成为现代技术工人所必须掌握的一门技术。

本书可用于一体化课程教学，以职业院校机电类各专业相关岗位必需的 PLC 知识为基础，融通 PLC 设计师、维修电工技师等职业技能训练的应知应会内容。 注重精选内容，结合实际、突出应用；在编排上，以实践为主线，相关知识为支撑，循序渐进、由浅入深；在内容阐述上，简明扼要，图文并茂，通俗易懂，便于教学和自学。

本书以日本三菱公司的 FX2N 系列的 PLC、三菱的变频器 FR-A740 和三菱的触摸屏 GT1155 为例，介绍了 PLC 基本指令运用、基本编程思路、方法；PLC 步进顺序控制指令各种应用；FX2N 系列 PLC 功能指令的典型应用；变频器、触摸屏基本使用；PLC 与变频器等设备的通信（这是本书的一个侧重，把 FX2N 常用的各种通信都作了举例）；PLC 过程控制应用（主要说明了特殊功能模块 A/D、D/A 的实际用法）；PLC 在定位控制方面的应用（列举步进电动机、伺服电动机的实际应用案例），这些内容均考虑了实训环境，只要具备基本的设备配置，就能进行实训或仿真。

本书可供培养高技能人才可编程序控制系统设计师培训及考证时使用，也可供职业院校机电类专业使用，还可作为自动化技术人员解决自动化技术问题的参考指南。

该教程主要编写和统稿由周军负责，其他参加研讨和编写的有李忠文、卢梓江、章朝阳、李志坚、黄栋斐等同志。 囿于编著者水平，书中难免有不足之处，恳请读者对教材提出宝贵意见和建议。

编著者

2017 年 5 月

→ 目 录

6　PLC 在定位控制方面的应用　　176

7　PLC 控制系统的设计　　201

附录 1 项目化教学说明 208

附录 2 维修电工理论考核复习题（附答案） 222

参考文献 257

PLC的基本编程方法

1.1 三相异步电动机正反转控制

1.1.1 案例描述

如图 1-1 所示，一台三相异步电动机采用继电器控制线路实现正、反转控制，现要求用 PLC 进行改造，改造后的电动机具有正反转连续运行控制功能，试用基本指令编写控制程序。

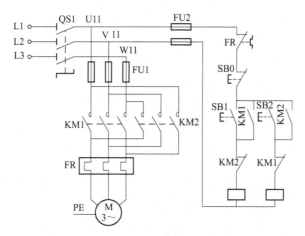

图 1-1 三相异步电动机正反转控制线路

1.1.2 PLC 的软元件

在常规电器控制电路中，采用各种电气开关、继电器、接触器等控制元件组成电路，对电气设备进行控制。在 PLC 中，采用内部存储单元来模拟各种常规控制电器元件的软元件。PLC 的软元件有三种类型：位元件、字元件、位与字混合元件。

位元件：PLC 中的输入继电器（X）、输出继电器（Y）、辅助继电器（M）和状态继电器（S）均为位元件。存储单元中的一位表示一个继电器，其值为"0"或"1"，"0"表示继电器失电，"1"表示继电器得电。

字元件：最典型的字元件为数据寄存器 D，一个数据寄存器可以存放 16 位二进制数，两个数据寄存器可以存放32位二进制数，在PLC控制中用于数据处理。定时器（T）和计数器（C）也可以作为数据寄存器来使用。

位与字混合元件：如定时器（T）和计数器（C），它们的线圈和接点是位元件，它们的设定值寄存器和当前值寄存器为字元件。

FX2N型PLC的软元件见表1-1。

表 1-1   FX2N 型 PLC 软元件

软元件	类型	点数	编码范围
输入继电器(X)		184 点	X0～X267
输出继电器(Y)		184 点	Y0～Y267
辅助继电器(M)	一般	500 点	M0～M499
	锁定	2572 点	M500～M3071
	特殊	256 点	M8000～M8255
状态继电器(S)	一般	490 点	S0～S499
	锁定	400 点	S500～S899
	初始	10 点	S0～S9
	信号报警器	100 点	S900～S999
定时器(T)	100ms	0.1～3276.7s,200 点	T0～T199
	10ms	0.01～327.67s,46 点	T200～T245
	1ms 保持型	0.01～32.767s,4 点	T246～T249
	100ms 保持型	0.1～3276.7s,6 点	T250～T255
计数器(C)	一般 16 位	0～32767,200 点	C0～C99 16 位加计数器
	锁定 16 位	100 点（子系统）	C100～C199 16 位加计数器
	一般 32 位	－2147483648～＋2147483647，35 点	C200～C219 32 位加/减计数器
	锁定 32 位	15 点	C220～C234 32 位加/减计数器
高速计数器(C)	单相		C235～C245 11 点
	双相	范围:－2147483648～＋2147483647	C246～C250 5 点
	A/B 相		C251～C255 5 点
数据寄存器（D）（使用 2 个可组成一个 32 位数据寄存器）	一般(16 位)	200 点	D0～D199
	锁定(16 位)	7800 点	D200～D7999
	文件寄存器(16 位)	7000 点	D1000～D7999
	特殊(16 位)	256 点	从 D8000～D8255
	变址(16 位)	16 点	V0～V7 以及 Z0～Z7
指针(P)	用于 CALL	128 点	P0～P127
	用于中断	6 输入点、3 定时器、6 计数器	100＊～150＊ 和 16＊＊～18＊＊（上升触发＊＝1,下降触发＊＝0,＊＊＝时间,单位为 ms）
嵌套层次	用于 MC 和 MRC	8 点	N0～N7
常数	十进制	16 位:－32768～32767 32 位:－2147483648～2147483647	
	十六进制	16 位:0～FFFF 32 位:0～FFFFFFFF	

（1）FX2N 编程元件的分类及编号

FX2N 系列 PLC 具有数十种编程元件，FX2N 系列 PLC 编程元件的编号分为两部分，第一部分是代表功能的字母，如输入继电器用 "X" 表示，输出继电器用 "Y" 表示；第二部分为数字，为该类器件的序号，FX2N 系列 PLC 中输入继电器及输出继电器的序号为八进制，其余器件的序号为十进制。

（2）输入继电器（X）

FX2N 系列可编程控制器输入继电器编号范围为 X0～X177（128 点）。输入继电器与 PLC 的输入端相连，是 PLC 接收外部开关信号的元件，如开关、传感器等，输入继电器必须由外部信号来驱动，不能用程序驱动。它可提供无数对常开接点、常闭接点，如图 1-2 所示。这些接点在 PLC 内可以自由使用。FX2N 系列 PLC 输入继电器采用八进制地址编号，最多可达 128 点（X0～X177）。

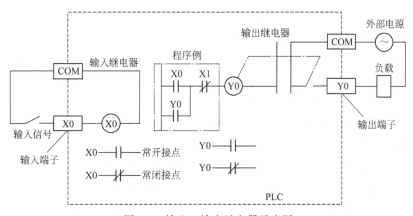

图 1-2　输入、输出继电器示意图

（3）输出继电器（Y0～Y177）

输出继电器是 PLC 用来输送信号到外部负载的元件，输出继电器只能用程序指令驱动，如图 1-3 所示。每个输出继电器有一个外部输出的常开触点。而内部的软接点，不管是常开还是常闭，都可以无限次地自由使用，输出继电器的地址是八进制编号，最多可达 128 点。

(a) 定量器梯形图　　　　　　　　(b) 定量器时序图

图 1-3　普通定时器的简单程序

（4）辅助继电器（M）

PLC 内部有很多辅助继电器，辅助继电器与输出继电器一样只能用程序指令驱动，外部信号无法驱动它的常开常闭接点，在 PLC 内部编程时可以无限次地自由使用。但是这些接点不能直接驱动外部负载，外部负载必须由输出继电器的外部接点来驱动。

在逻辑运算中经常需要一些中间继电器进行辅助运算，这些器件往往用作状态暂存、移位等运算。另外，辅助继电器还具有一些特殊功能。下面是几种常见的辅助继电器。

① 通用辅助继电器　通用辅助继电器的元件编号为 M0～M499，共 500 点。它和普通中间继电器的功能一样，运行时，当通用辅助继电器线圈得电，如果电源突然中断，该辅助继电器的线圈失电。当电源再次接通时，该辅助继电器的线圈仍然处于失电状态。通用辅助继电器也可通过参数设定将其改为失电保持辅助继电器。

② 失电保持辅助继电器　失电保持辅助继电器的元件编号为 M500～M3071。其中，M500～M1023 共 524 点，可通过参数设定将其改为通用辅助继电器；M1024～M3071 共 2048 点，为专用失电保持辅助继电器，其中 M2800～M3071 用于上升沿，而下降沿指令的接点有一种特殊性，这将在后面的任务中加以说明。

③ 特殊辅助继电器　特殊辅助继电器的元件编号为 M8000～M8255，共 256 点。但其中有些元件编号没有定义，不能使用。特殊辅助继电器用来表示 PLC 的某些状态、提供时钟脉冲和标志（如进位、借位标志等）、设定 PLC 的运行方式、步进顺控、禁止中断、设定计数器的计数方式等。特殊辅助继电器通常分为如下两类。

a. 触点利用型（只读型）特殊辅助继电器。此类辅助继电器的接点由 PLC 定义，在用户程序中只可直接使用其触点，但不能出现线圈。下面介绍几种常用的触点利用型特殊辅助继电器的定义和应用实例。

M8000：运行监控。常开接点，PLC 在运行（RUN）时接点闭合。

M8002：初始化脉冲。常开接点，仅在 PLC 运行开始时接通一个扫描周期。

M8011～M8014 分别为 10ms、100ms、1s、1min 时钟脉冲，占空比均为 0.5s。例如 M8013 为 1s 时钟脉冲，该触点为 0.5s 接通，0.5s 断开。

b. 线圈驱动型（可读可写型）特殊辅助继电器。这类特殊辅助继电器由用户程序控制其线圈，当其线圈得电时能执行某种特定的操作，如 M8033、M8034 的线圈等。

M8030：M8030 的线圈得电时，当锂电池电压降低时，PLC 面板上的指示灯不亮。

M8033：M8033 的线圈得电时，在 PLC 停止（STOP）时，元件映像寄存器中（Y、M、C、T、D 等）的数据仍保持。

M8034：线圈得电时，全部输出继电器失电不输出。

M8035：强制运行（RUN）模式。

M8036：强制运行（RUN）指令。

M8037：强制停止（STOP）指令。

M8039：线圈得电时，PLC 以 D8039 中指定的扫描时间工作。

（5）定时器（T）

定时器（T）相当于继电器控制系统中的时间继电器，由设定值寄存器、当前值寄存器和定时器触点组成，用于程序中的时间控制。在其当前值寄存器的值等于设定值寄存器的值时，定时器触点动作。故称设定值、当前值和定时器触点为定时器的三要素。

FX2N 系列的 PLC 共有两类定时器：通用定时器和积算定时器。两类定时器的编号、定时时基、定时范围和总点数见表 1-2。

表 1-2　两类定时器的相关参数

类型	定时器编号	定时时基	定时范围	总点数
通用定时器	T0～T199	100ms	0.1～3276.7s	200
	T200～T245	10ms	0.01～327.67s	46
积算定时器	T246～T249	1ms	0.001～32.767s	4
	T250～T255	10ms	0.01～327.67s	6

定时器的当前值寄存器累计 PLC 内的 1ms、10ms、100ms 的时间脉冲，设定值寄存器存放程序赋予的定时时间，如图 1-3 所示的 K123，当累计的当前值达到设定值时，输出触点动作，定时器的常开触点闭合，常闭触点断开。定时器的常开触点和常闭触点，在程序中可以无限次使用。

① 普通定时器的简单程序　初始状态时，线圈 Y0、T0 均不通电，0# 输出信号灯灭。X0 闭合时，定时器 T0 的线圈通电，并开始计时，K123 表示计数值为常数 123，定时时间为 100ms×123＝12.3s。当 T0 线圈通电够 12.3s 后，定时器动作，其常开触点 T0 闭合，使 Y0 输出灯亮，从定时器开始计时到定时器触点动作，其间延迟时间由程序确定。定时器在计时过程中，如果线圈失电后再通电时，定时器相当于自动复位，重新从预置值开始计时。

② 积算定时器　积算定时器的使用如图 1-4 所示，积算定时器在失去计时条件或 PLC 断电时，定时器当前寄存器中的值及触点均可以保持，可累积时间，所以称为"积算"定时器。

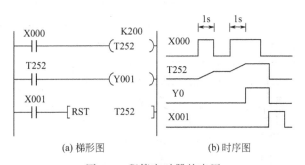

(a) 梯形图　　　　(b) 时序图

图 1-4　积算定时器的应用

图 1-4 中的 T252 为时基 10ms 积算定时器。设定时间 200×0.01s＝2s，当"X0"接通时，积算定时器 T252 开始计时，X0 接通 1s 后断开，T252 的保持当前值不变；当"X0"再次接通，积算定时器 T252 继续累积计时，当设定值与当前值相等时，积算定时器 T252 动作，它的常开触点闭合驱动"Y0"线圈得电。如果"X0"断开或 PLC 断电，积算定时器 T252 仍保持原状态不变，直到"X1"接通，执行"RST"指令，积算定时器 T252 的线圈才会失电，触点复位。

1.1.3　继电器控制线路的 PLC 改造

（1）电动机单向连续运行的简单控制程序

如图 1-5 所示的电动机单向连续运行电路的虚线左侧为主电路，虚线右侧为控制电路。KH 的常闭触点串入控制电路中，其位置可以在 KM 之前，图 1-5 的控制电路 1 中，接于 U11 控制供电端子。也可以接于 KM 线路之后，如控制电路 2 接于控制电源的 N 端子。

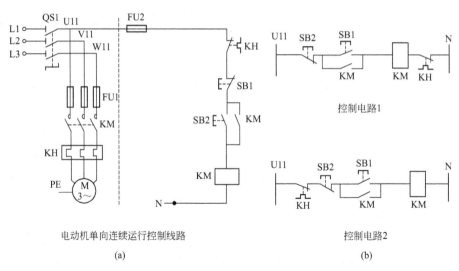

电动机单向连续运行控制线路 (a)

控制电路1

控制电路2

(b)

图1-5　电动机单向连续运行控制线路图

当图1-5中的电动机单向连续运行控制用PLC来实现时，如图1-6所示，其程序图部分（即梯形图）与控制电路1或2在结构形式、元件符号及逻辑控制功能等方面相类似，仅仅是将停止常闭触点、保护常闭触点做了移动，并处于输出线圈之前，电路功能完全相同。之所以要做这些变动，是因为梯形图作为PLC的一种编程语言，有以下编程规则。

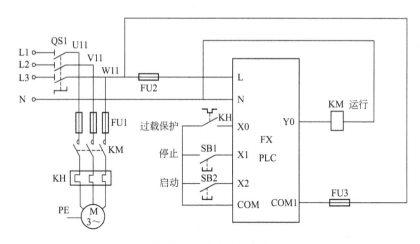

(a) PLC的主电路及控制电路I/O接线图

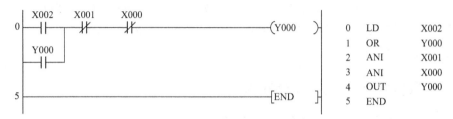

(b) 电动机单向运行控制梯形图及指令表

图1-6　PLC的接线图与程序

① 梯形图中左、右边垂直线分别称为左母线、右母线。梯形图绘制过程中要遵循"从

左到右""从上到下"的规则。梯形图中各种符号，要以左母线起，右母线结束，从左到右绘制。每一行都必须由触点开始，以线圈结束。左母线不能与线圈相连，右母线不能与触点相连。写完一行后，在从上到下依次写下一行，如图1-7所示。

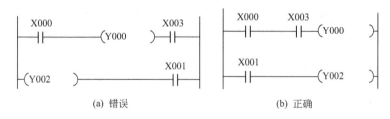

图1-7　梯形图编程规则

② 触点应水平放置，不能画在垂直分支线上。如图1-8(a)所示，图中X005放置在垂直线上，很难分辨出X005与其他触点间的关系。应该遵循"从左到右""从上到下"的规则，改成如图1-8(b)所示梯形图。

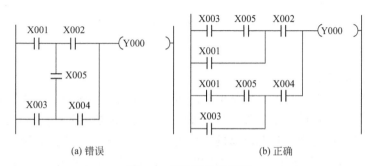

图1-8　梯形图编程规则

③ 串联较多的电路写在上方，并联电路较多的写在左方，这样才可以使编制的程序简洁明了，减少语句。

④ 梯形图中触点的使用次数不受限制，触点、线圈都应有编号，以相互区别。程序中触点可以任意串联或并联，但继电器线圈只能并联而不能串联。

⑤ 输出线圈不能不经过任何接点直接接在两个逻辑电源线之间，若需要输出常通可以在线路中串接常闭触点或M8000常开触点。

⑥ 避免双线圈输出。双线圈输出是指在同一程序中，同一编号元件的线圈使用了两次或多次。如图1-9(a)所示，输出继电器Y000有两个线圈，如果在同一扫描周期，两个线圈的逻辑运算结果可能刚好相反。例如，X000得电接通，当时Y000并没有输出，只有当X002接通时，Y000才有输出。即Y000的一个线圈"得电"，另外的一个线圈"失电"真正起作用的是Y000的最后一个线圈的状态。因为PLC是循环扫描的工作方式，不断地执行输入采样、程序执行和输出刷新的过程，只有当程序执行完以后，将同一编号的最后一个线圈的状态输出。Y000的线圈的状态不仅对外部的负载起作用，通过它的触点，还可能影响程序中其他元件的状态，造成程序混乱。所以一般应该避免双线圈输出的现象，应将程序梯形图1-9(a)改为图1-9(c)。

只要保证能在同一扫描周期内只执行其中一个线圈对应的逻辑运算，这样的双线圈输出是允许的。

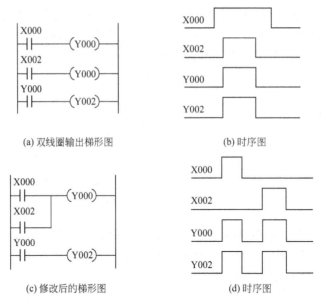

(a) 双线圈输出梯形图　　　　　　　(b) 时序图

(c) 修改后的梯形图　　　　　　　(d) 时序图

图 1-9　双线圈输出

⑦ 程序结束以"END"为标记。

（2）PLC 输入输出电路的处理

图 1-6 中的程序相当于照搬原控制电路，再将控制元件（按钮、开关）接入 PLC 的输入端子，输出端子控制终端电器元件，只是原常闭触点型的控制元件，一律换成常开触点型元件即可，常用于旧设备继电控制电路的快速改造。但一般出于安全方面的考虑，像电动机的 PLC 控制，PLC 输入端子的控制元件，如停止按钮、热继电器触点等仍宜采用传统的常闭触点，这样当控制电路出现断路故障时，电动机会自动停机，将电路故障显露出来。

现将图 1-6 中 PLC 输入控制触点 SB1、KH 换成常闭触点型，梯形图中只需将 X0、X1 触点改为常开即可，如图 1-10 所示。

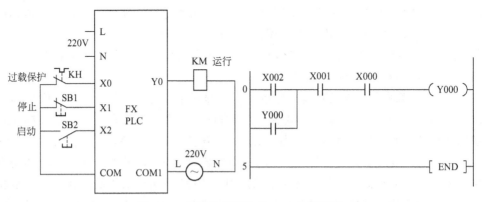

图 1-10　传统控制思路的 PLC 与梯形图

1.1.4　案例实施

（1）分析被控对象工艺条件和控制要求

正反转控制实际上就是两个单向控制的叠加，异步电动机由正转到反转，或由反转到正转切换时，使用两个接触器 KM1、KM2 去切换三相电源中的任何两相即可。在设计控制电路时，必须防止由于电源换相引起的短路事故。例如，由正向运转切换到反向运转，当发出使 KM1 断电的指令时，断开的主回路触点由于短时间内产生电弧，这个触点仍处于接通状态，如果这时立即使 KM2 通电，KM2 触点闭合，就会造成电源故障，必须在完全没有电弧时再使 KM2 接通。因此解决办法是硬件上也要实现正反转互锁；若再加上在设计程序时，使用定时器来设计切换的时间滞后，则效果更好。

（2）PLC 控制系统的硬件设计

① I/O 地址分配　按下正转启动按钮 SB1（X1），电动机连续正转；按下反转按钮 SB2（X2），电动机反转；按下停止按钮 SB0（X0），电动机停止。PLC 的输入信号共四个，占用四个输入点；控制对象有两个：正转接触 KM1（Y1）和反转接触器 KM2（Y2），占用两个输出点，PLC 分配的 I/O 点见表 1-3。

表 1-3　I/O 点分配表

输入设备	输入点编号	输出设备	输出点编号
停止按钮 SB0	X0	正转接触器 KM1	Y1
正转按钮 SB1	X1	反转接触器 KM2	Y2
反转按钮 SB2	X2		
热继电器 KH	X3		

② PLC 的 I/O 接线图绘制　三相异步电动机正反转控制 PLC 的 I/O 接线图如图 1-11 所示。

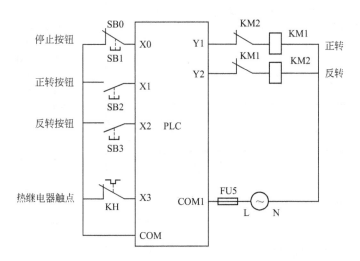

图 1-11　三相异步电动机正反转控制 PLC 的 I/O 接线图

③ PLC 系统安装　根据主控电路图安装主电路，然后根据 I/O 接线图连接控制电路。连接时注意输入信号接常开还是常闭触头，输出外接好电动机。

（3）程序设计和分析

根据图 1-11 的 I/O 接线图，编写 PLC 梯形图程序及指令表如图 1-12 所示。

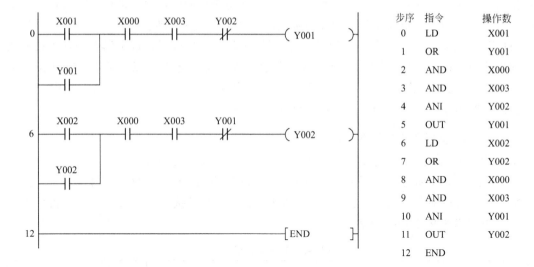

(a)

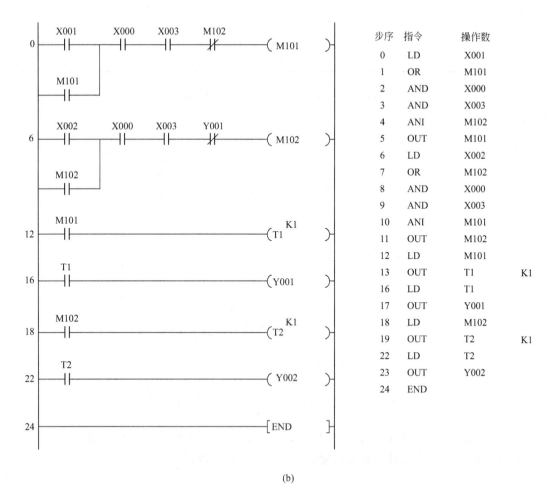

(b)

图 1-12　正反转控制程序及指令表

程序分析：

电动机的正反转控制程序，实际就是"启"—"保"—"停"的控制程序，在其中串入"Y1""Y2"的常开触点的作用是实现的联锁控制，避免"Y1""Y2"同时接通。与机械动作的继电器控制电路不同，在其内部处理中，触点的切换几乎没有时间延时，因此必须采用防止电源短路的方法，即硬件上也实现正反转互锁；或者使用定时器来设计切换的时间滞后。X1、X2接正、反转控制按钮，是常开型；X3接停止按钮，是常闭型。梯形图中M101、M102为内部继电器；T1、T2为定时器，分别设置对正转指令和反转指令的延迟时间。

（4）系统调试

PLC系统调试需分步完成程序调试、控制电路调试、主电路调试和带载运行调试。一般在PLC程序监控状态下进行。后续任务的系统调试步骤均可参照本任务的调试步骤进行。

① 调试程序　可以利用各种编程技巧及规则，分段或分子程序调试主程序。在编程软件上，按照控制要求，进行输入信号的变化，观察对应的输出信号是否会随之按要求变化。成熟或已验证的程序可省此步。

② 调试控制电路　检查控制电路是否按照规范连接，检查无误后控制电路通电，主电路不通电，观察控制输出负载（如继电器）是否随输入信号的变化而动作。

当出现输入指示灯正常显示而在程序监控状态下输入点不动作，应考虑输入点是否损坏，若更换输入点，需要在程序中将对应元件进行更改。

当出现输出指示灯正常显示而按图接线的输出动作异常时，应考虑输出点是否损坏。此时可通过更换输出触点的方法进行调试。当更换的触点为同一组时，仅需要将程序中对应元件进行更改；若更换的触点不为同一组时，输出组所对COM点也需随之变换。

③ 调试主电路　未通电时，测量U11、V11、W11三相之间阻值情况，正常阻值应为"∞"；使用机械方法使KM吸合，则三相之间阻值为十几欧或数十欧。若阻值不为以上数值，需检查外部接线是否存在错误。

④ 带载运行调试　带载运行调试又称综合联调。接好主电路，通电，空载输出，观察输出是否满足控制要求。空载调试成功后，可在控制现场带载进行程序、设备现场联调，直至符合要求为止。

1.1.5　拓展练习

1）将如图1-13所示的各梯形图转换为指令表。

2）将下列指令表转换为梯形图。

0	LD	X0		7	OR	X5
1	AND	X1		8	LD	X6
2	ANI	X2		9	OR	X7
3	OR	X3		10	ANB	
4	OUT	Y1		11	OUT	Y3
5	OUT	Y2				
6	LD	X4				

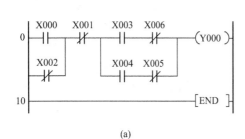

(a)

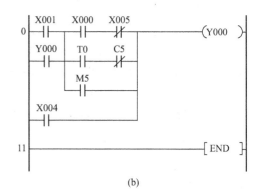

(b)

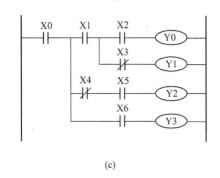

(c)

图 1-13　梯形图

3）设计一小车自动往返 PLC 控制系统，其控制要求如图 1-14 所示。

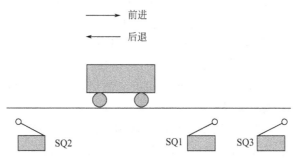

图 1-14　小车自动往返控制系统

① 按启动按钮，小车前进，碰到限位开关 SQ1 后，小车后退。

② 小车后退碰到限位开关 SQ2 后，小车停止；暂停 5s 后，小车再转向前进，当碰到限位开关 SQ3 后开始后退。

③ 小车后退，再次碰到限位开关 SQ2 时，小车停止。延时 5s 后重复上述动作。

4）如图 1-15 所示，一台三相异步电动机需要采用星-三角形降压启动控制，转换时间为 10s。试用 PLC 改造继电器控制系统。

5）编写跑马灯程序并作出 I/O 分配图，按图接线并运行：以 Y0、Y1、Y2、Y3、Y4、Y5 共 6 盏灯（24V 电源控制）形成一个循环。要求分别实现：

① 接通启动按钮 X0，输出 Y0～Y5 依次接通 3s，循环工作；

② 程序一运行，输出 Y0～Y5 即依次接通 1s，灭 2s，循环工作；

③ 接通正转按钮 X0，输出 Y0～Y5 的顺序依次接通 1s，灭 2s，循环工作；接通反转按

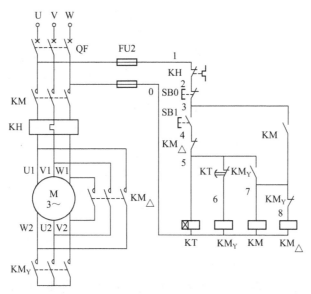

图1-15 三相异步电动机星-三角形降压启动线路图

钮，输出按照Y5～Y0的顺序逆序依次接通1.5s。

1.2 供水压力自动控制系统

1.2.1 案例描述

某供水系统共有三台水泵，三台水泵根据压力接点表的输入信号，实行自动运行与投切，在第一周工作，压力偏低时，1#泵投入运行，运行一段时间压力仍低，2#泵投入运行，运行一段时间，压力仍低，启动3#泵运行。当压力到达上限时，停止3#泵运行，压力还在上限，切掉2#泵直至3台泵均停止运行。即三台水泵的切换方式为：最后启动运行的，先对其实施停机控制，启动与停机的次序是相逆的。在第二周时，首先投入的改为2#泵，依次为3#泵、1#泵，每运行一周按此种方式轮换一次。

1.2.2 脉冲指令

FX2N系列PLC的脉冲指令包括脉冲微分指令和边沿检出指令。

（1）脉冲微分指令

脉冲微分指令用于检测输入脉冲的上升沿或下降沿的指令，当条件满足时，产生一个扫描的脉冲。有PLS、PLF两条指令，对应的功能见表1-4。

表1-4 PLS、PLF指令功能表

助记符	指令名称	指令功能	操作元件	程序步数
PLS	上升沿微分	上升沿微分输出	Y/M（特殊M除外）	1
PLF	下降沿微分	下降沿微分输出	Y/M（特殊M除外）	1

PLS、PLF指令的应用如图1-16所示，说明如下。

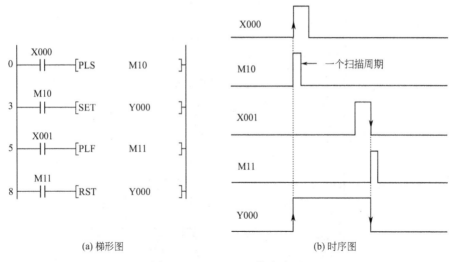

(a) 梯形图   (b) 时序图

图 1-16 PLS、PLF 指令应用

PLS：仅在驱动输入为 ON 后，产生一个扫描周期脉冲信号。操作元件 Y 和 M。

PLF：仅在驱动输入为 OFF 后，产生一个扫描周期脉冲信号。操作元件 Y 和 M。

（2）边沿检出指令

边沿检出指令有 LDP、ORP、ANDP、LDF、ORF、ANDF 指令。这些指令与前面介绍的 LD、OR、AND 指令的使用方法一样，不同的是它们只在信号的上升沿或下降沿接通一个扫描周期。各边沿检出指令应用如图 1-17(a)、(b) 所示。

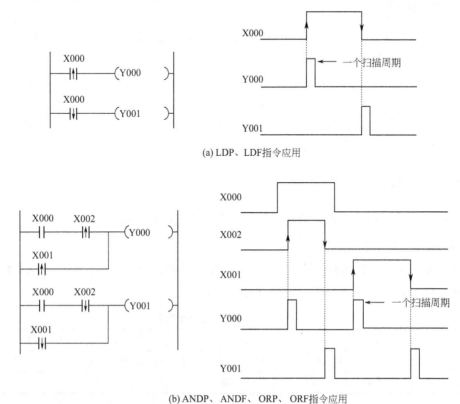

(a) LDP、LDF指令应用

(b) ANDP、ANDF、ORP、ORF指令应用

图 1-17 LDP、ORP、ANDP、LDF、ORF、ANDF 指令应用

（3）脉冲指令应用特点

① 连续触点信号与脉冲信号的区别如同开关和按钮，有些控制电路中，必须采用瞬态信号，如用启动按钮实现启停控制的电路，若将启动按钮换为开关，要么不方便启动，要么不方便停止。

② 很多控制要求，需要采用上升沿或下降沿检出信号，如自动门系统，是检测人体信号的上升沿，来实施自动开门控制的。

③ 可以提高控制性能。如计数信号的输入，当采用连续触点输入，易造成重复计数或无计数，而采用触点脉冲指令，则每当输入条件具备时，只产生一个扫描周期的接通输入，提高了计数准确度。

④ 外部输入元件为开关，但在程序处理中，需要该开关脉冲接通信号，用脉冲触点指令来将其"脉冲化"再使用。

1.2.3 计数器（C）

计数器（C）在PLC中用来完成计数功能。FX2N系列PLC的计数器分为内部计数器和高速计数器两类。内部计数器是在执行扫描操作对内部元件（X、Y、M、S、T、C）的信号进行计数的计数器，其计数信号的周期要大于PLC的扫描周期。当计数信号的周期小于PLC的扫描周期时，要用高速计数器。本节详细讲解内部计数器的功能和使用方法。FX2N型PLC内部计数器的类型见表1-5。

表1-5 FX2N型PLC内部计数器的类型

项　　目	16位计数器		32位计数器	
类型	一般	停电保持	停电保持	特殊用
计数器编号	C0～C99	C100～C199	C200～C219	C220～C234
计数方向	增计数		增/减可以切换	
设定值范围	$1～2^{15}-1$		$-2^{31}～2^{31}-1$	
指定设定值	常数K或数据寄存器(注意:32位计数器要2个)			
当前寄存器	16位		32位	
输出接点	增计数后保持动作		增计数保持,倒数复位	
复位动作	执行RST指令时,计数器的当前值为零,输出接点复位			

（1）16位增计数器的使用

16位增计数器有两种类型的二进制增计数器：通用型增计数器和失电保持型计数器。16位是指设定值寄存器与当前值寄存器都是16位寄存器。该类计数器的设定值数值范围为1～32767。当设定值与当前值相等时，计数器被驱动，其触点也会动作并保持，直到执行RST复位指令，计数器及其触点复位。

16位增计数器的使用方法如图1-18所示。X0为计数器C10的复位信号，X1为计数器的计数信号，计数器C10的设定值为K8，X1每接通一次，计数C10当前值就加1，当设定值与当前值相等时，计数器被驱动，常开触点闭合驱动Y0输出。当X0再次接通执行了RST指令或停电，计数器C10复位，常开触点断开，Y0停止输出。对于C100～C199计数器，即使停电，也会保持原计数不变。

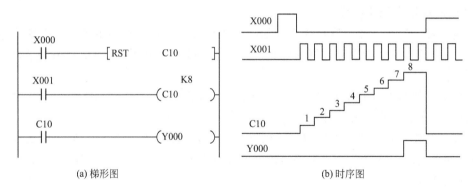

(a) 梯形图　　　　　　　　　　　(b) 时序图

图 1-18　16 位增计数器的使用方法

（2）32 位增/减计数器

32 位增/减计数器的设定值寄存器与当前值寄存器都是 32 位寄存器，设定值的有效范围为－2147483648～＋2147483647（十进制常数）。增/减计数的方向是由特殊辅助继电器 M8200～M8234 与 C200～C234 一一对应，当相对应的特殊辅助继电器被驱动，该计数器为减计数器；没被驱动，则为增计数器。

32 位增/减计数器的使用方法如图 1-19 所示。32 位增/减计数器 C201 与特殊辅助继电

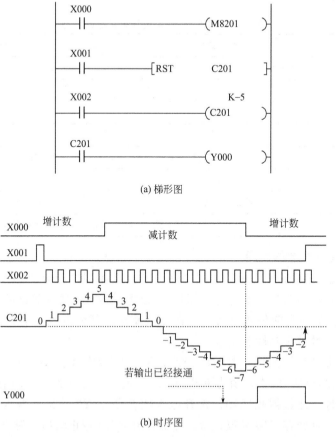

(a) 梯形图

(b) 时序图

图 1-19　32 位增/减计数器的使用方法

器 M8201 对应,当 X0 处于断开状态时,M8201 没被驱动时,C201 为增计数器,当 C201 当前值由 −6 增加到 −5 时,计数器 C201 被驱动,输出触点置位;当 X0 处于闭合状态时,M8201 被驱动时,C201 为减计数器,当 C201 当前值由 −5 增加到 −6 时,计数器 C201 复位,输出触点复位。

1.2.4 MC 指令、MCR 指令

MC 指令是 3 程序步,MCR 指令是 2 程序步,两条指令的操作目标元件是 Y、M,但不允许使用特殊辅助继电器 M。

当如图 1-20 所示的 X0 接通时,执行 MC 与 MCR 之间的指令;当输入条件断开时,不执行 MC 与 MCR 之间的指令。非积算定时器和用 OUT 指令驱动的元件复位,积算定时器、计数器、用 SET/RST 指令驱动的元件保持当前的状态。使用 MC 指令后,母线移到主控接点的后面,与主控接点相连的接点必须用 LD 或 LDI 指令。MCR 使母线回到原来的位置。在 MC 指令区内使用 MC 指令称为嵌套,嵌套级 N 的编号(0~7)顺次增大,返回时用 MCR 指令,从大的嵌套级开始解除,如图 1-21 所示。

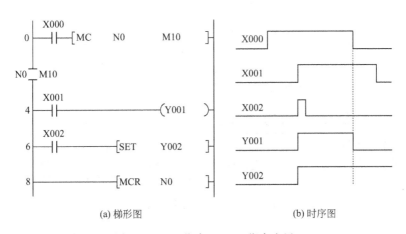

(a) 梯形图　　　　　　　　　　(b) 时序图

图 1-20　MC 指令、MCR 指令应用

1.2.5 典型梯形图电路

梯形图的设计往往需要积累一些典型梯形图,再在其基础上修改。启—保—停、正反转、互锁与自动转换梯形图均属于典型梯形图,此外还有如下几类。

(1) 恒"0"与恒"1"电路

设计较复杂的梯形图时,会用到恒"0"与恒"1"电路,如图 1-22 所示。在 PLC 运行时,也可以使用 M8002 的常闭或常开触头获取恒"0"与恒"1"电路。

(2) 二分频电路

程序中为了节约输入点或者需要一个按钮反复使用,以获得"启动→停止→启动→停止→…"状态,可以通过二分频电路实现,如图 1-23 所示,X0 是二分频的输入信号。

如果将 Y0 作为新的二分频输入信号,则可以驱动新的输出而获得四分频,依次类推。

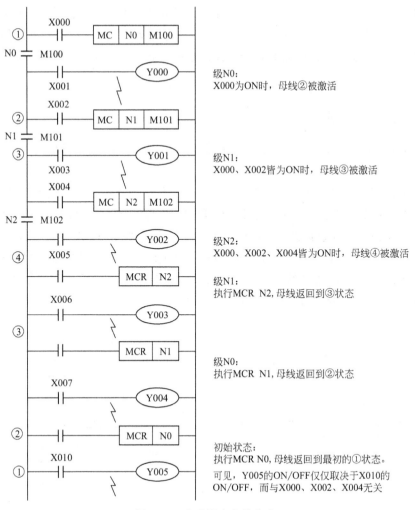

图 1-21 多重嵌套主控指令

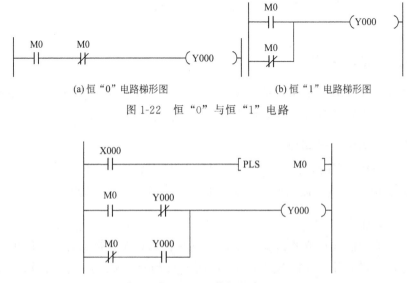

(a) 恒"0"电路梯形图 (b) 恒"1"电路梯形图

图 1-22 恒"0"与恒"1"电路

图 1-23 二分频电路

（3）断电延时电路

由于三菱 FX 系列 PLC 的定时器只有通电延时功能，若要实现断电延时可按图 1-24 所示的电路实现。

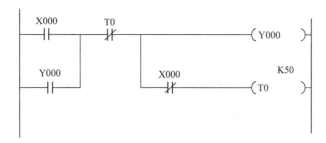

图 1-24　断电延时电路

（4）定时关断电路

在规定的时间后实现电路断电的程序如图 1-25 所示。

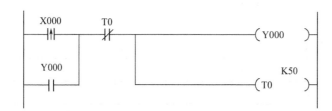

图 1-25　定时关断电路

（5）计时器与计数器串级电路

计数器与计数器串联可以实现计数数字的扩大、定时器与定时器串联可以实现时间的延长。若将计时器与计数器串级，则可以实现更大范围的延时时间，如图 1-26 所示。

（6）闪烁电路

除了 M8011、M8012、M8103、M8104 等特殊辅助继电器可以实现等占空比的定时闪烁，还可以按如图 1-27 所示的电路实现闪烁，其中更改 T0、T1 的数值可以调整占空比。

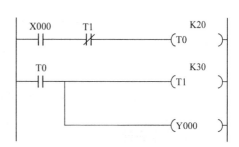

图 1-26　计时器与计数器串级电路　　　　　图 1-27　闪烁电路

1.2.6 案例实施

（1）分析被控对象工艺条件和控制要求

三台水泵的切换为：最后启动运行的，先对其实施停机控制，启动与停机的次序是相逆的。这在生产中经常用到相似的控制流程，如引风机和鼓风机的控制流程是：先开引风机再开鼓风机，停机次序是先停鼓风机，再停引风机；再如运输机线各电动机的启动与停止亦如此。另外为了保证各电动机的使用时间基本一致，每周三个电机的顺序进行轮换，由于需要记录较长时间，可用定时器与计数器配合的方式。

（2）PLC控制系统的硬件设计

① I/O地址分配　按下正转启动按钮SB1（X5），供水系统开始按要求工作；按下停止按钮SB0（X6），供水系统停止工作。PLC的输入信号共四个，占用四个输入点；控制对象有三个：KA0（Y0）、KA1（Y1）和KA2（Y2），占用三个输出点，PLC分配的I/O点见表1-6。

表1-6　I/O点分配表

输入设备	输入点编号	输出设备	输出点编号
压力表下限接点	X0	KA0	Y0
压力表上限接点	X1	KA1	Y1
启动按钮SB0	X5	KA2	Y2
停止按钮SB1	X6		

② PLC的I/O接线图绘制　供水系统PLC的I/O接线图如图1-28所示。

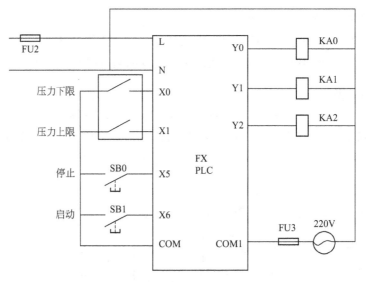

图1-28　供水系统PLC的I/O接线图

（3）程序设计

根据图1-28所示的I/O接线图，编写PLC梯形图程序及指令表，如图1-29所示。

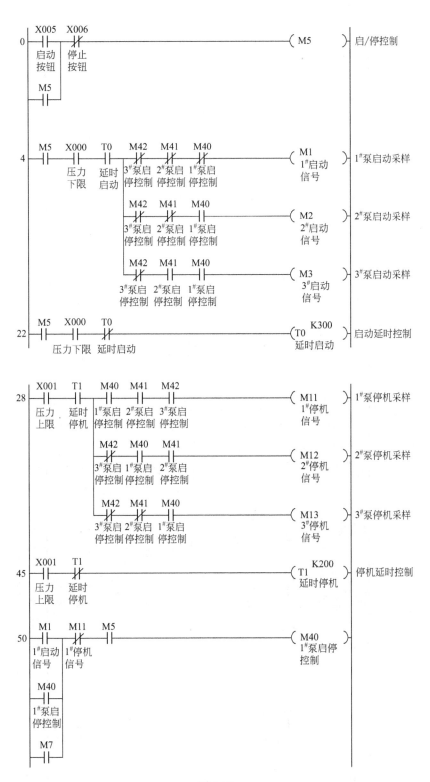

图 1-29

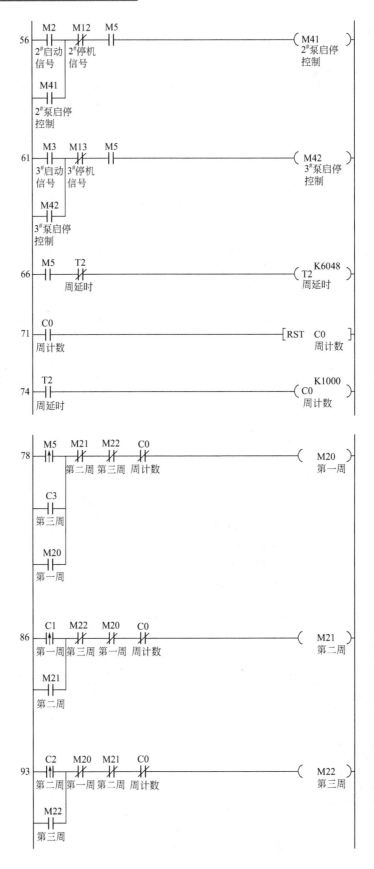

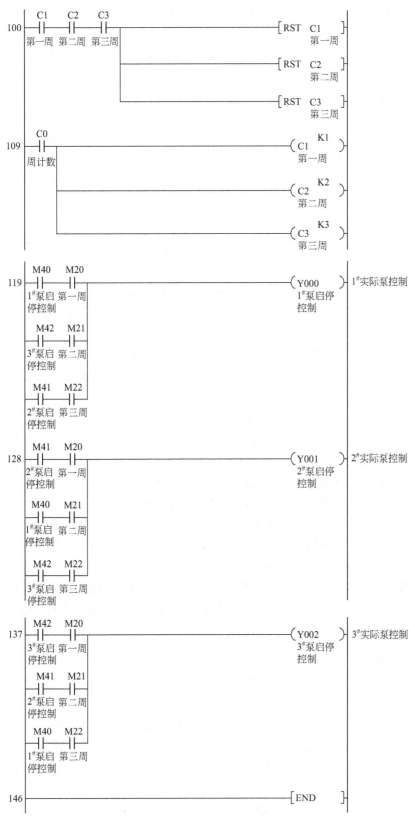

图 1-29　供水系统 PLC 梯形图程序及指令表

在编制相对复杂程序的过程中，可以把程序分成若干个功能模块分别编程，然后再把各个功能模块合并在一起，经过调试修改完成整个程序。这种编程方法的思路清晰，更容易编程。把本任务分成五个功能模块：压力控制顺序启动程序、压力控制逆序停止程序、泵的启停控制程序、长延时（一周）定时和三台泵每周按顺序切换控制程序。

① 压力控制顺序启动程序的设计　顺序启动控制过程（0~21步）：按下启动按钮 SB0（X5），供水系统开始工作，压力下限信号输入时，X0 触点闭合，经 T0 常闭触点，接通 T0 定时器电路。T0 经 30s 延时，若在此时间内，压力下限信号消失，1#泵又处于等待启动状态。若经 30s 延时后，压力下限信号仍然存在，则 T0 动作，此时 M1 电路具备接通条件，M2、M3 不具备接通条件，M1 得电输出；M40 得电并自保，若为第一周则 1#水泵启动运行。

M1 得电的同时，T0 也因输入电路开断，T0 的当前计时值被清零，触点复位，M1 也随即失电，即 T0、M1 只接通一个扫描周期。如果压力下限信号继续存在，T0 重新进行延时，则依序启动 2#、3#水泵。泵与泵之间的启停间隙时间，都是由 T0 控制。若要求泵与泵之间的启停间隙时间不同，则需对应采用定时器。另外，需要启动哪台水泵，是根据 M40、M41、M42 触点相与的电路来判断的，因而这种电路又可以称为"水泵状态检测（采样）"，运用了电路的逻辑判断功能，保证了压力下限信号输入时，依次启动 1#、2#、3# 水泵的固定次序。

② 压力控制逆序停止控制的设计　逆序停止控制过程（22~35步）：与压力控制顺序启动程序类似，只是通过压力上限信号输入时，控制 T1 定时，再通过 M40、M41、M42 触点相与的逻辑电路，来决定 3#、2#、1# 的次序停止水泵运行。

③ 长延时（一周）定时和三台泵每周按顺序切换控制程序的设计　用定时器 T 与计数器 C 结合实现多段时间控制，常用于定时时间较长或定时的时间点较多的场合。66~77 步程序是一周时间的定时，定时的时间为 T2XC0＝6048X1000＝1（周）；一周、二周、三周的分别定时可见 78~118 步程序，利用 C1、C2、C3 脉冲上升沿接通确定相应各周；119~146 步程序利用触点的与或关系确定各周实际水泵的启停顺序。在整个这段程序中，要注意每次 M20、M21、M22 通断电顺序，即先利用 C0 触点将 M20、M21、M22 全部断电，然后在下一个扫描周期用 C1 或 C2 或 C3 脉冲上升沿接通，因此 C0、C1、C2、C3 的置位、复位指令在程序中的相对位置非常重要，不能错。

该供水系统程序将定时触点和启停信号、输出控制"集中处理"，层次分明，便于程序阅读与修改，也为广大编程人员所采用。当然也可以利用一定的编程技巧，编出更加简洁的程序，但程序的可设计性与可读性相对较差。

（4）系统调试

① 程序调试　分段调试程序，按照控制要求，输入信号变化时，观察对应的输出信号是否会随之按要求变化。

② 控制电路调试　检查控制电路是否按照规范连接，检查无误后控制电路通电，主电路不通电，观察控制输出负载（如继电器）是否随输入信号的变化而动作。

③ 主电路调试　本线路主电路较为简单，通电前检查三台电动机即可，通电后观测电动机的运行情况。

④ 带载运行调试　空载调试成功后，可在控制现场带载进行程序、设备的现场调试，直至符合要求为止。

1.2.7 拓展练习

1）判断如图 1-30 所示的 X0 需要闭合延长多长时间，Y0 才能得电？将 T12 改为 T250，观察输入输出变化情况。

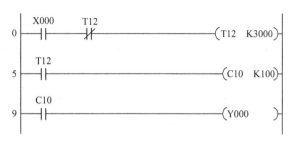

图 1-30 梯形图

2）根据如图 1-31 所示梯形图写出对应的指令表。

3）试设计一个控制电路，该电路中有三台电动机，并且它们用一个按钮控制。第 1 次按下按钮时，M1 启动；第 2 次按下按钮时，M2 启动；第 3 次按下按钮时，M3 启动；再按 1 次按钮三台电动机都停止。

4）四台电动机 M1、M2、M3、M4 顺序启动，反顺序停止，启动时 M1→M2→M3→M4，间隔 3s、4s、5s；停止时 M4、M3、M2、M1，间隔 5s、6s、7s。要求：a. 有启动按钮、停止按钮。b. 启动时有故障要停机，如果某台电动机有故障，按停止按钮，这台电动机要立即停机，已启动的，延时停机。c. 工作时有故障，要停机。如果某台电动机有故障，则这台电动机以及前方的电动机，要立即停机，其余的延时顺序停机。例如 M3 电动机有故障，则 M3、M4 要立即停止。延时 6s 后 M2 停止，再延时 7s 后 M1 停止。试用基本指令编程，I/O 分配表和梯形图。

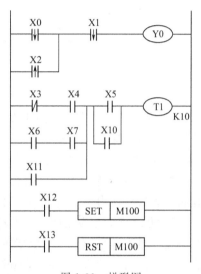

图 1-31 梯形图

5）如图 1-32 所示，某广场要建设一个自动喷泉，共有四组喷头，喷头由电磁阀控制，具体控制要求如下。

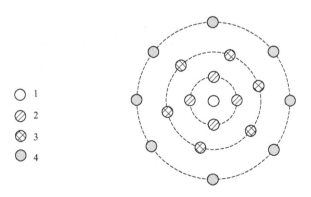

图 1-32 自动喷泉示意图

① 四组喷头依次延时 20s 按顺序启动，各保持 30s 喷水，循环两次后，四组喷头一起喷水 30s 结束。

② 要能够实现单循环和循环功能，同时设置启动和停止功能。

提示：可通过如图 1-33 喷泉控制时序图，来确定各定时器衔接与延时量。

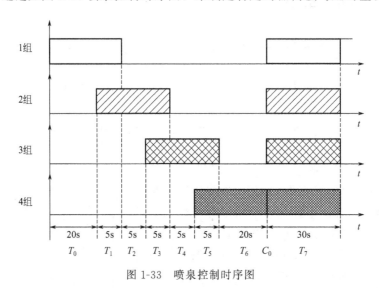

图 1-33　喷泉控制时序图

6）某生产单位有一消防压力水罐，用两台补水泵，进行随机性补水，以维持罐内的水压以备不时之需。控制要求如下：

① 自动补水，压力下限信号输入时，补水泵运转，压力上限信号输入时，补水泵停机。

② 两台补水泵交替运行模式，以延长使用寿命。第一次压力下限信号输入，1# 补水泵运行，第二次压力下限信号输入时，则 2# 补水泵运行。

③ 可以自动巡检运行。因为随机性补水，补水泵不是处于连续运行状态下，数天或更久不运行时，容易因锈蚀造成堵转等故障，故设定自动巡检功能，巡检周期为一个星期，每台补水泵的自动巡检运行时间 1min。

④ 手动巡检，操作手动巡检按钮时，即时巡检开始，便于工作人员随时对补水泵的运行状况进行检查。

2 PLC步进顺序控制指令与应用

2.1 电镀生产线控制

2.1.1 案例描述

电镀生产线要求整个生产过程能自动、手动等多种方式进行，以满足生产需要以及方便对设备进行调整和检修。这主要体现在行车的控制上，如图2-1所示为电镀生产线，电镀专用行车用两台电动机驱动，一台为行走机构电动机另一台为提升机构电动机。电镀专用行车控制过程如下：

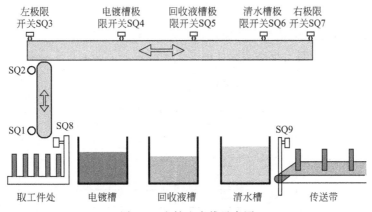

图 2-1　电镀生产线示意图

① 行车手动功能　要求上下、左右具有手动点动功能。

② 行车自动功能　行车吊篮原始位置位于左上侧，发出启动命令后，行车提升机构使吊篮放下碰到 SQ1、SQ8 后停止下降；装入工件5s后，行车提升碰到 SQ2 则上升到位，并自动向前运行碰压到 SQ4 即电镀槽的正上方后，自动将吊篮放下碰到 SQ1 停止下降。对工件进行电镀处理，经280s后，吊篮提起碰到 SQ2 后停止，滴液28s；行车又向前运行碰压到 SQ5 回收液槽的正上方后下降，到位后在吊篮回收液槽内30s，行车上升碰到 SQ2 后停止，滴液15s；行车又向前运行碰压到 SQ6 清水槽的正上方后下降，到位后吊篮在清水槽内30s，行车上升碰到 SQ2 后停止，滴液15s；行车又向前运行碰压到 SQ7 右极限开关的正上方后自动下降，碰到 SQ1、SQ9 停止下降，并将工件放到传送带上3s；在依次完成每道工序，电镀行车吊篮自动返回进入下一循环。

2.1.2 顺序控制设计法和顺序功能图

顺序控制：按照工艺过程预先规定的顺序，在各个输入信号的作用下，根据内部状态和时间的顺序，让生产过程的各个执行机构自动有序的进行操作。

三菱 PLC 通过顺序功能图（Sequential Function Chart，SFC）实施顺序控制。FX 系列 PLC 的 SFC 程序执行过程都是根据条件并按要求的工步进行的。顺序功能图在每一工步上的具体动作，采用了梯形图的形式进行编程，故又称为"步进梯形图"，其所用指令称为步进顺序控制指令，非常适合于工业生产的流程化控制。以小车自动往返系统为例来说明顺序功能图的绘制方法：

例： 设计一小车自动往返 PLC 控制系统，其控制要求如图 2-2 所示。

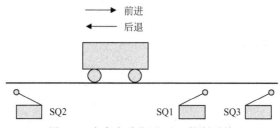

图 2-2　小车自动往返 PLC 控制系统

① 按启动按钮，小车前进，碰到限位开关 SQ1 后，小车后退。

② 小车后退碰到限位开关 SQ2 后，小车停止；暂停 5s 后，小车再转向前进，当碰到限位开关 SQ3 后开始后退。

③ 小车后退，再次碰到限位开关 SQ2 时，小车停止。延时 5s 后重复上述动作。

根据控制要求，先绘制出工序流程如图 2-3 所示。

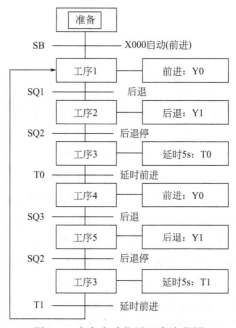

图 2-3　小车自动往返工序流程图

图 2-3 的特点：复杂的控制任务或工作过程分解成了若干个工序；各个工序的任务明确

而具体；各工序间的联系清楚，工序间的转换条件直观；这种图很容易理解，可读性很强。克服了用基本指令编程时工艺动作表达烦琐，梯形图涉及的联锁关系较复杂，处理起来较麻烦，梯形图可读性差，很难从梯形图看出具体控制工艺过程这些缺点。

如果把工序流程图再加工和细化，将控制与动作细节包含在内，则成顺序功能图如图2-4所示。图2-4中每道工序中设备所起作用以及整个控制流程都能表示得通俗易懂，顺序控制由此变得容易。SFC也是编程语言的一种，称为状态流程图，其本质上就是步进梯形图的另一种绘制方法，从SFC可转变为步进梯形图，反之亦然。

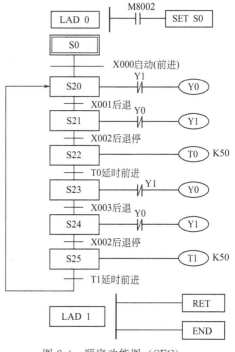

图 2-4 顺序功能图（SFC）

SFC中包含步、转换、有向连线、转换条件和动作五个基本要素。

a. 步 步又称为工作步，是控制系统中的一个稳定状态。在SFC中用矩形框表示。步是根据PLC输出状态的变化来划分的，在任何一步内，各个输出状态不变，但是相邻步之间的输出状态往往是不同的。步分为初始步和活动步两种，SFC中常常用状态继电器（S）来代表各步。

初始步：与系统的初始状态相对应的步。一般是系统等待启动命令的相对静止的状态。初始步用双线矩形框表示，每个SFC至少需要一个初始步。

活动步：当系统处于某一步所在的阶段时，该步处于活动状态，该步称为活动步。步处于活动状态时相应的动作被执行；步处于不活动状态时，相应的非存储型命令被停止执行。

b. 转换 步的活动状态进展是由转换来完成的。转换用与有向连线垂直的短画线表示，步与步之间不允许直接相连，必须有转换隔开，而转换与转换之间也不能直接相连，必须有步隔开。转换的实现必须同时满足：第一，该转换所有的前级步都是活动步；第二，相应的转换条件得到满足。

c. 有向连线 步与步之间用有向连线连接，并且用转换将步分隔开。有向连线是状态间的连接线，它决定了状态转换的方向与途径。步的活动状态按照有向连线规定的路线进行。有向连线无箭头时按照从上至下、从左至右的顺序；有箭头则按箭头方向进行。

SFC程序中的状态一般需要两条以上的"有向连线"进行连接，其中一条为输入线，它与转换到本状态的上一级源状态相连接；另一条为输出线，表示本状态执行转换时的下一级目标状态。

d. 转换条件 转换条件表示转换时所需要的逻辑条件，常用短画线表示。

e. 动作 动作是某步活动时，PLC向被控系统发出的命令，或者被控系统应执行的动作。步并不是PLC的输出触点动作，步只是控制系统中的一个稳定状态。在此状态下，可以由一个或多个PLC输出触点动作，也可以没有输出触点动作。

因此顺序功能图编程的一般思想是：将一个复杂的控制过程分解为若干个（步）工作状态，明确各状态的任务、状态转移条件和转移方向，再依据总的控制顺序要求，将这些状态组合形成状态转移图，最后依一定的规则将状态转移图转绘为梯形图程序。

2.1.3　状态元件与步进指令应用规则

（1）状态与状态元件

SFC 程序中的工作步实质上是控制对象的某一特定工作情况，因此，习惯上将其称为"状态"。为了区分不同的状态，需要对每个状态赋予一定的标记，这一标记称为"状态元件"。

FX 系列 PLC 采用了专门的状态继电器（S）进行标志。当状态继电器（S）用于编制顺序控制程序时，与步进顺控指令 STL 配合使用；当状态继电器（S）不用于顺序控制时，其性质与辅助继电器 M 类似。状态继电器（S）的分类见表 2-1。

表 2-1　FX2N 系列 PLC 的状态元件

类　别	元件编号	点数	用途及特点
初始状态	S0～S9	10	用于状态转移图(SFC)的初始状态
返回原点	S10～S19	10	多运行模式控制当中，用作返回原点的状态
一般状态	S20～S499	480	用于状态转移图(SFC)的中间状态
掉电保持状态	S500～S899	400	具有停电保持功能,用于停电恢复后需继续执行停电前状态的场合
信号报警状态	S900～S999	100	用作报警元件使用

（2）步进指令

步进顺控指令有 STL 和 RET 两条，其指令功能见表 2-2。

表 2-2　步进指令功能表

指令助记符、名称	功　能	梯形图符号	程序步
STL 步进接点指令	步进接点驱动	FX 旧版　——S————————〇 FX 新版　——［ STL S ］——（ ）	1
RET 步进返回指令	步进程序结束返回	————［ RET ］	1

（3）步进顺控指令的注意事项

如图 2-5 所示为顺序功能图与步进梯形图对照，对应一个状态具有三要素即负载驱动、转移条件和转移方向。

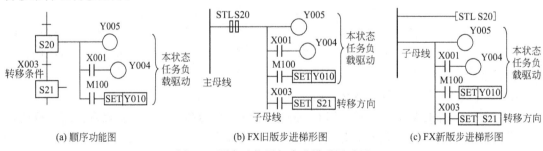

图 2-5　顺序功能图与步进梯形图对照

STL 指令：STL 指令有主控含义，即 STL 指令后面的触点要用 LD 指令或 LDI 指令。同时，STL 指令有自动将前级步复位的功能（在状态转换成功的第二个扫描周期自动将前级步复位），因此使用 STL 指令编程时不考虑前级步的复位问题。

RET指令：一系列STL指令的后面，在步进程序的结尾处必须使用RET指令，表示步进顺控功能（主控功能）结束。

用步进指令STL、RET要注意以下几点。

① 先进行驱动动作处理，然后进行状态转移处理，不能颠倒。

② 驱动步进触点用STL指令，驱动动作用OUT指令。若某一动作在连续的几步中都需要被驱动，则用SET/RST指令。

③ 接在STL指令后面的触点用LD/LDI指令，连续向下的状态转换用SET指令，否则用OUT指令。

④ CPU只执行活动步对应的电路块，因此使用STL指令可以缩短用户程序的执行时间，提高I/O响应速度。显然步进梯形图也允许双线圈输出。

⑤ 相邻两步的动作若不能同时被驱动，则需要安排相互制约的联锁环节。

2.1.4 单流程顺序控制

单流程顺序控制结构是顺序控制中最常见的一种流程结构，其结构特点是程序顺着工序步，步步为序的向后执行，状态与状态间只有一个工作通道，中间没有任何的分支。如图2-6所示均为单流程结构。

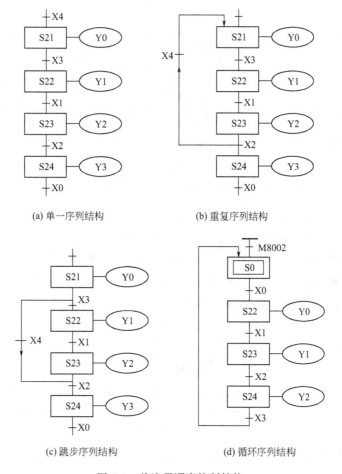

图2-6 单流程顺序控制结构

一个实际的控制系统，即便是单流程顺序控制结构也会有很多控制要求，仍以前述小车往返控制系统为例，实现如下功能。

例：小车往返控制系统

① 自动工作方式

a. 连续。小车处于原位，按下启动按钮，小车按前述工作过程连续循环工作。按下停止按钮，小车返回原位后，停止工作。这种工作方式下，选择开关置于连续操作挡。

b. 单周期。小车处于原位，按下启动按钮后，小车系统开始工作，工作一个周期后，小车回到初始位置停止。在工作过程中，若按下停止按钮，则暂停工作。若再按启动按钮，小车接着工作完成一个周期。这种工作方式下，选择开关置于单周期挡。

c. 步进操作。每按一次启动按钮，小车系统工作一步。这种方式下，选择开关置于步进挡。

② 手动工作方式

a. 单一操作。即可用相应按钮来接通或断开各负载。这种工作方式下，选择开关置于手动挡。

b. 返回原位。按下返回原位按钮，小车自动返回初始位置。这种工作方式下，选择开关置于返回原位挡。

设计：

第一步：首先根据控制要求，I/O 分配表见表 2-3。

表 2-3　I/O 分配表

输入设备	输入点编号	输入设备	输入点编号	输出设备	输出点编号
行程开关 SQ1	X1	连续运行	X14	接触器(前进)	Y0
行程开关 SQ2	X2	原点回归启动	X15	接触器(后退)	Y1
行程开关 SQ3	X3	自动启动	X16	原点指示	Y10
手动操作	X10	自动停止	X17		
原点回归	X11	电源急停	X20		
步进	X12	行车左移	X22		
一次循环	X13	行车右移	X23		

对应的面板设计如图 2-7 所示。

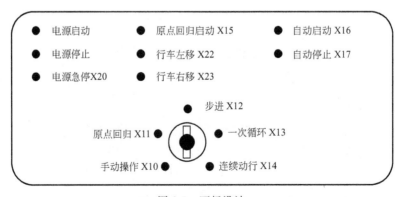

图 2-7　面板设计

第二步：写出工序流程图和整体控制要求确定的程序结构图，若不是很复杂的系统可直接给出顺序功能图，如图 2-8 所示。

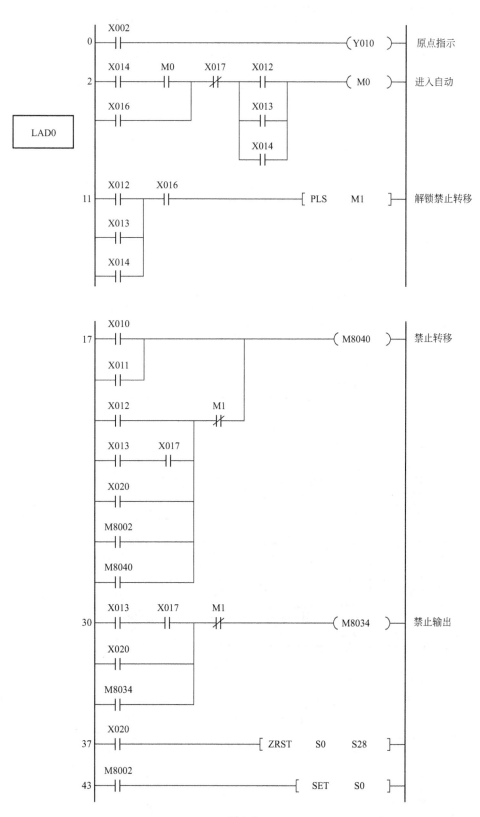

图 2-8

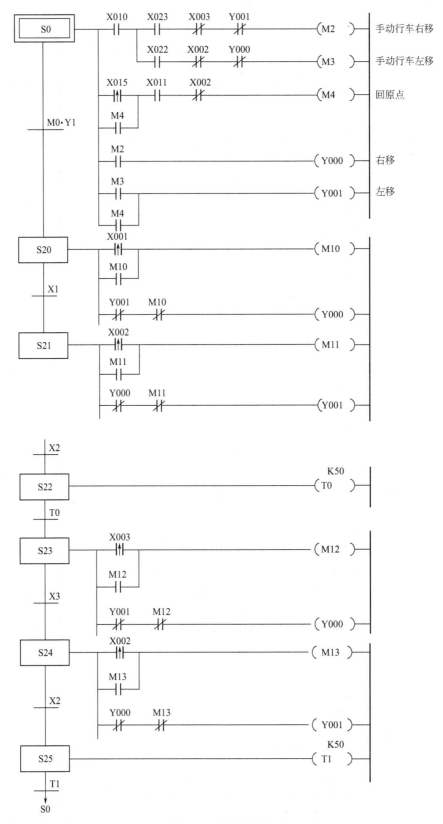

图 2-8 顺序功能图

LAD0 模块中就是梯形图块，是直接与程序主母线相连，程序运行时每个扫描周期均会扫描，因此把共用程序及随时需要接收外部信号的程序如启停控制、各种运行方式转换控制、故障保护程序、手动控制程序放于此处；不过本例未将手动控制程序放入。在该段程序中用到 M8034 和 M8040，实际上与步进顺控相关的特殊辅助继电器见表 2-4，这些继电器可以实现不同的功能，往往能使程序大为简化。

表 2-4　与步进顺控相关的特殊辅助继电器

编号	名称	功能和用途
M8034	禁止输出	该继电器接通后,PLC 的所在输出触点在执行 END 指令后断开,但 PLC 程序和映像寄存器仍在工作
M8040	禁止转移	该继电器接通后,禁止在所有状态之间的转移。但激活状态内的程序仍然运行,输出仍然执行
M8041	状态转移开始	自动方式时从初始状态开始转移
M8042	启动脉冲	启动输入时的脉冲输入
M8043	回原点完成	原点返回方式结束后接通
M8044	原点条件	检测到机械原点时动作

控制流程采用的 S0～S25 步进程序电路，具体完成自动和手动。其中 S0 的输出为手动和原点回归控制。为了避免双线圈输出，通过 M3、M4 来驱动 Y1。S20～S25 步完成自动控制部分，但与本章前述小车控制程序相比，增加了部分程序如图 2-9 所示。

图 2-9　增加的部分程序

该程序能够避免在单周运行按下停止按钮时，或步进运行时行车到位不能停止的问题。在这个例子中看到由于要求的工作方式较多，因此编制程序时需要较多的考虑，特别是公用程序部分，而这些工作方式在 PLC 控制里是一些很典型的方式，为此，三菱 PLC 功能指令中有一条方便指令 FNC60，将自动设置初始状态和特殊辅助继电器，如图 2-10 所示。

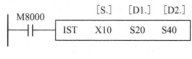

图 2-10　FNC60

[S·] 指定操作方式输入的首元件。

X10：手动方式　　　　　　　　X14：连续运行
X11：原点回归　　　　　　　　X15：回原点启动
X12：步进方式　　　　　　　　X16：自动启动

X13：一次循环方式　　　　　　　　X17：自动停止

［D1·］指定在自动操作中实际用到的最低状态号。

［D2·］指定在自动操作中实际用到的最高状态号。

本指令执行条件变为 ON 时，下列元件自动受控，其后若执行条件变为 OFF，这些元件的状态仍保持不变。

M8040：禁止转移　　　　　　　　　S0：手动操作初始状态

M8041：传送开始　　　　　　　　　S1：回原点初始状态

M8042：起始脉冲　　　　　　　　　S2：自动操作初始状态

M8047：STL 监控使能

则上述小车自动控制程序可如图 2-11 所示。

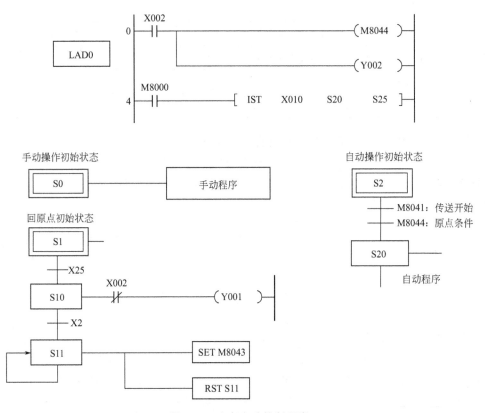

图 2-11　小车自动控制程序

可以看到功能指令使用，使整个程序更有规律和简练，本例操作方式输入为 X10～X17 连续编号，当不使用连续编号或某些功能不使用时，则要使用辅助继电器（M），重新安排输入编号，若只用手动（X10）和自动（X11）时如图 2-12 所示。

2.1.5　案例实施

（1）分析被控对象工艺条件和控制要求

电镀生产线要求整个生产过程能自动进行，这主要体现在行车的控制上，同时还要求行车和吊篮的正反向运行均能实现点动控制，以便对设备进行调整和检修。因此在设计程序

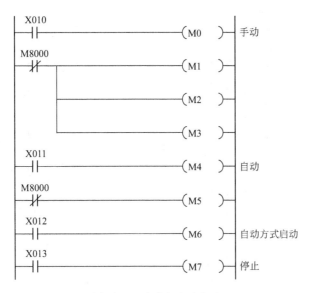

图 2-12　手动和自动方式

时，必须有手动部分和自动部分。

（2）PLC 控制系统的硬件设计

① 主要部件的选择　根据前面的分析，应有手动与自动选择看开关，启动和停止按钮，急停按钮，九个行程开关等，故确定选用 FX2N-40MR，输入 24 点、输出 16 点，既能满足控制要求，而且还有一定的余量。

② I/O 地址分配　I/O 地址分配表见表 2-5。

表 2-5　I/O 地址分配表

输入设备	输入点编号	输入设备	输入点编号	输出设备	输出点编号
SB0 启动	X000	SQ1 吊篮提升限位	X011	HL 原位指示灯	Y000
SB1 停止	X001	SQ2 吊篮下降限位	X012	KM1 吊篮上升	Y001
SB2 吊篮提升	X002	SQ3 行车左限位	X013	KM2 吊篮下降	Y002
SB3 吊篮下降	X003	SQ4 行车电镀槽位	X014	KM3 行车右移	Y003
SB4 行车前进	X004	SQ5 行车回收液槽位	X015	KM4 行车左移	Y004
SB5 行车后退	X005	SQ6 行车清水槽位	X016	KM5 吊篮装载	Y005
SA 自动/手动选择开关	X006	SQ7 行车右限位	X17	KM6 吊篮卸载	Y006
SB6 急停	X007	SQ8 吊篮装载位	X20		
SB7 装载点动	X22	SQ9 吊篮卸载位	X21		
SB8 卸载点动	X23				

③ 画出 PLC 的 I/O 接线图　根据表 2-5 的 I/O 地址分配，画出 PLC 的电路接线图如图 2-13 所示。

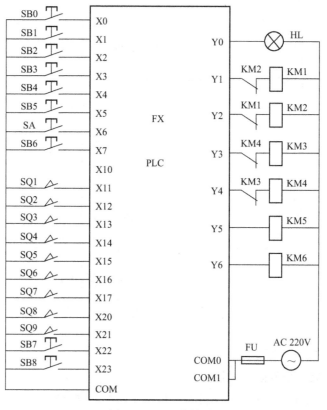

图 2-13　I/O 接线图

（3）程序设计

虽然该步进程序工作状态较多，但由于是单流程顺序控制，比较简单，直接给出顺序功能图如图 2-14 所示。

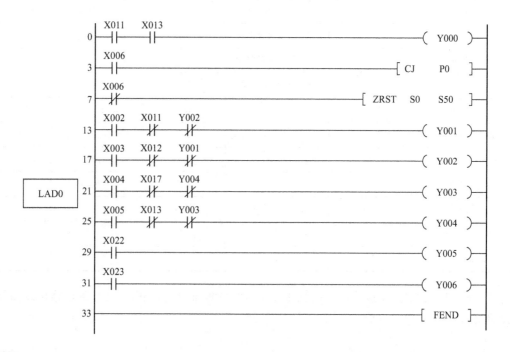

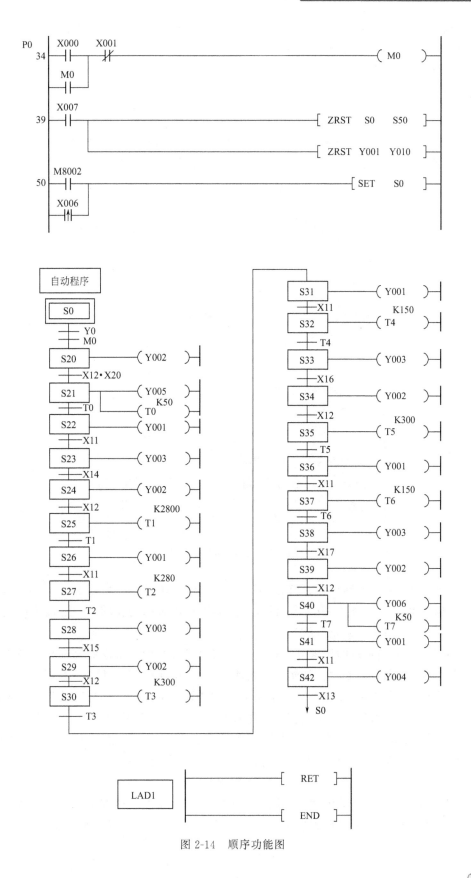

图 2-14　顺序功能图

该控制程序将手动部分放在主程序中，而自动程序部分利用一个跳转功能指令 CJ 转入，在自动程序入口主母线上是启停控制和急停控制程序，以保证在程序运行的任何时刻均能接受外部信号。自动程序部分较为简单不再叙述。

（4）程序输入

对于使用步进指令所编程序，除了可以是梯形图或指令表，还可以是 SFC，三者间均能转换。下面为利用 GX-Developer 编程软件编制单流程 SFC 的详细步骤。

① 创建新的 SFC 工程　启动 GX-Developer 编程软件，单击"工程"菜单，单击"创建新工程"菜单选项或 ，弹出"创建新工程"对话框，如图 2-15 所示。

图 2-15　创建 SFC 新工程

在"创建新工程"对话框中，"PLC 系列"选择"FXCPU"，"PLC 类型"选择"FX2N（C）"，"程序类型"选择"SFC"，"设置工程名"可以根据需要填写"电镀生产线控制"，也可以不填，然后单击"确定"按钮。

② SFC 程序初始状态的设置　SFC 程序由初始状态开始，编程的第一步便是给初始状态设置合适的启动条件，必须使初始状态激活。激活的通用方法是利用一段梯形图程序，且这段梯形图程序必须放在 SFC 程序的开头部分。如图 2-16 所示，梯形图的第一行表示的是如何启动初始步，只有第 0 块是选择"梯形图块"而其他后续块都选择"SFC"才可启动。双击 No.0 对应的块标题处（图中圈中所指处），弹出"块信息设置"对话框，在"块标题"处可填写"手动与启停控制"，也可以忽略，"块类型"选择"梯形图块"，单击"执行"按钮。

③ SFC 程序初始状态的激活　如图 2-17 所示，在屏幕右半区的梯形图部分从 0 号步序开始，将前述 LAD0 内置梯形图输入，按"F4"键进行程序变换，从而完成初始状态的激活。

图 2-16　启动 SFC 初始步的设置

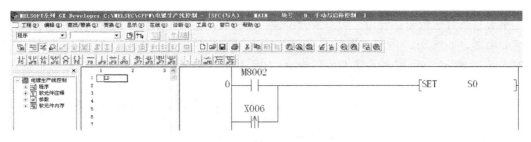

图 2-17　初始状态激活设置步骤

需注意，在 SFC 程序的编制过程中每一个状态中的梯形图编制完成后必须进行变换（按"F4"键），才能进行下一步的工作，否则会弹出出错信息，如图 2-18 所示。

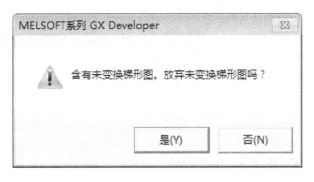

图 2-18　未进行变换的出错信息

④ 编制主程序初始状态步　完成了程序的第一块（梯形图块）编辑后，双击工程数据列表窗口中"程序"右侧的"MAIN"（也可展开左边窗口的"程序"再选中"MAIN"），返回块列表窗口。双击 No.1 对应的块标题，弹出"块信息设置"对话框，在"块标题"处可填写"电镀生产线控制"也可不填，"块类型"选择"SFC 块"，如图 2-19 所示。

图 2-19　主程序块信息设置

单击"执行"按钮，弹出"SFC 程序编辑"窗口，在"SFC 程序编辑"窗口中光标变成空心矩形。如图 2-20 所示，图标号 STEP 后所写的步号即为状态号，如输入"0"，则表示输入 S0，输入"9"则表示输入 S9。输入"0"单击"确定"按钮。

图 2-20　设置 S0 图号标

光标自动下移，横画线处表示变换条件，单击该处后在右侧的梯形图区域中即可设置第一个转移条件，如图 2-21 所示。

图 2-21　设置第一个转移条件

⑤ 激活程序和步进程序的切换　在输入程序过程中，需要进行激活程序和步进程序的切换时，可双击"程序"→"MAIN"，然后再选择块标题，No.0 是激活程序，No.1 是步进程序，双击后即可编辑内容，如图 2-22 所示。

图 2-22　激活程序和步进程序的切换

（5）控制电路调试

检查控制电路是否按照规范连接，检查无误后控制电路通电，主电路不通电，观察控制输出负载（如继电器）是否随输入信号的变化而动作。

（6）带载运行调试

空载调试成功后，正确接线后，在控制现场带载进行程序、设备现场调试，直至符合要求为止。

2.1.6　拓展练习

1）采用状态流程图编写三相异步电动机的 Y-△降压启动控制程序，并上机验证。

2）试设计十字路口交通灯 PLC 控制系统，交通信号灯控制要求：

如图 2-23 所示是城市十字路口交通灯示意图，如图 2-24 所示是交通信号灯正常时序控制图在十字路口的东西南北方向装设红、绿、黄灯，并按照一定的时序轮流发亮。

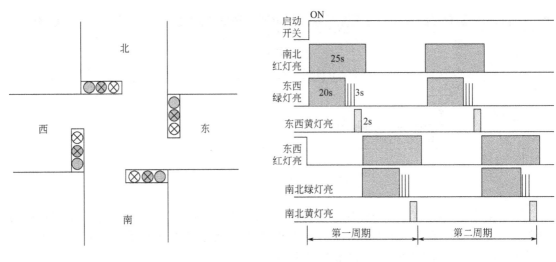

图 2-23　十字路口交通灯示意图

●—红灯；⊗—绿灯；⊗—黄灯

图 2-24　交通信号灯正常时序控制图

3）某自动剪板机的动作示意图如图 2-25 所示，该剪板机的送料由电动机驱动，送料电动机由接触器 KM 控制，压钳的下行和复位由液压电磁阀 YV1 和 YV3 控制，剪刀的下行和复位由液压电磁阀 YV2 和 YV4 控制。SQ1～SQ5 为限位开关。控制要求：

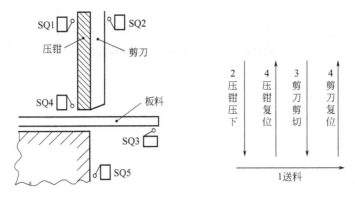

图 2-25　某自动剪板机动作示意图

当压钳和剪刀在原位（即压钳在上限位 SQ1 处，剪刀在上限位 SQ2 处）按下启动按钮后，自动按以下顺序动作：

电动机送料，板料右行，至 SQ3 处停—压钳下行—至 SQ4 将板料压紧，剪刀下行剪板—板料剪断落至 SQ5 处，压钳剪刀上行复位，至 SQ1、SQ2 处回到原位，等待下次启动—压钳下行—至 SQ4 将板料压紧，剪刀下行剪板—板料剪断落至 SQ5 处，压钳剪刀上行复位，至 SQ1、SQ2 处回到原位，等待下次启动。

4）某液压滑台的工作循环和电磁阀动作如图 2-26 所示，试编写 PLC 程序，要求有启动、停止控制，有原位指示，工作台返回原点后，再按启动按钮，又能再做循环。画出 I/O 分配、步进梯形图。

5）电动机 M1、M2、M3、M4 的工作时序图如图 2-27 所示，图中为第一循环的时序，

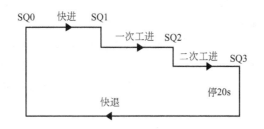

项目	YA1	YA2	YA3	YA4
快进	+	−	+	−
一次工进	+	−	−	−
二次工进	+	−	−	+
快退	−	+	−	−
停止	−	−	−	−

图 2-26 某液压滑台的工作循环和电磁阀动作

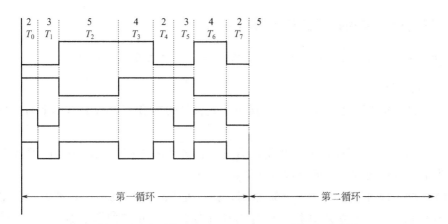

图 2-27 电动机 M1、M2、M3、M4 的工作时序图

试编制 PLC 控制程序，要求：a. 要完成 20 个循环，自动结束；b. 结束后再按启动按钮，能进行下一轮工作；c. 任何时候按停止按钮都能完成一个完整的循环才停止；d. 各台电动机均有过载保护和短路保护。

2.2 双头钻床加工流程控制

2.2.1 案例描述

某双头钻床用来加工一零件，如图 2-28 所示。试编写控制程序，要求在该零件两端分别加工大小、深度不同的孔。控制要求：操作人员将工件放好后，按下启动按钮，夹紧工件，夹紧后压力继电器 KR 接通，在各自电磁阀的控制下大钻头和小钻头同时向下进给。大钻头钻到预先设定的终点限位深度 SQ3 时，由其对应的后退电磁阀控制使它向上退回原始位置 SQ1，大钻头到位指示灯 HL1 亮并保持 10s；小钻头钻到预先设定的终点限位深度 SQ4 时，由其对应的后退电磁阀控制使它向上退回到原始位置 SQ2，小钻头到位指示灯 HL2 亮也保持 10s；然后工件被松开，松开到位，系统返回初始状态。

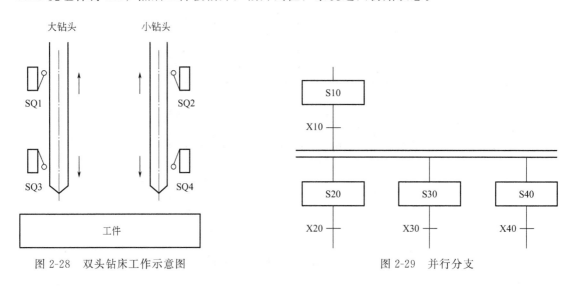

图 2-28　双头钻床工作示意图　　　　　　　　图 2-29　并行分支

2.2.2　多流程结构的并行分支与并行汇合

多流程结构除选择性分支和选择性汇合外还有并行分支与并行汇合。

（1）并行分支

并行分支结构的 SFC 程序如图 2-29 所示，这种结构的 SFC 程序具有如下与选择性分支相类似的特点。

① 并行分支由单流程向数个并联流程通道进行分离的连接形式，相并联的流程转换条件相同，所有并联的流程通道同时进入工作状态。

② 并行分支的并联回路数有一定的限制，在三菱 FX 系列 PLC 中，最大并联支路数为 8 条；在 SFC 程序中同时使用并行分支与选择性分支时，并联回路总数也有一定的限制，在三菱 FX 系列 PLC 中，最大并联回路数为 16 条。

③ 并行分支中所并联连接的单流程，其转换条件必须相同，且必须位于分离连接横线之前，如图 2-30 所示。

④ 并行分支与汇合在 SFC 程序中不能交叉，参见选择性分支的说明。

⑤ 并行分支在实际工作时，所连接的并联支路同时工作，为了防止程序中出现错误，原则上不可以使用重复线圈、定时器等。

⑥ 分支分离处的转换条件连接，应遵守 SFC 程序设计中"转换条件间的连接与要求"的一般规定，需要时，应进行必要的处理。

（2）并行汇合

并行汇合结构的 SFC 程序如图 2-31 所示，这种结构的 SFC 程序具有如下特点。

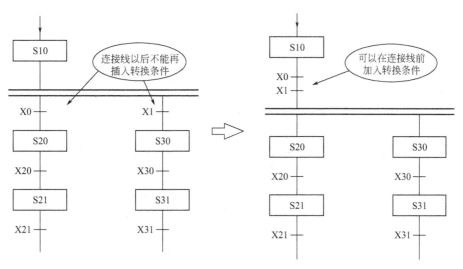

图 2-30 转换条件不能加在并行连接线之后

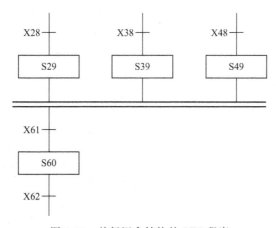

图 2-31 并行汇合结构的 SFC 程序

① 并行汇合是由数个单流程通道，向统一的单流程进行的合并连接，合并后成为统一的单流程。

② 应遵守 SFC 程序设计中"转换条件间的连接与要求"的一般规定，并行汇合连接线之前不能编入转换条件，应合并转换条件，并将其放在合并连接线之后，如图 2-32 所示。

③ 应遵守 SFC 程序设计中"转换条件间的连接于要求"的一般规定，在并行汇合后不可以直接连接选择性分支的转换条件，应增加空状态，如图 2-33 所示。

2.2.3 案例实施

（1）分析任务功能

大钻头动作和小钻头动作可以看作两个独立的顺序控制过程，当原点按启动按钮后，满足工件夹紧的条件，大小钻头同时工作，当钻头到位，退回并灯亮，最后汇合松开，回到初始状态。根据大小钻头动作情况，设定不同状态的意义如下。

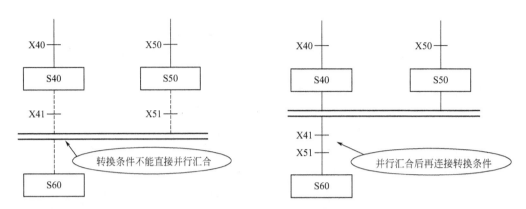

图 2-32　转换条件的合并处理

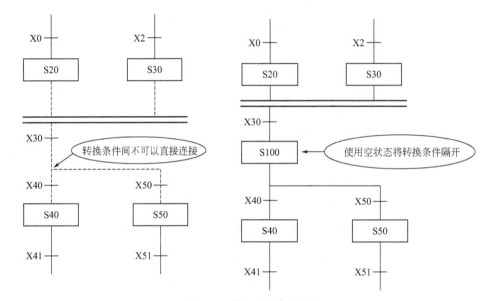

图 2-33　增加空状态处理

S0 表示状态 1：初始状态。无任何动作；

S20 表示状态 2：夹紧工件。当夹紧压力使压力继电器 KR 接通时，则进入状态 S21 和状态 S31；

S21 表示状态 3：大钻头向下进给。当钻到终点限位深度 SQ3 时，则进入状态 S22；

S22 表示状态 4：大钻头向上退回。退回至原始位置 SQ1 时，则进入状态 S23；

S23 表示状态 5：大钻头到位指示灯 HL1 亮。保持 10s 后，则进入状态 S40；

S31 表示状态 6：小钻头向下进给。当钻到终点限位深度 SQ4 时，则进入状态 S32；

S32 表示状态 7：小钻头向上退回。退回至原始位置 SQ2 时，则进入状态 S33；

S33 表示状态 8：小钻头到位指示灯 HL2 亮。保持 10s 后，则进入状态 S40；

S40 表示状态 9：松开工件。松开到位时，则返回初始状态 S0。

（2）根据控制要求，分配输入点和输出点

PLC 的 I/O 元件分配见表 2-6。

表 2-6 I/O 元件分配表

输入设备	元件符号	输入点编号	输出设备	元件符号	输出点编号
启动按钮	SB0	X0	大钻头前进电磁阀	YV1	Y1
大钻头原点限位开关	SQ1	X1	小钻头前进电磁阀	YV2	Y2
小钻头原点限位开关	SQ2	X2	大钻头后退电磁阀	YV3	Y3
大钻头终点限位开关	SQ3	X3	小钻头后退电磁阀	YV4	Y4
小钻头终点限位开关	SQ4	X4	松开电磁阀	YV5	Y10
夹紧压力继电器	KR	X10	大钻头到位指示灯	HL1	Y5
松开限位继电器	SQ0	X11	小钻头到位指示灯	HL2	Y6
夹紧电磁阀	YV0	Y0			

（3）画出 PLC 的 I/O 接线图

PLC 的 I/O 接线图如图 2-34 所示。

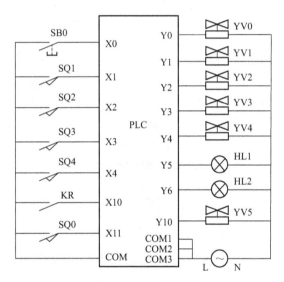

图 2-34　I/O 接线图

（4）材料准备清单

根据任务确定本项任务所需的安装材料明细表见表 2-7。

表 2-7　材料明细表

序号	器件名称	型号	数量	序号	器件名称	型号	数量
1	PLC 组合标配		1	5	限位开关		5
2	电磁阀		6	6	压力继电器		1
3	连接导线		若干	7	指示灯		2
4	按钮		1				

（5）PLC 系统安装

根据主控电路图安装主电路，然后根据 I/O 接线图连接控制电路。

（6）编写控制程序

双头钻床加工零件控制系统的状态转移图如图 2-35 所示，在原点位置时按下启动按钮，系统从初始状态转向 S20 状态，当 S20 处于激活时 Y0 为 ON，夹钳将工件夹紧使压力继电器动作，转移条件 X10 为 ON 时，状态 S21 和 S31 同时激活，状态 S20 被关闭，大钻和小钻两个分支同时工作。

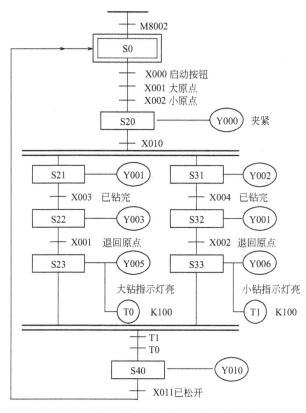

图 2-35 双头钻床加工零件控制系统的状态转移图

（7）程序输入

除并行性分支的起始位置不同，并行分支的起始选择如图 2-36 所示的快捷模式中的"aF8"，并行汇合选择"aF10"，操作方法基本与任务二类似。

图 2-36 并行分支与并行汇合的写入

（8）系统调试

① 模拟调试 采用按钮、指示灯等代替压力继电器、电磁阀等，观察输入输出情况是否符合要求。

② 带载调试 模拟调试成功后，可在控制现场带载进行程序、设备现场调试，直至符合要求为止。

2.2.4 拓展练习

1）设计一个汽车库自动门控制系统，具体控制要求是：汽车到达车库门前，超声波开关接收到来车的信号，门电动机正转，门上升，当门升到顶点碰到上限开关时，停止上升，汽车驶入车库后，光电开关发出信号，门电动机反转，门下降，当下降到下限开关后门电动机停止。试画出 PLC 的 I/O 接线图，并设计出梯形图程序。

2）有一并行分支的顺序功能图如图 2-37 所示，写出梯形图。

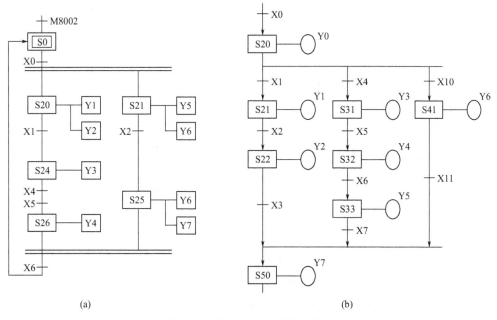

图 2-37　并行分支的顺序功能图

 **FX2N系列PLC功能指令与应用**

3.1 8站小车的呼叫控制

3.1.1 案例描述

设计一个 8 站小车的呼叫控制系统，其控制要求如下：

① 车所停位置号小于呼叫号时，小车右行至呼叫号处停车；

② 车所停位置号大于呼叫号时，小车左行至呼叫号处停车；

③ 小车所停位置号等于呼叫号时，小车原地不动；

④ 小车运行时呼叫无效；

⑤ 具有左行、右行定向指示、原点不动指示；

⑥ 具有小车行走位置的七段数码管显示。

8 站小车的呼叫控制示意图如图 3-1 所示。

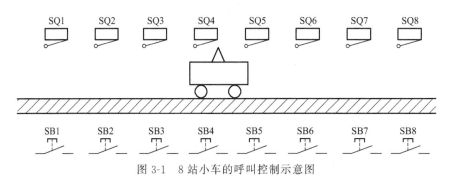

图 3-1 8 站小车的呼叫控制示意图

3.1.2 功能指令的基本概念

PLC 的基本指令基于继电器、定时器、计数器类软元件，主要用于逻辑功能处理。步进控制指令用于顺序逻辑控制系统。但在工业自动化控制领域，常常需要数据运算和特殊处理，因此，在 PLC 中引入了功能指令（又称应用指令），这些功能指令实际上就是一个个功能不同的子程序。与基本指令不同的是，功能指令不含表达梯形图符号间互相关系的成分，而是直接表达指令要做的内容。一般来说功能指令可以分为程序流控制、传送与比较、算术与逻辑运算、移位与循环移位、数据处理、高速处理、方便命令、外部输入输出处理、外部设备通信、实数处理、点位控制和实时时钟 12 类。

（1）功能指令的表示形式

三菱 FX 系列 PLC 的每一条功能指令都对应一个功能指令编号，用 FNC00～FNC246 表示，各指令都有相应的助记符表示其功能意义。例如，功能指令编号 FNC12，其对应的指令助记符为 MOV，对应的指令含义为数据传送。功能指令编号和助记符是一一对应的。

FX 系列 PLC 的功能指令格式采用功能指令编号或功能指令助记符＋操作数的形式。如图 3-2 所示是功能指令的梯形图表达形式示例。在图 3-2 中，X0 是执行该条指令的条件，其后的几个方框为功能框，分别含有功能指令的名称和参数，参数一般为相关数据、地址和其他数据。该梯形图的含义是，当 X0＝1（执行条件满足）时，数据寄存器 D10 的内容加上 50（十进制），然后送到数据寄存器 D14 中。

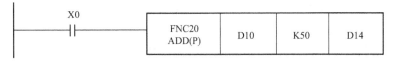

图 3-2　功能指令的梯形图表达形式

（2）功能指令的含义

了解了功能指令的表示形式，还需要了解功能指令梯形图的功能框中各参数的含义，才能更好地应用功能指令。仍以加法指令（表 3-1）来说明，如图 3-3 所示为加法指令（ADD）的指令格式和相关参数形式。

表 3-1　加法指令要素

指令名称	助记符	指令代码	操作数范围			程序步
			[S1·]	[S2·]	[D·]	
加法	ADD ADD(P)	FNC20 (16/32)	K、H、KnX、KnY、KnM、KnST、C、D、V、Z		KnY、KnM、KnST、C、D、V、Z	ADD、ADDP…7 步 DADD、DADDP…13 步

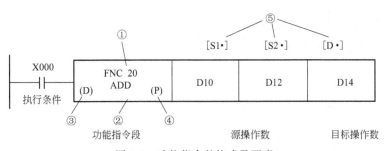

图 3-3　功能指令的格式及要素

图 3-3 中标注①～⑤说明如下：

① 为功能指令编号（FNC）。加法指令的编号为 FNC20。

② 为功能指令助记符。功能指令的助记符是该条指令的英文缩写词。如加法指令英文写法为 "Addition instruction"，简写为 "ADD" 作为加法指令的助记符。助记符和功能指令编号二者的含义相同，但使用地方不同。在简易编程器中，采用 "功能指令编号＋操作数" 输入功能指令；在计算机编程软件中，采用 "助记符＋操作数" 输入功能指令。

③ 为数据长度（D）。功能指令中数据的表示以字长为单位，有 16 位和 32 位之分。指令助记符前加"D"的，表示处理 32 位数据，而不标"D"的，只处理 16 位数据。

④ 为脉冲/连续执行指令标志（P）。指令助记符后加"P"，则为脉冲执行指令，即当条件满足时仅执行一个扫描周期；若没有"P"，则为连续执行指令。

⑤ 为操作数。操作数又称操作元件，是功能指令所涉及的参数。除少数功能指令只有助记符无操作数外，大多数功能指令在助记符之后一般有 1～5 个操作数。操作数分为源操作数、目标操作数和其他操作数三类。

源操作数：执行指令后数据不变的操作数，用 S 表示。在一条指令中，若源操作数不止 1 个时，可用 S1、S2、…表示。

目标操作数：执行指令后数据被刷新的操作数，用 D 表示。在一条指令中，若目标操作数不止 1 个时，可用 D1、D2、…表示。

其他操作数 m、n：补充注释的常数，用 K 或 H 表示十进制和十六进制，若其他操作数不止 1 个时，可用 m1、m2、n1、n2、…表示。

若操作数是间接操作数，即通过变址取得数据，则在功能指令操作数旁加上一点"·"，例如〔S1·〕、〔S2·〕、〔D1·〕、〔D2·〕、〔m1·〕、〔m2·〕、〔n1·〕、〔n2·〕等。

3.1.3 数据寄存器（D）

PLC 在进行输入输出处理、模拟量控制、位置控制时，需要许多数据寄存器存储数据和参数。数据寄存器 D 是用来存储数值的编程软元件，FX2N 系列 PLC 中为 16 位二进制数据（又称为字，最高位为符号位，可处理数值范围为 -32768～+32768），如将两个相邻数据寄存器组合，可存储 32 位（双字，最高位为符号位，可处理数值范围为 -2147483648～+2147483648）的数值数据，如图 3-4 所示。FX2N 系列 PLC 的数据寄存器有以下几种类型。

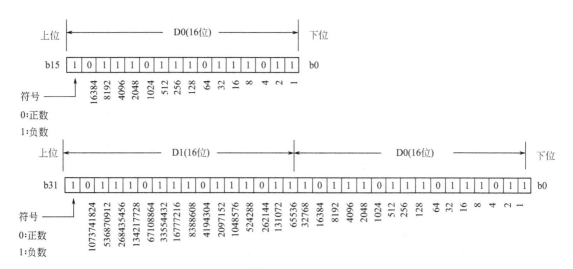

图 3-4　数据寄存器的数据格式

（1）通用数据寄存器（D0～D199）

共 200 点。当 M8033 为 ON 时，通用数据寄存器（D0～D199）有断电保护功能，此时若 PLC 由 RUN→STOP 或断电，其值保持不变；当 M8033 为 OFF 时则通用数据寄存器 (D0～D199) 无断电保护功能，此时若 PLC 由 RUN→STOP 或断电，数据全部清零。

（2）断电保持数据寄存器（D200～D7999）

共 7800 点。当 PLC 由 RUN→STOP 或断电时，其值仍保持不变。其中 D200～D511（共 312 点）有断电保持功能，可以利用外部设备的参数设定改变通用数据寄存器与有断电保持功能数据寄存器的分配；D490～D509 供通信用；D512～D7999 的断电保持功能不能用软件改变，但可用指令清除它们的内容。根据参数设定可以将 D1000～D7999 作为文件寄存器，用于存储大量的数据。

（3）特殊数据寄存器（D8000～D8255）

共 256 点。特殊数据寄存器的作用是用来监控 PLC 的运行状态。如扫描时间、电池电压等。未加定义的特殊数据寄存器不能使用。具体可参见用户手册。

3.1.4　位元件和位组合元件

只具有接通（ON 或 1）或断开（OFF 或 0）两种状态的元件称为位元件。常用的位元件有输入继电器（X），输出继电器（Y），辅助继电器（M）和状态继电器（S）。例如 X0、Y5、M100 和 S20 等都是位元件。

对位元件只能逐个操作，例如，取 X0 的状态用取指令"LD　X0"完成。如果取多个位元件状态，例如取 X0～X7 的状态，就需要八条"取"指令语句，程序较烦琐。将多个位元件按一定规律组合后，便可以用一条功能指令语句同时对多个位元件进行操作，将大大提高编程效率和处理数据的能力。位元件的有序集合称为位组合元件。

位组合元件常用输入继电器（X）、输出继电器（Y）、辅助继电器（M）及状态继电器（S）组成，元件表达为 KnX、KnY、KnM、KnS 等形式。如 KnX000 表示位组合元件是由从 X000 开始的 n 组位元件组合。若 n 为 1，则 K1X0 指由 X000、X001、X002、X003 四位输入继电器的组合；而 n 为 2，则 K2X0 是指 X000～X007 八位输入继电器的二组组合。除此之外，位组合元件还可以变址使用，如 KnXZ、KnYZ、KnMZ、KnSZ 等，这给编程带来很大的灵活性。FX 系列 PLC 的位组合元件最少 4 位，最多 32 位。

不同长度的字元件之间的数据传送，由于数据长度的不同，在传送时，应按如下规律处理，如图 3-5 所示。

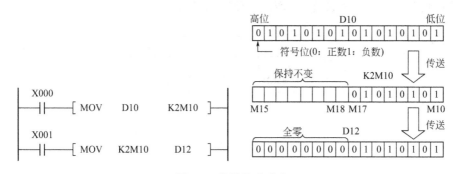

图 3-5　数据传送形式

长→短的传送：长数据的高位保持不变。

短→长的传送：长数据的高位全部变零。

对于 BCD、BIN 转换，算术运算，逻辑运算的数据也以这种方式传送。

3.1.5 传送指令

传送指令包括 MOV、SMOV、CML、BMOV、FMOV、XCH 指令。

（1）传送指令（MOV）

传送指令的助记符、指令代码、操作数、程序步见表 3-2。

表 3-2 传送指令

指令名称	助记符	指令代码	操 作 数		程序步
			S	D	
传送指令	MOV	FNC12	K、H、KnX、KnY、KnM、KnS、T、C、D、V、Z	KnY、KnM、KnS、T、C、D、V、Z	MOV，MOVP；5 步 DMOV，DMOVP；9 步

传送指令的指令格式如图 3-6 所示，使用说明如下。

图 3-6 传送指令格式

① 传送指令是将数据按原样传送的指令，当 X0 为 ON 时，常数 K100 被传送到 D10；如果 X0 为 OFF，目标元件中的数据保持不变。

② 传送时源数据中的常数 K100 自动转化为二进制数。

（2）块传送指令（BMOV）

块传送指令的助记符、操作数、程序步见表 3-3。

表 3-3 块传送指令

指令名称	助记符	操 作 数			程序步
		S	D	n	
块传送指令	BMOV	KnX、KnY、KnM、KnS、T、C、D	KnY、KnM、KnS、T、C、D	K、H	BMOV、BMOVP；7 步

块传送指令的基本格式如图 3-7 所示，使用说明如下。

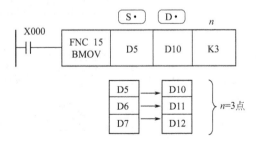

图 3-7 块传递指令格式

① 块传送指令是多对多的数据传送；是将从源指定的软元件 [S] 为开头的 n 点数据向

以目标指定的软元件［D］为开头的 *n* 点软元件进行批传送。

② 若在指定组合的位软元件之间进行数据传送，其源与目标应取相同位数。

③ 可以把一批数据从一个区复制到另一个区。

如图 3-8 所示为传送指令的梯形图。

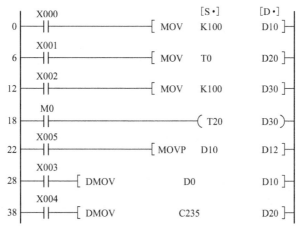

图 3-8　传送指令的梯形图

传送指令有如下应用：

① 读出定时器、计数器的当前值如图 3-9 所示。

② 间接指定定时器、计数器的设定值，如图 3-10 所示。

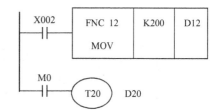

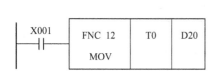

图 3-9　读出定时器、计数器的当前值　　　　图 3-10　间接指定定时器、计数器的设定值

3.1.6　触点比较指令

（1）比较指令（CMP）

比较指令（CMP）的编号为 FNC10，指令执行时将源操作数［S1·］和源操作数［S2·］的数据进行比较，比较结果用目标操作数［D·］的状态来表示。

比较指令的功能与条件判断指令类似，两者的区别如下：

① 比较指令可以一次性获得大于、等于、小于三种比较结果；

② 比较指令的三种比较结果可以一次性写入指定的二进制位编程元件［D·］中。（［D·］可以是辅助继电器 M、输出线圈 Y、状态继电器 S，占连续的三位。

如图 3-11 所示，当 X0 为 1（ON）时，把常数 K100（K 表示十进制）与 C2 的当前值进行比较，比较的结果送入辅助继电器 M0～M2（M0/M1/M2 为连续三位）中，根据比较结果有三种情况：

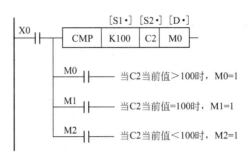

图 3-11　CMP 指令使用说明

① 当 C2 当前值＞100 时，M0＝1，M1＝0，M2＝0；

② 当 C2 当前值＝100 时，M0＝0，M1＝1，M2＝0；

③ 当 C2 当前值＜100 时，M0＝0，M1＝0，M2＝1。

当 X0 为 0（OFF）时不执行，M0～M2 的状态也保持不变。

比较指令可加前缀 "D" 和后缀 "P"，D 表示 32 位操作指令，P 表示边沿执行指令。

（2）区域比较指令（ZCP）

区域比较指令（ZCP）的编号为 FNC11，指令执行时源操作数 [S·] 与 [S1·] 和 [S2·] 的内容进行比较，并比较结果送到目标操作数 [D·] 中。

如图 3-12 所示，当 X0 为 1（ON）时，把 C20 的当前值与 K100 和 K200 相比较，将结果送入辅助继电器 M3～M5（M3/M4/M5 为连续三位）中，根据比较结果有三种情况：

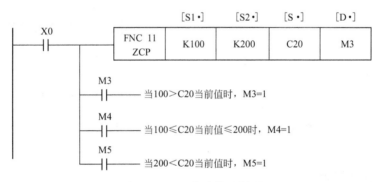

图 3-12　ZCP 指令使用说明

① 当 C20 当前值＜100 时，M3＝1，M4＝0，M5＝0；

② 当 100≤C20 当前值≤200 时，M3＝0，M4＝1，M5＝0；

③ 当 C20 当前值＞100 时，M3＝0，M4＝0，M5＝1。

当 X0 为 0（OFF）时，则 ZCP 指令不执行，M3～M5 的状态保持不变。

区域比较指令也可加前缀 "D" 和后缀 "P"，其含义与 CMP 加前缀相同。使用区域比较指令时，应注意 [S2·] 的数值不能小于 [S1·]。

（3）触点比较指令（LD）

触点比较指令（LD）的助记符、指令代码、操作数、程序步见表 3-4。程序举例如图 3-13 所示。

表 3-4 触点比较指令的助记符、指令代码、操作数、程序步

指令名称	指令代码	助记符	操作数		触点导通条件	程序步
			S1(可变址)	S2(可变址)		
触点比较取指令	FNC224(16/32)	LD=	K, H, KnX, KnY, KnM, KnST, C, D, V, Z		S1=S2	LD=;5步 LDD=;9步
	FNC225(16/32)	LD>			S1>S2	LD>;5步 LDD>;9步
	FNC226(16/32)	LD<			S1<S2	LD<;5步 LDD<;9步
	FNC228(16/32)	LD<>			S1≠S2	LD<>;5步 LDD<>;9步
	FNC229(16/32)	LD≤			S1≤S2	LD≤;5步 LDD≤;9步
	FNC230(16/32)	LD≥			S1≥S2	LD≥;5步 LDD≥;9步
触点比较与指令	FNC232(16/32)	AND=	K, H, KnX, KnY, KnM, KnST, C, D, V, Z		S1=S2	AND=;5步 ANDD=;9步
	FNC233(16/32)	AND>			S1>S2	AND>;5步 ANDD>;9步
	FNC234(16/32)	AND<			S1<S2	AND<;5步 ANDD<;9步
	FNC236(16/32)	AND<>			S1≠S2	AND<>;5步 ANDD<>;9步
触点比较或指令	FNC240(16/32)	OR=	K, H, KnX, KnY, KnM, KnST, C, D, V, Z		S1=S2	OR=;5步 ORD=;9步
	FNC241(16/32)	LD>			S1>S2	OR>;5步 ORD>;9步
	FNC242(16/32)	LD<			S1<S2	OR<;5步 ORD<;9步
	FNC244(16/32)	LD<>			S1≠S2	OR<>;5步 ORD<>;9步
	FNC245(16/32)	LD≤			S1≤S2	OR≤;5步 ORD≤;9步
	FNC246(16/32)	LD≥			S1≥S2	OR≥;5步 ORD≥;9步
	FNC240(16/32)	OR=			S1=S2	OR=;5步 ORD=;9步
	FNC241(16/32)	LD>			S1>S2	OR>;5步 ORD>;9步

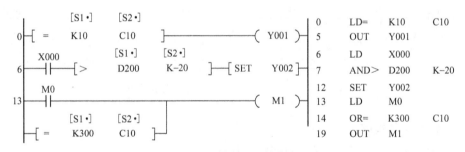

图 3-13 触点型比较指令

3.1.7 案例实施

（1）分析任务功能

设送料车停靠的工作台编号为 m，呼叫按钮编号为 n，按下启动按钮时，若 $m>n$，则要求送料车左行；若 $m<n$，则要求送料车右行；若 $m=n$，送料车停在原位不动。送料车的左、右运行可通过接触器 KM1、KM2 控制电动机的正反转来实现，呼叫信号由按钮 SB1～SB8 实现，到位停止由限位开关 SQ1～SQ8 实现，图中将送料车当前位置送到数据寄存器 D0 中，将呼叫工作台号送到数据寄存器 D1 中，然后通过 D0 与 D1 中数据的比较，决定送料车的运行方向和到达的目标位置。

（2）根据控制要求，分配 I/O 点

根据控制要求，I/O 分配表见表 3-5。

表 3-5　I/O 分配表

输	入	功能说明	输	入	功能说明	输	出	功能说明
SB1	X0	呼叫 1	SQ1	X10	限位 1	KM1	Y0	左行
SB2	X1	呼叫 2	SQ2	X11	限位 2	KM2	Y1	右行
SB3	X2	呼叫 3	SQ3	X12	限位 3		Y4	左行指示
SB4	X3	呼叫 4	SQ4	X13	限位 4		Y5	右行指示
SB5	X4	呼叫 5	SQ5	X14	限位 5			
SB6	X5	呼叫 6	SQ6	X15	限位 6			
SB7	X6	呼叫 7	SQ7	X16	限位 7			
SB8	X7	呼叫 8	SQ8	X17	限位 8			

（3）画出 PLC 的 I/O 接线图

根据任务控制要求，I/O 接线图如图 3-14 所示。

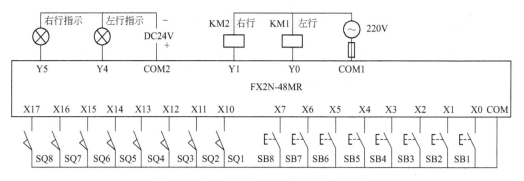

图 3-14　自动送料车 PLC 控制接线示意图

（4）编写控制程序

根据控制要求，编写 PLC 梯形图如图 3-15 所示。

3.1.8　拓展练习

1）功能指令的组成要素有几个？其执行方式有几种？其操作数有几类？

2）什么是位元件？什么是字元件？两者有什么区别？

3）执行指令语句"DMOV　H05AA55　D0"后，D0、D1 中存储的数据各是多少？

4）三台电机相隔 5s 启动，请使用传送指令完成控制要求。

5）执行指令语句"MOV　K5　K1Y0"后，Y0～Y3 的位状态是什么？

6）将下列指令表转换成梯形图，并分析其功能。

LD　X0

ANI　T1

```
   0 ─[>K2X000 K0]─┤Y000├┤Y001├──────────[ MOV  K2X000  D0 ]─  呼叫信息存入D0
                     │/│  │/│
  12 ─[>K2X010 K0]──────────────────────[ MOV  K2X010  D10]─  位置信息存D10

  22 ─[>D0     K0]──────────────[ CMP  D0   D10   M0 ]─  位置信息与呼叫
                                                         信息比较
  34 ─[=D0     D10]─────────────[ ZRST  M0    M2 ]─  复位比较结果和
                                                     位置信息
     ─[=D0     K0]──────────────────────[ RST   D0 ]─
       M0
  52 ─┤├──┬──────────────────────────────────( Y000 )─  正转
         │
         └──────────────────────────────────( Y004 )─  正转指示
       M2
  55 ─┤├──┬──────────────────────────────────( Y001 )─  反转
         │
         └──────────────────────────────────( Y005 )─  反转指示
       M8000
  58 ─┤├──┬──────────────[ ENCO  D10   D11   K3 ]─  位置信息编码
         │
         ├──────────────[ ADD   D11   K1    D12 ]─  还原位置信息
         │
         └──────────────[ SEGD  D12   K2Y010 ]─  译为七段码

  78 ─────────────────────────────────────[ END ]─
```

图 3-15 8 站小车的 PLC 梯形图

```
OUT  T0   K20
LD   T0
OUT  T1   K20
LDI  T0
AND  X0
MOVP  K85   K2Y0
LD   T0
AND  X0
MOVP  K170  K2Y0
END
```

7) 某车间有 1♯和 2♯两台风机，控制要求：

①按下启动按钮，1♯风机 Y 启动，4s 后转换成三角形运行；②10s 后 2♯机星形启动，4s 后转换成三角形运行；③运行半小时后 2♯风机先停止，5s 后 1♯风机停止运行。请用 MOV 指令编写 PLC 的控制程序。

8) 某工厂有 2 台三相异步电动机，当按下启动按钮时，每一台电机 y 降压启动，5s 后，转为三角形运行；8s 后第二台异步电动机降压启动，4s 后，转为三角形运行；按下停止按钮时，2 台电动机同时停止运行；当电动机出现过载时，电动机能马上停止运行。试请编写 PLC 的控制程序。

9) 用 CMP 指令实现下面功能：X0 为脉冲输入，当脉冲数大于 5 时，Y1 为 ON。反之，Y0 为 ON。编写此梯形图。

10) 试用比较指令，设计一密码锁控制电路。密码锁为四键，若按 H65 正确后 2s，开照明；按 H87 正确后 3s，开空调。

11）要求 8 个指示灯 Y0～Y7 对应 8 个抢答按钮 X0～X7，在主持人按下开始按钮 X10 后，才可以抢答，先按按钮者的灯亮，同时蜂鸣器 Y10 响，后按按钮者的灯不亮。编写此梯形图。

3.2 停车场车位控制

3.2.1 案例描述

设有一停车场共有 16 个车位，需要在入口和出口处装设检测传感器，用来检测车辆进入和出外的数目。当有车位时，入口栏杆才可以将门开启，让车辆进入停放，并有一指示灯表示有车位；当车位已满时，入口栏杆不能开启让车辆进入，并有一指示灯显示车位已满。用七段数码管上显示当前停车数量和剩余车位数。栏杆电动机开启时到位有正转停止传感器检测，关闭时有反转停止传感器检测；系统设有启动解除按钮。试用二进制加 1、减 1 指令编写其控制程序。

3.2.2 变址寄存器（V/Z）

FX2N 系列 PLC 有 V0～V7 和 Z0～Z7 共 16 个变址寄存器，它们都是 16 位数据寄存器。变址寄存器 V/Z 实际上是一种特殊用途的数据寄存器，用于改变元件的编号（变址），在传送、比较等功能指令中，用来修改操作对象元件的编号，其操作方式与普通数据寄存器一样。例如 V0＝5，则执行 D20V0 时，被执行的编号为 D25（D20＋5）。变址寄存器可以像其他数据寄存器一样进行读写，需要进行 32 位操作时，可将 V、Z 串联使用，此时 V 为高位，Z 为低位，组合的结果是（V0、Z0）、（V1、Z1）、（V2、Z2）、…、（V7、Z7）。

如图 3-16 所示，当 V0＝8、Z0＝14 时，D5V0→D10Z0 相当于 D13→D24。

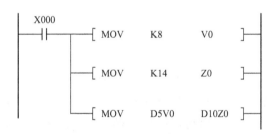

图 3-16 变址寄存器的使用说明

将 V、Z 组合可进行 32 位运算，利用变址寄存器可修改的软元件有 X、Y、M、S、P、T、C、D、K、H、KnX、KnY、KnS，但不能修改 V、Z 本身。利用 V、Z 变址寄存器可以使一些编程得到简化。

3.2.3 二进制加 1 指令和减 1 指令

（1）二进制加 1 指令（INC）

二进制加 1 指令（INC）的助记符、指令代码、操作数、程序步见表 3-6。

表 3-6 二进制加 1 指令

指令名称	助记符	指令代码	操 作 数 D	程序步
加 1 指令	INC	FNC24	KnY、KnM、KnS、T、C、D、V、Z	INC、INCP:3 步 DINC、DINCP:5 步

二进制加 1 指令的基本格式如图 3-17 所示，二进制加 1 指令的指令说明如下：

① 当 X000 由 OFF→ON 变化时，由 ［D·］ 指定的元件 D10 中的二进制数加 1。

② 若用连续指令时，每个扫描周期加 1，由于很难预知程序的执行结果，因此建议采用脉冲执行型。

③ 在 16 位运算中，若给 ＋32,767 加 1，则成为－32,768。但标志位不动作。在 32 位运算时，若给 ＋2,147,483,647 加 1，则成为－2,147,483,648。标志位不动作。

```
                          [D·]
         ┌─────────────┬──────┐
  X000   │  FNC 24     │  D10 │
  ─┤├─   │  INC(P)     │      │
         └─────────────┴──────┘
```

图 3-17 二进制加 1 指令的基本格式

（2）减 1 指令（DEC）

二进制减 1 指令（DEC）的助记符、指令代码、操作数、程序步见表 3-7。

表 3-7 二进制减 1 指令

指令名称	助记符	指令代码	操 作 数 D	程序步
减 1 指令	DEC	FNC25	KnY、KnM、KnS、T、C、D、V、Z	DEC、DECP:3 步 DDEC、DDECP:5 步

二进制减 1 指令的基本格式如图 3-18 所示。二进制减 1 指令的指令说明如下：

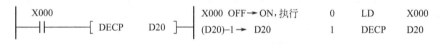

图 3-18 二进制减 1 指令的基本格式

① 当 X000 由 OFF→ON 变化时，由 ［D·］ 指定的元件 D20 中的二进制数减 1。

② 若用连续指令时，每个扫描周期减 1，很难预知程序的执行结果，因此建议采用脉冲执行型。

③ 若从 －32768 或 －2147483648 减 1，则成为 ＋32767 或 ＋2147483647。标志位不动作。

例：彩灯正序亮至全亮、反序熄至全熄再循环控制彩灯 12 盏，接于 Y000～Y013 用加 1、减 1 指令及变址寄存器实现正序亮至全亮、反序熄至全熄再循环控制，彩灯状态变化的时间单位为 1s，用秒脉冲 M8013 实现。彩灯控制梯形图如图 3-19 所示。

3.2.4 四则运算指令

四则运算指令可完成四则运算，可通过运算实现数据的传送、变位及其他控制功能。FX2N 系列可编程控制器中有两种四则运算，即整数四则运算和实数四则运算。

（1）加法指令

加法指令的要素见表 3-8。

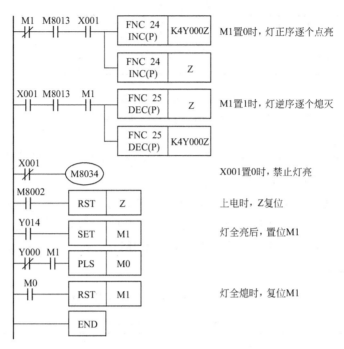

图 3-19　彩灯控制梯形图

表 3-8　加法指令的要素

指令名称	助记符	指令代码位数	操作数范围			程序步
			[S1·]	[S2·]	[D·]	
加法	ADD、ADD(P)	FNC20(16/32)	K、H、KnX、KnY、KnM、Kn、T、C、D、V、Z		KnY、Kn、M、KnST、C、D、V、Z	ADD、ADDP:7 步DADD、DADDP:13步

　　ADD 加法指令是将指定的源元件中的二进制数相加，结果送到目标元件中去。加法指令使用说明如图 3-20 所示。

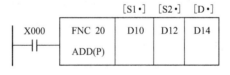

图 3-20　加法指令使用说明

　　① 当执行条件 X000 由 OFF→ON 时，[D10]+[D12]→[D14]。

　　② 若指令采用脉冲执行型时，当 X001 每从 OFF→ON 变化时，D0 的数据加 1。

　　③ ADD 加法指令有三个常用标志。M8020 为零标志，M8021 为借位标志，M8022 为进位标志。

　　④ 源和目标可以用相同的元件号。若源和目标元件号相同而采用连续执行的 ADD、(D) ADD 指令时，加法的结果在每个扫描周期都会改变。

　　（2）减法指令

　　减法指令的要素见表 3-9。

表 3-9　减法指令的要素

指令名称	助记符	指令代码位数	操作数范围			程 序 步
			[S1·]	[S2·]	[D·]	
减法	SUB、SUB(P)	FNC21(16/32)	K、H、KnX、KnY、KnM、KnS、T、C、D、V、Z		KnY、KnM、KnS、T、C、D、V、Z	SUB,SUBP;7 步 DSUB,DSUBP;13 步

SUB 减法指令是将指定的源元件中的二进制数相减，结果送到指定的目标元件中去。减法指令使用说明如图 3-21 所示。

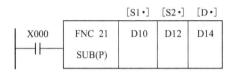

图 3-21　减法指令使用说明

当执行条件 X000 由 OFF→ON 时，[D10]－[D12]→[D14]，与加法指令类似。

（3）乘法指令

乘法指令的要素见表 3-10。

表 3-10　乘法指令的要素

指令名称	助记符	指令代码位数	操作数范围			程 序 步
			[S1·]	[S2·]	[D·]	
乘法	MUL、MUL(P)	FNC22(16/32)	K、H、KnX、KnY、KnM、KnS、T、C、D、Z		KnY、KnM、KnS、T、C、D	MUL,MULP;7 步 DMUL,DMULP;13 步

如图 3-22 所示为两个 16 位数乘法指令使用说明。

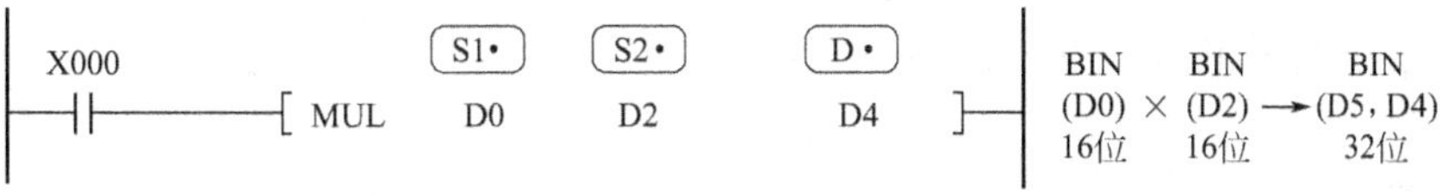

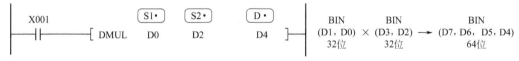

图 3-22　16 位乘法指令使用说明

乘法指令是将参与运算的两个源指定的内容的乘积，以 32 位数据的形式存入指定的目标，其中低 16 位存放在指定的目标元件中，高 16 位存放在指定目标的下一个元件中，结果的最高位为符号位。

32 位乘法指令使用说明如图 3-23 所示。

```
        X001           S1·    S2·        D·      BIN          BIN           BIN
        ├─┤┤──────[ DMUL   D0     D2         D4  ]  (D1，D0) × (D3，D2) ── (D7，D6，D5，D4)
                                                    32位         32位          64位
```

图 3-23　32 位乘法指令使用说明

（4）除法指令

除法指令的要素见表 3-11。

表 3-11　除法指令的要素

指令名称	助记符	指令代码位数	操作数范围			程序步
			[S1·]	[S2·]	[D·]	
除法	DIVDIV(P)	FNC23(16/32)	K、HKnX、KnY、KnM、KnST、C、D、Z		KnY、KnM、KnST、C、D	DIV,DIVP:7 步 DDIV,DDIVP:13 步

16 位除法指令使用说明如图 3-24 所示。

图 3-24　16 位除法指令使用说明

[S1·] 指定元件的内容是被除数，[S2·] 指定元件的内容是除数，[D·] 所指定的元件存入运算结果的商，[D·] 的后一元件存入余数。

32 位除法指令使用说明如图 3-25 所示。

图 3-25　32 位除法指令使用说明

例：使用乘除运算实现灯移位点亮控制，要求：

① 用乘除法指令实现灯组的移位点亮循环。有一组灯 15 个，接于 Y000～Y016。

② 当 X000 为 ON 时，灯正序每隔 1s 单个移位，并循环；当 X001 为 OFF 时，灯反序每隔 1s 单个移位，至 Y000 为 ON，停止。

灯组移位控制梯形图如图 3-26 所示。

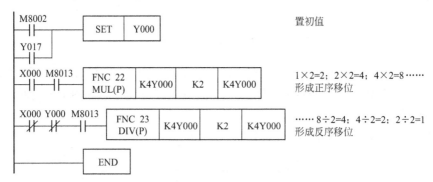

图 3-26　灯组移位控制梯形图

3.2.5　七段码译码指令

（1）七段码译码指令 SEGD

七段码译码指令是驱动七段显示器的指令，可以显示 1 位十六进制数据（表 3-12）。

表 3-12 七段码译码指令的要素

指令名称	指令编号	助记符	操作数		指令步数
			S(可变址)	D(可变址)	
七段码译码	FNC73(16)	SEGD(P)	K,H,KnX,KnY,KnM, KnS,T,C,D,V,Z	KnY,KnM, KnS,T,C,D,V,Z	SEGD(P):5 步

SEGD 指令的使用说明如图 3-27 所示。

图 3-27 SEGD 指令的使用说明

将 D0 中低四位二进制数转化成 Y0～Y6 七段输出，对应数码管 a、b、c、d、e、f、g。

例：设计一个数码管循环点亮的控制系统，其控制要求如下：

1）手动时，每按一次按钮数码管显示数值加 1，由 0～9 依次点亮，并实现循环；

2）自动时，每隔一秒数码管显示数值加 1，由 0～9 依次点亮，并实现循环。

系统设计如下：

① I/O 分配　X0 为手动按钮，X1 为手动/自动开关；Y0～Y6 为数码管 a、b、c、d、e、f、g。

② 梯形图设计　根据系统的控制要求及 I/O 分配，其程序如图 3-28 所示。

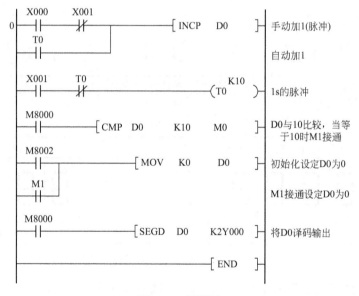

图 3-28 梯形图

③ 系统接线　系统接线如图 3-29 所示。

（2）**带锁存的七段显示指令**（SEGL）

带锁存的七段显示指令的助记符、指令代码、操作数、程序步见表 3-13。

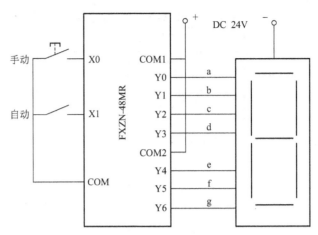

图 3-29　系统接线图

表 3-13　带锁存的七段显示指令

指令名称	助记符	指令代码	操　作　数			程序步
			S	D	n	
带锁存的七段显示指令	SEGL	FNC74	K、H、KnX、KnY、KnM、KnS、T、C、D、V、Z	Y	K、H	SEGL：7 步

带锁存的七段显示指令的格式如图 3-30 所示，指令的使用说明如下：

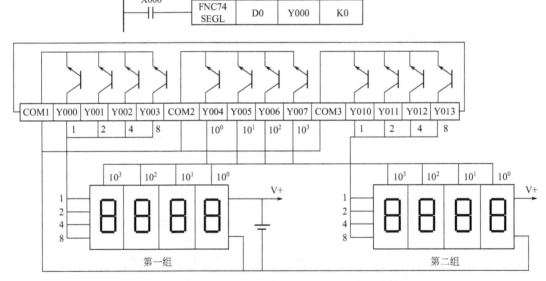

图 3-30　带锁存的七段显示器与 PLC 的连接及指令梯形图

① 该指令的功能是将源数据 D0 中的内容通过数码管显示出来，接一组数码管时，显示的范围是 0～9999，接两组数码管时，是把 D0、D1 的内容显示出来，显示的范围是 0～99999999。

② 该指令进行 4 位（1 组或 2 组）的显示，需要运算周期 12 倍的时间，结束 4 位数部分的输出后，完成标志 M8029 工作。

③ 带锁存的七段显示器与 PLC 的连接如图 3-30 所示。4 位 1 组带锁存七段码显示，D0 中按 BCD 换算的各位向 Y000～Y003 顺序输出，选通信号脉冲 Y004～Y007 依次锁存带锁

存的七段码；4位2组带锁存七段码显示，D0中按BCD换算的各位向Y000～Y003顺序输出，D1中按BCD换算的各位向Y010～Y013顺序输出，选通信号脉冲Y004～Y007依次锁存2组带锁存的七段码。

④ 关于参数 n 的选择与PLC的逻辑、数据输入信号逻辑、选通信号的逻辑有关。PLC逻辑规定：当内部逻辑为1时，输出为低电位，则是负逻辑。输出为高电位，则是正逻辑，见表3-14。

表3-14　七段数码显示逻辑

区　分	正逻辑	负逻辑
数据输入信号	高电平输入有效	低电平输入有效
选通信号	高电锁存数据	低电锁存数据

⑤ 关于参数 n 接一组与接二组时的选择，见表3-15和表3-16。

表3-15　参数 n 的选择（接一组时）

数据输入信号	选通信号	n
一致	一致	0
	不一致	1
不一致	一致	2
	不一致	3

表3-16　参数 n 的选择（接二组时）

数据输入信号	选通信号	n
一致	一致	4
	不一致	5
不一致	一致	6
	不一致	7

3.2.6 案例实施

（1）分析任务功能

根据控制要求绘制停车场的工作示意图，如图3-31所示。

（2）根据控制要求，分配I/O点

根据功能分析，列出PLC的I/O分配见表3-17。

表3-17　I/O分配表

输入部分		输出部分	
系统启动	X1	闸栏开门(正转)	Y0
系统复位	X2	闸栏关门(反转)	Y1
入口检测传感器	X3	尚有车位指示灯	Y4
出口检测传感器	X4	车位已满指示灯	Y5
正转停止传感器	X5	显示七段数码管	Y10～Y17
反转停止传感器	X6		

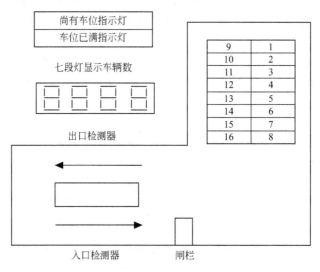

图 3-31　停车场的工作示意图

（3）画出 PLC 的 I/O 接线图

根据任务控制要求，I/O 接线图如图 3-32 所示。

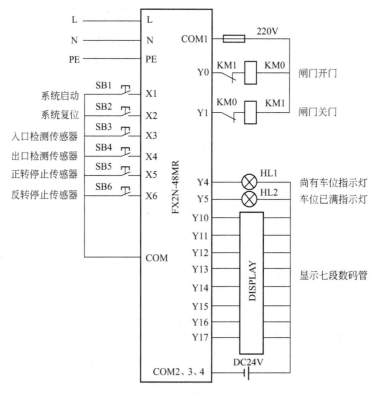

图 3-32　I/O 接线图

（4）安装 PLC 系统

根据主控电路图安装主电路，然后根据 I/O 接线图连接控制电路，注意 PLC 与变频器的连接。

（5）编写控制程序

根据所作的I/O接线图，及所要达到的功能，编写停车场车位控制梯形图，如图3-33所示。

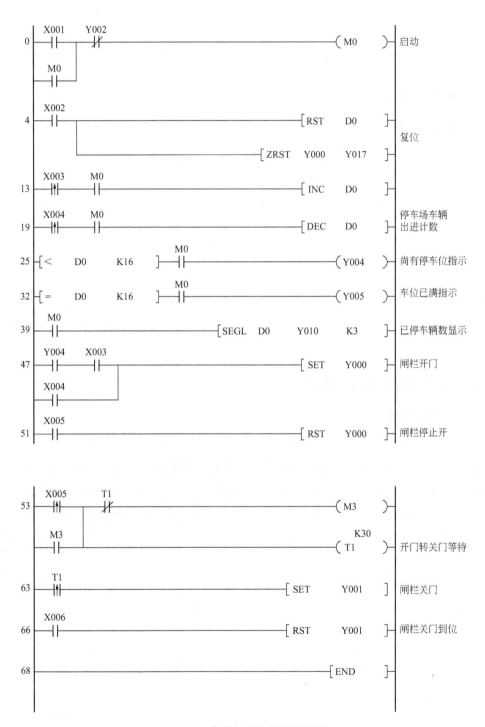

图 3-33　停车场车位控制梯形图

3.2.7 拓展练习

1) 要控制一个数字 D10 在 0～500 范围内连续变化，当按住增加按钮 X0 时，该数字连续增大，但最大为 500。当按住减小按钮 X1 时，该数字减小，但最小为 0。试编出 PLC 控制程序。

2) 试用触点比较指令与二进制加 1 指令编写一个电铃的控制程序，按一天的作息时间动作。电铃每次响 15s，例如：6：30、8：20、12：00、17：45 各响一次，请编写 PLC 控制程序。

3.3 简易四层货梯控制

3.3.1 案例描述

一台四层货梯每一楼层均设有召唤按钮 SB1～SB4，每一层均装有磁感应位置开关 LS1～LS4；现需设计程序实现：

① 不论桥厢停在何处，均能根据召唤信号自动判断电梯的运行方向，然后延时 T_S 后开始运行；

② 相应召唤信号后，召唤指示灯 HL1～HL4 亮，直至电梯到达该层时熄灭；

③ 当有多个召唤信号，能自动根据楼层召唤信号停靠层站，经过 T_S 秒后，继续上升或下降运行，直到所有的信号响应完毕；

④ 电梯运行途中，任何反方向召唤均无效，且召唤指示灯不亮；

⑤ 桥厢位置要求用七段数码管显示，上行、下行用上下箭头指示灯显示；

⑥ 要求用功能指令编写。

3.3.2 逻辑运算类指令及应用

（1）逻辑与指令

逻辑字与指令要素见表 3-18，逻辑字与指令使用说明如图 3-34 所示。

表 3-18　逻辑字与指令的要素

指令名称	助记符	指令代码位数	操作数范围			程　序　步
			[S1·]	[S2·]	[D·]	
逻辑字与	AND(P)	FNC26(16/32)	K、H、KnX、KnY、KnM、KnS、T、C、D、V、Z	KnY、KnM、KnS、T、C、D、V、Z		WAND、WANDP：7 步 DAND、DANDP：13 步

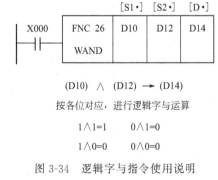

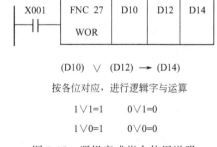

$$(D10) \wedge (D12) \rightarrow (D14)$$

按各位对应,进行逻辑字与运算

$$1 \wedge 1 = 1 \quad 0 \wedge 1 = 0$$

$$1 \wedge 0 = 0 \quad 0 \wedge 0 = 0$$

图 3-34　逻辑字与指令使用说明

$$(D10) \vee (D12) \rightarrow (D14)$$

按各位对应,进行逻辑字与运算

$$1 \vee 1 = 1 \quad 0 \vee 1 = 1$$

$$1 \vee 0 = 1 \quad 0 \vee 0 = 0$$

图 3-35　逻辑字或指令使用说明

（2）逻辑字或指令

助记符 OR（P），指令代码 FNC27（16/32），使用说明如图 3-35 所示。

（3）逻辑字异或指令

助记符 XOR（P），指令代码位数 FNC28（16/32），使用说明如图 3-36 所示。

例：有一八层电梯，设有八个呼叫按钮（对应 X0～X7），每层装有一个位置传感器（对应 X10～X17），当电梯的呼叫信号与电梯位置相等时，代表电梯到达该层，此时电梯停止运行，上行指示 Y10 或下行指示 Y11 为 0，试编程。

编程：电梯控制梯形图如图 3-37 所示。

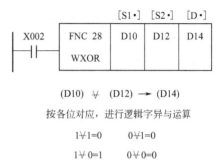

$$(D10) \; \forall \; (D12) \; \rightarrow \; (D14)$$

按各位对应，进行逻辑字异或运算

$$1 \forall 1 = 0 \qquad 0 \forall 1 = 1$$
$$1 \forall 0 = 1 \qquad 0 \forall 0 = 0$$

图 3-36　逻辑字异或指令使用说明

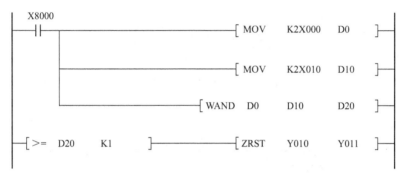

图 3-37　电梯控制梯形图

3.3.3　数据处理类指令说明

（1）区间复位指令

区间复位指令的要素见表 3-19，区间复位指令使用说明如图 3-38 所示。

表 3-19　区间复位指令的要素

指令名称	助记符	指令代码位数	操作数范围		程序步
			[D1·]	[D2·]	
区间复位	ZRST（P）	FNC40（16）	Y、M、S、T、C、D（D1≤D2）		ZRST、ZRSTP；5 步

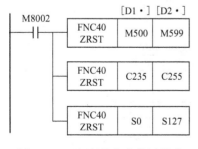

图 3-38　区间复位指令使用说明

说明：

① 区间复位指令 ZRST（Zone Reset）将 D1～D2 指定的元件号范围内的同类元件成批复位。

② 如果 D1 的元件号大于 D2 的元件号，则只有 D1 指定的元件被复位。

③ 单个位元件和字元件可以用 RST 指令复位。

（2）解码与编码指令

解码与编码指令的要素见表 3-20。

表 3-20　解码与编码指令的要素

| 指令名称 | 指令编号 | 助记符 | 操作数 | | | 指令步数 |
			S(可变址)	D(可变址)	n	
解码	FNC41(16)	DECO(P)	K,H,X,Y,M,S,T,C,D,V,Z	Y,M,S,T,C,D	K,H	DECO,DECOP;7 步
编码	FNC42(16)	ENCO(P)	X,Y,M,S,T,C,D,V,Z	T,C,D,V,Z	$1\leqslant n\leqslant 8$	ENCO,ENCOP;7 步

解码指令使用说明一如图 3-39 所示。

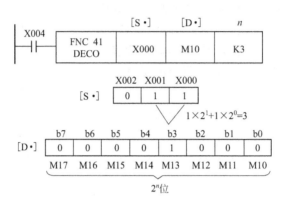

图 3-39　解码指令使用说明一

解码指令使用说明二如图 3-40 所示。

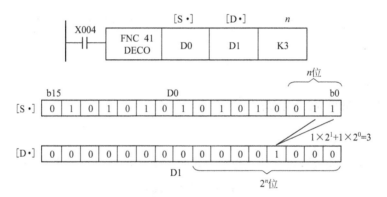

图 3-40　解码指令使用说明二

编码指令使用说明一如图 3-41 所示。

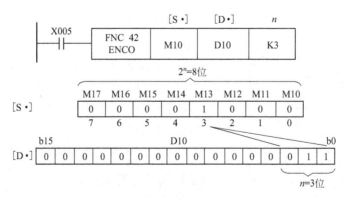

图 3-41　编码指令使用说明一

编码指令使用说明二如图 3-42 所示。

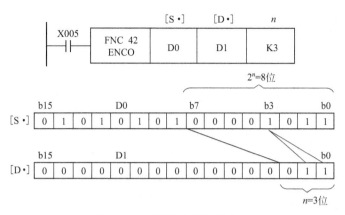

图 3-42 编码指令使用说明二

3.3.4 数据变换指令

数据变换指令的要素见表 3-21。

表 3-21 数据变换指令的要素

指令名称	指令编号	助记符	操 作 数		指令步数
			S(可变址)	D(可变址)	
BCD 转换	FNC18 (16/32)	BCD(P)	KnX,KnY,KnM,KnS, T,C,D,V,Z	KnY,KnM,KnS, T,C,D,V,Z	BCD,BCDP:5 步 DBCD,DBCDP:9 步
BIN 转换	FNC19 (16/32)	BIN(P)	KnX,KnY,KnM,KnS T,C,D,V,Z	KnY,KnM,KnS T,C,D,V,Z	BIN,BINP:5 步 DBIN,DBINP:9 步

如图 3-43 所示，当 X000 为 ON 时，源元件 D12 中的二进制数转换成 BCD 码送到目标元件 D11 中。当 X001 为 ON 时，BCD 码 K2X000 转换为二进制数并传送到 D13 中。

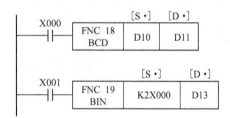

图 3-43 数据变换指令并传送

例：外置数计数器可编程控制器中有许多计数器。但是 PLC 内计数器的设定值是由程序设定的，在一些工业控制场合，希望计数器能在程序外由普通操作人员根据工艺要求临时设定，这就需要一种外置数计数器，如图 3-44 所示就是这样一种计数器的梯形图程序。

3.3.5 案例实施

（1）分析任务功能

该简易货梯控制包含楼层的显示程序、运行方向与楼层呼叫程序、上下行程序。楼层的

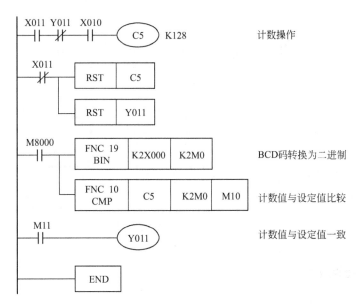

图 3-44　外置数计数器的梯形图及说明

显示只需将楼层位置开关状态读入解码显示即可；而楼层呼叫信号的有效性判断需考虑两个因素，一是电梯所处楼层与呼叫信号楼层相对位置，二是此时运行方向，例如：电梯现上行位于二楼，若原运行目标是四楼，显然此时按下三楼呼叫信号是有效的，而按下一、二楼呼叫信号无效；当按照楼层有效呼叫的要求电梯上下行达到平层，应自动停止并清除该层呼叫信号。

（2）根据控制要求，分配 I/O 点

根据功能分析，列出 PLC 的 I/O 分配见表 3-22。

表 3-22　I/O 分配表

输入部分			输出部分		
名称	元件符号	输入点	名称	元件符号	输出点
1 层呼叫按钮	SB1	X1	电梯上行接触器	KM1	Y0
2 层呼叫按钮	SB2	X2	电梯下行接触器	KM2	Y1
3 层呼叫按钮	SB3	X3	电梯上行指示灯	HL5	Y15
4 层呼叫按钮	SB4	X4	电梯下行指示灯	HL6	Y16
1 层位置开关	SQ1	X11	1 层呼叫指示灯	HL1	Y11
2 层位置开关	SQ2	X12	2 层呼叫指示灯	HL2	Y12
3 层位置开关	SQ3	X13	3 层呼叫指示灯	HL3	Y13
4 层位置开关	SQ4	X14	4 层呼叫指示灯	HL4	Y14
			楼层数字显示		Y20～Y26

（3）画出 PLC 的 I/O 接线图

根据任务控制要求，I/O 接线图如图 3-45 所示。

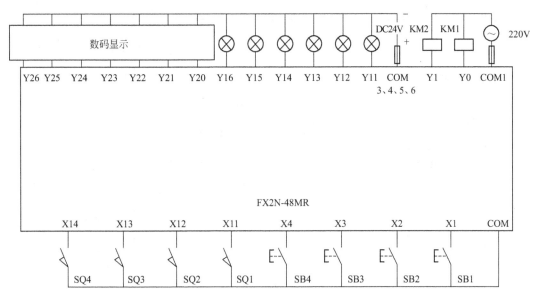

图 3-45　I/O 接线图

（4）编写控制程序

根据控制要求，编写 PLC 梯形图如图 3-46 所示。

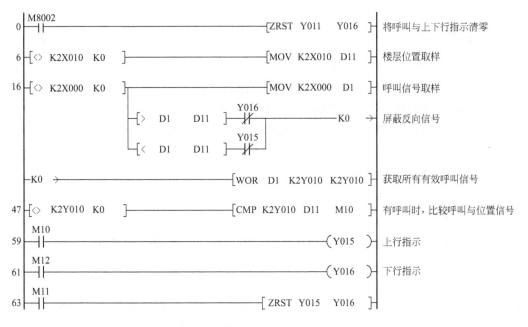

图 3-46

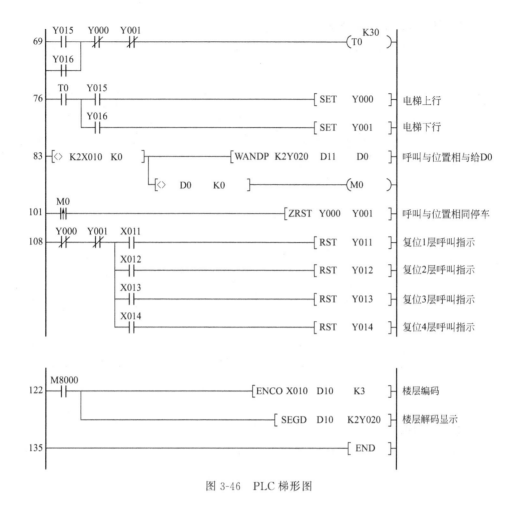

图 3-46　PLC 梯形图

3.3.6　拓展练习

用 DECO 指令编程控制三相步进电动机，要求如下：

1）按照三相六拍方式自动运行，每步间隔时间是 2s；

2）触摸屏上能实现步进电动机的正转、反转和停止；

3）画出 PLC 的 I/O 分配图、PLC 的梯形图和触摸屏的画面。

3.4　广告牌灯光控制

3.4.1　案例描述

某商厦灯光广告牌共有 8 只荧光灯管，24 只流水灯，排列如图 3-47 所示。现用 PLC 对灯光广告牌进行控制，控制要求如下：

广告牌中间 8 个荧光灯管依次从左至右点亮，至全亮，每只点亮时间间隔 1s，全亮后显示 10s；接下来从右至左依次熄灭至全灭，全灭后保持 2s；再从右至左依次点亮至全亮，每只点亮时间间隔 1s，全亮显示 10s 后；再从左至右依次熄灭至全灭，全灭后保持 2s，又从开始运行，如此循环不止，周而复始。

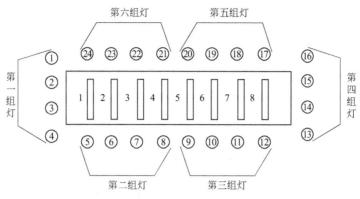

图 3-47　某大厦灯光广告牌

广告牌四周流水灯共 24 只，每 4 只为一组，共分 6 组，每组灯间隔 1s 向前移动一次，移动 24s 后，再反过来移动，如此循环往复。最后，系统采用连续控制，有启动停止按钮。请根据任务要求编写 PLC 的控制程序。

3.4.2　左、右循环移位指令

循环左、右移指的助记符、指令代码、操作数、程序步见表 3-23。

表 3-23　左、右循环移位指令的要素

指令名称	助记符	指令代码	操作数		程序步
			D	n	
循环右移指令	ROR(P)	FNC30	K、H、KnY、KnM、KnS、T、C、D、V、Z	K、H、移位量 $n \leqslant 16$(16 位指令)、$n \leqslant 32$(32 位指令)	ROR、RORP：5 步 DROR、DRORP：9 步
循环左移指令	ROL(P)	FNC31	K、H、KnY、KnM、KnS、T、C、D、V、Z	K、H 移位量 $n \leqslant 16$(16 位指令) $n \leqslant 32$(32 位指令)	ROL、ROLP：5 步 DROL、DROLP：9 步

（1）循环右移指令

循环右移指令基本格式如图 3-48 所示，指令的指令说明如下。

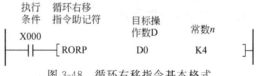

图 3-48　循环右移指令基本格式

① 当 X0 接通一次，目标数 D0 中的数向右移动 4 位，即从高位移向低位，从低位移出而进入高位，而且最后移出的一位（如图中带"＊"号的）进入进位标记 M8022 和最高位，如图 3-49 所示。

② 在连续执行型指令中，每个扫描周期都要执行一次（右移 4 位），因此建议用脉冲执行型。

③ 采用组合位元件作目标操作数时，位元件的个数必须是 16 个或 32 个，否则该指令不能执行。

（2）循环左移指令

循环左移指令的基本格式如图 3-50 所示。

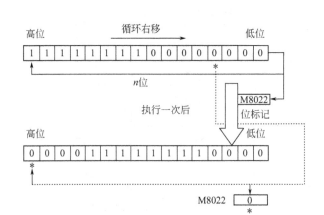

图 3-49　循环右移指令执行过程

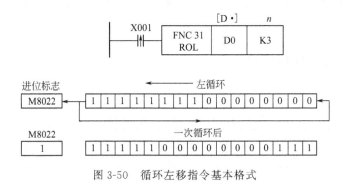

图 3-50　循环左移指令基本格式

循环左移指令的指令说明：当 X1 接通一次，目标数 D0 中的数向左移动 3 位，即从低位移向高位，高位溢出的进入低位，移动的方向和右移位指令 ROR 相反，其他特性是一致，在此不再重复。

3.4.3　带进位左、右循环移位指令

带进位循环右移 RCR（FNC32）带进位循环左移 RCL（FNC33），执行这两条指令时，各位的数据与进位位 M8022 一起（16 位指令时一共 17 位）向右（或向左）循环移动 n 位，如图 3-51 所示。

3.4.4　位右移指令

位右移、左移指令的助记符、指令代码、操作数、程序步见表 3-24。

表 3-24　位右移、左移指令

指令名称	助记符	指令代码	操作数				程序步
			S	D	n_1	n_2	
位右移指令	SFTR	FNC34	X、Y、M、S	Y、M、S	K、H $n_2 \leqslant n_1 \leqslant 1024$		SFTR、SFTRP：9 步
位左移指令	SFTL	FNC35	X、Y、M、S	Y、M、S	K、H $n_2 \leqslant n_1 \leqslant 1024$		SFTL、SFTLP：9 步

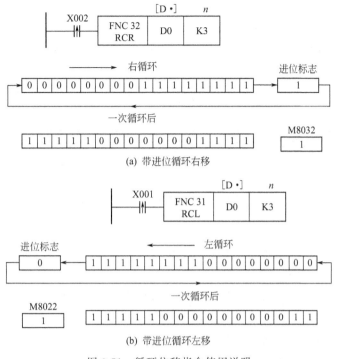

图 3-51 循环位移指令使用说明

（1）位右移指令

位右移指令格式如图 3-52 所示。位右移指令的说明如下。

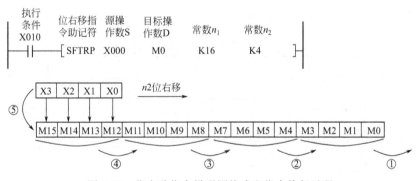

图 3-52 位右移指令梯形图格式和指令执行过程

该指令的源操作数和目标操作数都是位元件，程序中的 K16 表示有 16 个位元件，即 M0～M15；K4 表示每次移动 4 位。

当 X10 每接通一次，X0～X3 的四个位元件的状态移入 M0～M15 的高端，低端自动溢出。如图 3-52 所示，①M3～M0→溢出，②M7～M4→M3～M0，③M11～M8→M7～M4，④M15～M12→M11～M8，⑤X3～X0→M15～M12。

当采用连续执行型指令时，在 X10 接通期间，每个扫描周期都要移位，因此建议采用脉冲执行型。

（2）位左移指令

位左移指令格式如图 3-53 所示。

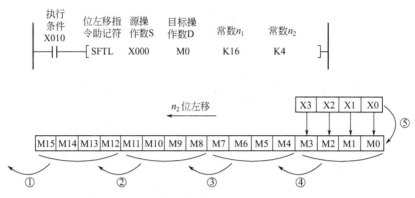

图 3-53　位左移指令梯形图格式和指令执行过程

位左移指令的说明：

该指令的源操作数和目标操作数都是位元件，程序中的 K16 表示有 16 个位元件，即 M0～M15；K4 表示每次移动 4 位。

当 X10 接通一次，X0～X3 的四个位元件的状态移入 M0～M15 的低端，高端自动溢出。如图 3-53 所示。①M15～M12→溢出 ②M11～M8→M15～M12 ③M7～M4→M11～M8 ④M3～M0→M7～M4 ⑤X3～X0→M3～M0。

当采用连续执行型指令时，在 X10 接通其间，每个扫描周期都要移位，因此建议采用脉冲执行型。

3.4.5　字右移和字左移指令

字右移和字左移指令要素见表 3-25。

表 3-25　字右移和字左移指令要素

指令名称	指令编号	助记符	操　作　数				指令步数
			S(可变址)	D(可变址)	n_1	n_2	
字右移	FNC36(16)	WSFR(P)	$KnX,KnY,KnM,$ KnS,T,C,D	$KnY,KnM,$ KnS,T,C,D	K,H $n_2 \leqslant n_1 \leqslant 512$		WSFR,WSFRP:9 步
字左移	FNC37(16)	WSFL(P)					WSFL,WSFLP:9 步

字移位指令使用说明：

图 3-54(a) 中的 X000 由 OFF 变为 ON 时，字右移指令按图中所示的顺序移位。

图 3-54(b) 中的 X010 由 OFF 变为 ON 时，字左移指令按图中所示的顺序移位。

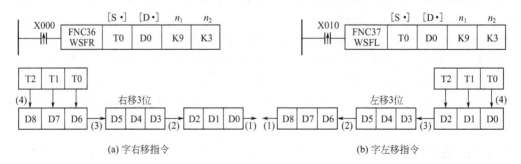

图 3-54　字移位指令使用说明

3.4.6　移位控制类指令的应用实例

例1：流水灯光控制。某灯光招牌有 L1～L8 八个灯接于 K2Y000，要求当 X000 为 ON 时，灯先以正序每隔1s轮流点亮，当 Y007 亮后，停 2s；然后以反序每隔1s轮流点亮，当 Y000 再亮后，停 2s，重复上述过程。当 X001 为 ON 时，停止工作。

梯形图如图 3-55 所示。分析见梯形图边的文字。

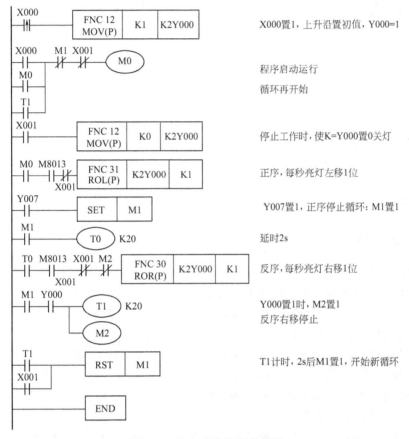

图 3-55　灯组移位控制梯形图

例2：步进电动机控制。以位移指令实现步进电动机正反转和调速控制。以三相三拍电动机为例，脉冲列由 Y010～Y012 送出，作为步进电动机驱动电源功放电路的输入。

程序中采用积算定时器 T246 为脉冲发生器，设定值为 K2～K500，定时为 2～500ms，则步进电动机可获得 500 步/s 到 2 步/s 的变速范围。X000 为正反转切换开关（X000 为 OFF 时，正转；X000 为 ON 时，反转），X002 为启动按钮，X003 为减速按钮，X004 为增速按钮。

程序说明：梯形图如图 3-56 所示。以正转为例，程序开始运行前，设 M0 为零。M0 提供移入 Y010、Y011、Y012 的"1"或"0"，在 T246 的作用下最终形成 011、110、101 的三拍循环。T246 为移位脉冲产生环节，INC 指令及 DEC 指令用于调整 T246 产生的脉冲频率。T0 为频率调整时间限制。

调速时，按住 X003（减速）或 X004（增速）按钮，观察 D0 的变化，当变化值为所需

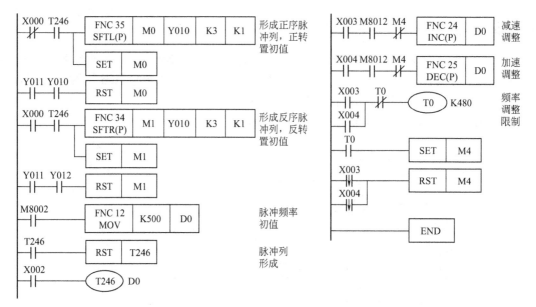

图 3-56　步进电机控制梯形图及说明

速度值时，释放。

3.4.7　案例实施

（1）分析任务功能

根据图 3-47 及任务描述对控制要求分析如下：

① 确定工作方式。根据广告灯的分布确定广告灯的工作方式为自动工作方式，编写程序时可以考虑用基本指令或用步进指令来完成。

② 编写荧光灯的自动程序。控制要求荧光灯从左往右每隔 1s 移动一盏灯可以用 M8013 来驱动 SFTRP 指令完成；当荧光灯从右往左每隔 1s 移动一盏灯可以用 M8013 来驱动 SFTLP 指令完成；用定时器完成定时功能，驱动 SFTRP 指令与 SFTLP 时应注意互锁，否则荧光灯的编写程序很难完成。

③ 流水灯程序编写。广告牌四周流水灯共 24 只，每 4 只为一组，共分 6 组，每组灯间隔 1s 向前移动一次，移动 24s 后，再反过来移动，如此循环往复，可以用 ROLP 与 RORP 来编写完成。

（2）根据控制要求，分配 I/O 点

根据功能分析，列出 PLC 的 I/O 分配见表 3-26。

表 3-26　I/O 分配表

输入设备	输入点编号	输出设备	输出点编号
启动按钮 SB1	X0	荧光灯管（8 个）	Y0、Y1、Y2、Y3、Y4、Y5、Y6、Y7
停止按钮 SB2	X1	流水灯（6 个）	Y10、Y11、Y12、Y13、Y14、Y15
连续按钮 SB3	X2		

（3）画出 PLC 的 I/O 接线图

根据任务控制要求，I/O 接线图如图 3-57 所示。

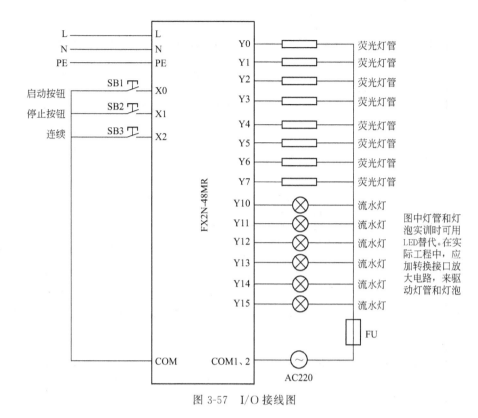

图 3-57 I/O 接线图

（4）系统安装 PLC

根据主控电路图安装主电路，然后根据 I/O 接线图连接控制电路。

（5）编写控制程序

① 荧光灯程序的编写　荧光灯有如下四种状态，编写程序时可以按四种状态来编写。但每次工作时只有一种状态，所以要注意互锁问题。辅助继电器的地址分配见表 3-27。

表 3-27　辅助继电器地址分配表

辅助继电器地址	作　用	辅助继电器地址	作　用
M0	控制第一种状态	M7	控制第三种状态
M1	控制第二种状态	M8	给 M9 启动信号
M2	自锁为 T0 计时	M9	自锁为 T2 计时
M3	给 M1 提供启动信号	M10	控制第四种状态
M4	给 M5 启动信号	M11	给 M12 启动信号
M5	自锁为 T1 计时	M12	自锁为 T3 计时
M6	给 M7 启动信号		

第一种状态：广告牌中间 8 个荧光灯管依次从左至右点亮，至全亮，每只点亮时间间隔 1s，全亮后显示 10s。

第二种状态：从右至左依次熄灭至全灭，全灭时间保持 2s。

第三种状态：从右至左依次点亮至全亮，每只点亮时间间隔 1s，全亮显示 10s 后。

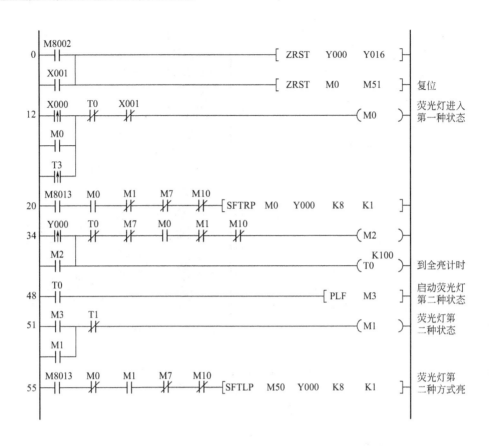

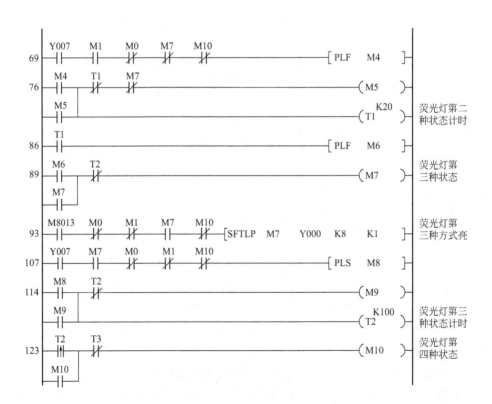

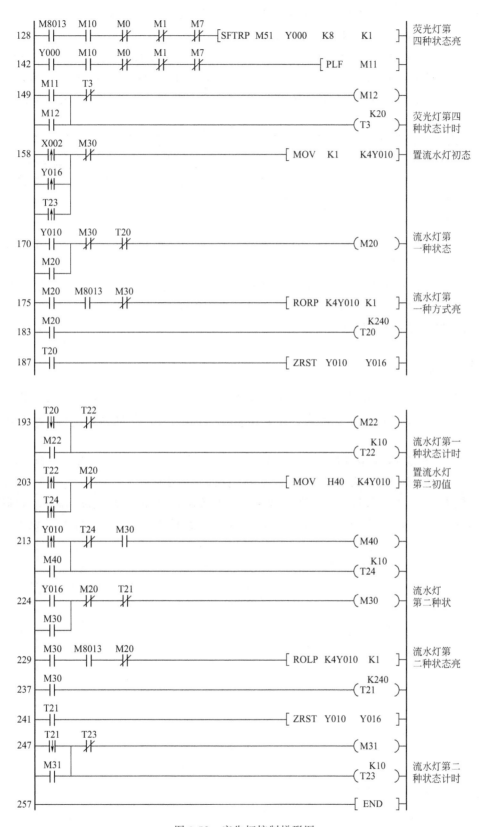

图 3-58 广告灯控制梯形图

第四种状态：从左至右依次熄灭至全灭，全灭时间保持 2s；又从第一种状态开始运行，如此循环不止，周而复始。其程序梯形图如图 3-49 所示。

② 流水灯程序的编写　流水灯有两种工作状态，分别用 ROLP 与 RORP 功能指令来完成，但同样要考虑互锁问题，Y16 与 Y10 之间点亮是有 1s 时间间隔的，所以编程时应当注意（参见程序步的第 181～191 步与第 235～245 步）。辅助继电器地址分配见表 3-28。

表 3-28　辅助继电器地址分配

辅助继电器地址	作　用	辅助继电器地址	作　用
M20	控制第一种状态	M31	时间间隔 1s
M22	时间间隔 1s	M40	防止 Y17～Y25 被点亮
M30	控制第二种状态		

第一种状态：广告牌四周流水灯共 24 只，每 4 只为一组（共 6 组），每组灯间隔 1s 向前（从右往左）移动一次。

第二种状态：广告牌四周流水灯共 24 只，每 4 只为一组，共分 6 组，每组灯间隔 1s 向后（从左往右）移动一次，移动 24s 后，再循环进行程序。

广告灯控制梯形图如图 3-58 所示。

3.4.8　拓展练习

1）有十个彩灯，接在 PLC 的 Y0～Y11，要求每隔 1s 点亮一个，依次从 Y0 亮至 Y11，当亮至全亮时，又从 Y11 熄灭至 Y0。然后又从 Y0 开始点亮，如此循环进行，请写出 PLC 的控制程序。

2）有 16 个彩灯，接在 PLC 的 Y0～Y17，现要求彩灯开始从 Y0 至 Y17 每隔 1s 依此点亮一个，当亮至 Y17 时，又从 Y17 至 Y0 依此点亮，循环进行。

3）用 X0 控制 8 个彩灯 Y0～Y7 的移位，控制要求：每隔 1s 移一位，用 X1 控制左移或右移，用 MOV 指令将彩灯的初值设定为十六进制数 H0F（Y3～Y0 为 1），设计出梯形图程序。

变频器、触摸屏的使用

4.1 基于 PLC 的物料分拣输送带变频控制

4.1.1 案例描述

控制任务要求：物料分拣输送带采用变频控制，已知输送带采用三相笼型异步电动机1.5kW，相交流380V，请设计合理的控制方案。具体控制要求如下：

① 输送带能进行正反转控制，即用操作台上的按钮控制控制电动机启动/停止、正转/反转。按下按钮"SB1"电动机正转启动，按下"SB3"电动机停止，待电动机停止运转，按下"SB2"电动机反转。

② 速度设定用变频器面板调节给定。

4.1.2 变频器基础

（1）变频器的基本构成

交-直-交变频器的基本构成如图4-1所示。

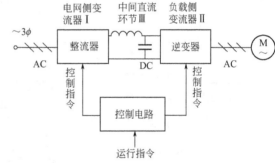

图 4-1 交-直-交变频器的基本构成

（2）变频器的调速原理

因为三相异步电动机的转速公式为：

$$n = n_0(1-s) = 60f_1(1-s)/p$$

式中 n_0——同步转速；

f_1——电源频率，Hz；

p——电动机极对数；

s——电动机转差率。

从公式可知，改变电源频率即可实现调速。根据三相异步电动机定子每相电动势的有效值为：

$$E_1 = 4.44f_1N_1k\omega\phi_m$$

式中 f_1——电动机定子频率，Hz；

N_1——定子相绕组有效匝数；

ω——角频率，rad/s；

ϕ_m——每极磁通量，Wb。

从公式可知，对 E_1 和 f_1 进行适当控制即可维持磁通量不变。因此，异步电动机的变频调速必须按照一定的规律同时改变其定子电压和频率，即必须通过变频器获得电压和频率均可调节的供电电源。

4.1.3 变频器（A700系列）端子接线与操作面板

（1）A700系列端子接线图

A700系列端子接线图如图4-2所示。

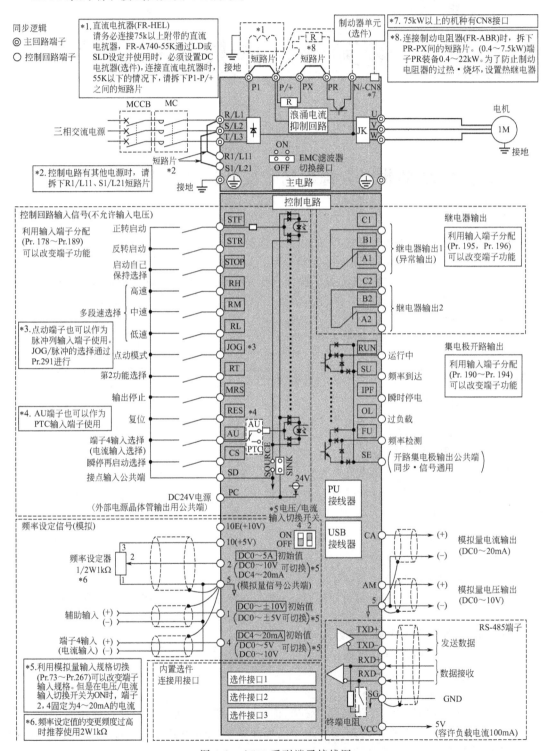

图4-2 A700系列端子接线图

（2）变频器的操作面板

FR-A740 型变频器一般需通过 FR-DU07 操作面板或 FR-PU07 参数单元来操作（总称为 PU 操作），操作面板外形如图 4-3 所示。

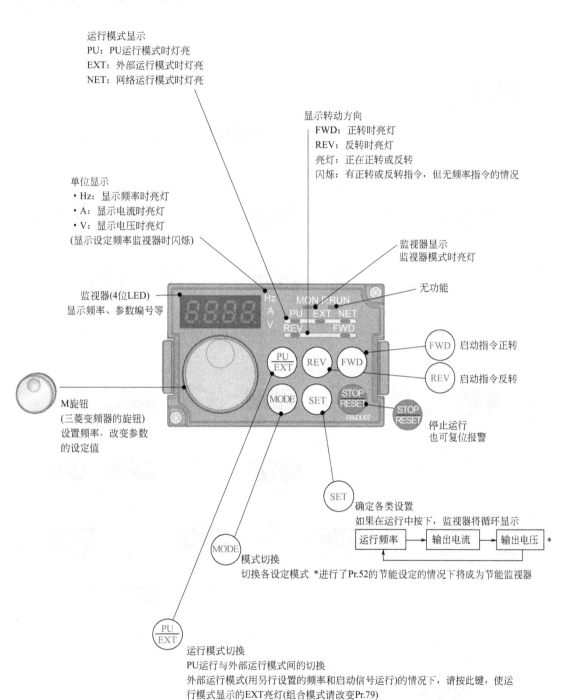

图 4-3　操作面板外形图

4.1.4 变频器（A700 系列）面板操作

（1）基本操作

变频器面板的基本操作如图 4-4 所示。

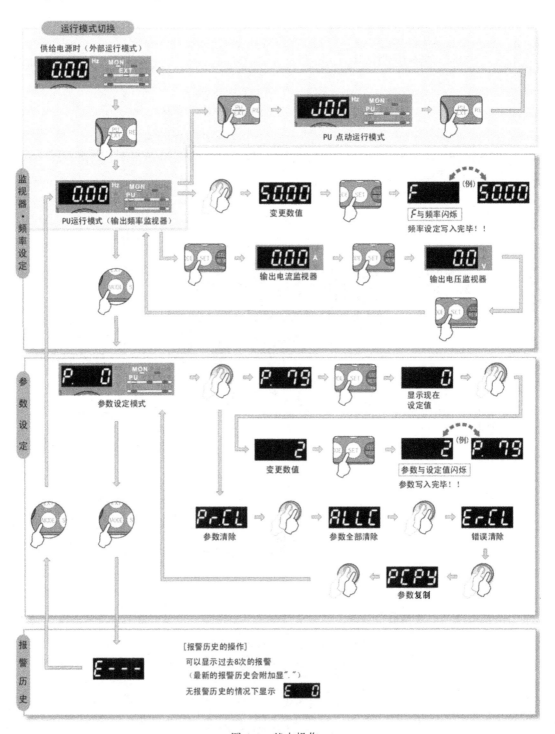

图 4-4 基本操作

（2）变更参数设置

变频器的变更参数设置如图 4-5 所示。

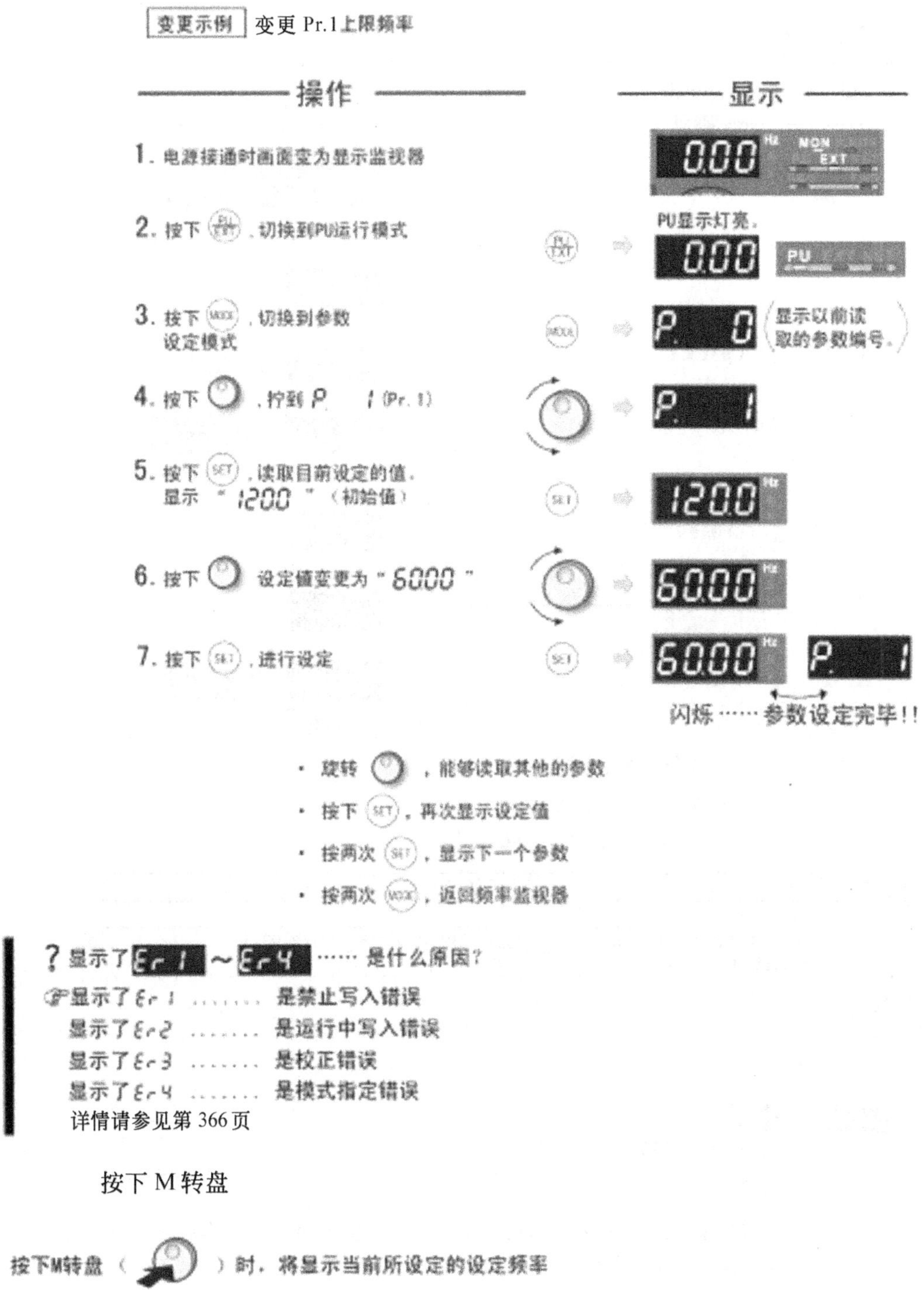

变更示例　变更 Pr.1 上限频率

—————— 操作 ——————　　—————— 显示 ——————

1. 电源接通时画面变为显示监视器
　　0.00 Hz NON EXT

2. 按下 ⟨PU/EXT⟩，切换到 PU 运行模式
　　PU 显示灯亮。
　　0.00 PU

3. 按下 ⟨MODE⟩，切换到参数设定模式
　　P. 0（显示以前读取的参数编号。）

4. 按下 ⟨○⟩，拧到 P. 1 (Pr.1)
　　P. 1

5. 按下 ⟨SET⟩，读取目前设定的值，显示 " 1200 "（初始值）
　　120.0 Hz

6. 按下 ⟨○⟩，设定值变更为 " 6000 "
　　60.00 Hz

7. 按下 ⟨SET⟩，进行设定
　　60.00 Hz ⟷ P. 1
　　闪烁……参数设定完毕!!

・旋转 ⟨○⟩，能够读取其他的参数
・按下 ⟨SET⟩，再次显示设定值
・按两次 ⟨SET⟩，显示下一个参数
・按两次 ⟨MODE⟩，返回频率监视器

? 显示了 Er1 ～ Er4 ……是什么原因？

☞ 显示了 Er1 ……是禁止写入错误
　显示了 Er2 ……是运行中写入错误
　显示了 Er3 ……是校正错误
　显示了 Er4 ……是模式指定错误
　详情请参见第 366 页

按下 M 转盘

按下 M 转盘 （ ）时，将显示当前所设定的设定频率

图 4-5　变更参数设置

（3）参数清除，全部清除

变频器的参数清除，全部清除如图 4-6 所示。

要 点

· 设定 Pr.CL 参数清除 = "1" 时，参数恢复到初始值。（如果 Pr.77 参数写入选择 = "1"时无法清除参数。另外，用于校正的参数无法清除）

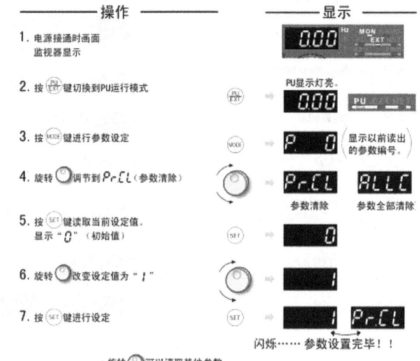

设定值	内 容
0	不能进行清除。
1	消除校验参数 C0 (Pr.900)～ C7(Pr.905)，C38 (Pr.932)～ C41(Pr.933) 参数回到初始值。*

备 注

? ▮= $Er4$ 后闪烁……为什么？

☞ 运行模式没有切换到PU运行模式。

1. 请按 $\frac{PU}{EXT}$ 键。

PU 键灯亮，监视器（4位LED）显示 "0"（当 Pr.79 = "0"（初始值）时）。

2. 请从操作6开始重新操作。

图 4-6 参数清除，全部清除

（4）参数复制

变频器的参数复制如图 4-7 所示。

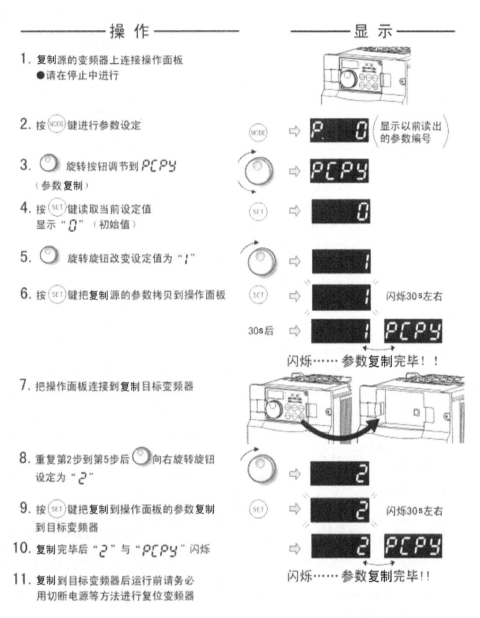

图 4-7　参数复制

4.1.5　变频器的参数

（1）简单模式参数

可以在初始设定值不作任何改变的状态下实现单纯的变频器可变速运行，请根据负荷或运行规格等设定必要的参数。可以在操作面板（FR-DU07）进行参数的设定，变更及确认操作。简单模式参数一览表见表 4-1。

表 4-1　简单模式参数一览表

功能	参数	名称	设定范围	最小设定参数	初始值	用途
进行基本功能	0	转矩提升	0～30％	0.1％	6％/4％/ 2％/1％	V/F 控制时,想进一步提高启动时的转矩,在负载后电动机不转,输出报警(OL),在(OC1)发生跳闸的情况下使用。*1 初始值因变频器容量不同而不同
	1	上限频率	0～120Hz	0.01Hz	120/60Hz	想设置输出频率的上限的情况下进行设定。*2 初始值根据变频器容量不同而不同
	2	下行频率	0～120Hz	0.01Hz	0Hz	想设置输出频率的上限与下限的情况下进行设定
	3	基准频率	0～400Hz	0.01Hz	50Hz	请看电动机的额定铭牌进行确认
	4	多段速设定 (高速)	0～400Hz	0.01Hz	50Hz	想用参数设定运转速度,用端子切换速度的时候进行设定
	5	多段速设定 (中速)	0～400Hz	0.01Hz	30Hz	
	6	多段速设定 (低速)	0～400Hz	0.01Hz	10Hz	
	7	加速时间	0～3600/360s	0.1/0.01s	5/15s	可以设定加减速时间。*3 初始值根据变频器的容量不同而不同
	8	减速时间	0～3600/360s	0.1/0.01s	5/15s	
	9	电子过电流保护	0～500/0～3600A	0.01/0.1A	额定电流	用变频器对电动机进行热保护。设定电动机的额定电流。*4 单位,范围根据变频器容量不同而不同
	79	运行模式选择	0,1,2,3, 4,6,7	1	0	选择启动命令场所和频率设定场所
	125	端子 2 频率设定增益频率	0～400Hz	0.01Hz	50Hz	改变最大值(5V 初始值)对应的频率
	126	端子 4 频率设定增益设定	0～400Hz	0.01Hz	50Hz	电流最大输入(初始值为 20mA)
	160	用户参数组读取选择	0,1,9999	1	0	可以限制通过操作面板或参数单元读取的参数。9999 时,只显示简单模式参数;0 时,可显示简单模式和扩展模式参数;1 时,可显示用户参数组登录的参数

（2）变频器的常用参数

变频器的常用参数见表 4-2。

表 4-2　变频器的常用参数

功能	参数	名称	设定范围	最小设定参数	初始值	用途
	13	启动频率	0～60Hz	0.01Hz	0.5Hz	可以设定启动时频率
	14	适用负载选择	0,1,2,3,4,5	1	0	0 时,用于恒转矩负载;1 时,用于低转矩负载;2、3 时,恒转矩升降用;4 时,RT 信号 ON,同 0;RT 信号 OFF,同 2;5 时,RT 信号 ON,同 0;RT 信号 OFF,同 3

续表

功能	参数	名称	设定范围	最小设定参数	初始值	用途
JOD 选择	15	点动频率	0~400Hz	0.01Hz	5Hz	设定点动运行时的频率
	16	点动加减时间	0~3600/360s	0.1/0.01s	0.5s	设定点动运行时的加减速时间。加减速时间设定为加减速到 Pr.20 中设定的加减速基准频率的时间（初始值为50Hz）。加减速时间不能另外设定
	18	高速上限频率	120~400Hz	0.01Hz	120/60Hz	120Hz 以上运行时设定
	20	加减速基准频率	1~400Hz	0.01Hz	50Hz	设定作为加减速时间基准的频率,加减速时间设定为停止-Pr.20 简单频率变化时间
多段速度设定	24~27	多段速度设定（4速~7速）	0~400Hz,9999	0.01Hz	9999	通过 RH,RM,RL 和 REX 信号的组合可以进行速度 4-速度 15 的频率设定,9999 未选择
防止参数值被意外改写	77	参数写入选择	0,1,2	1	0	0 时,仅限于停止时可以写入。1 时,不可以写入参数。2 时,可以在所有运行模式中不受运行状态限制地写入参数
运行模式选择	79	运行模式选择	0,1,2,3,4,6,7	1	0	0 时,外部/PU 切换模式;1 时,PU 运行模式固定;2 时,外部运行模式固定;3 时,外部/PU 组合模式 1;4 时,外部/PU 组合模式 2;6 时,电源溢出模式;7 时,外部一运行模式(PU 运行互锁)
操作面板的动作选择	161	频率设定/键盘锁定操作选择	0,1,10,11	1	0	0 时,M 旋钮频率设定模式;1 时,M 旋钮音量设定模式;10 同 0,11 同 1,但 10、11 为键盘锁定模式有效,0、1 为无效

4.1.6　变频器的操作练习

（1）从控制面板实施启动、停止操作（PU 运行）

按图 4-8 所示接线。

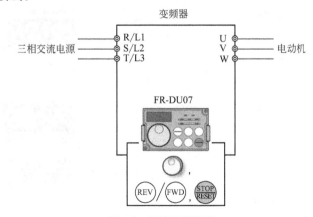

图 4-8　PU 运行接线

① 用 M 旋钮设定频率来运行（$f=30$Hz）。要点：启动指令用 FWD/REV 发出（图 4-9）。

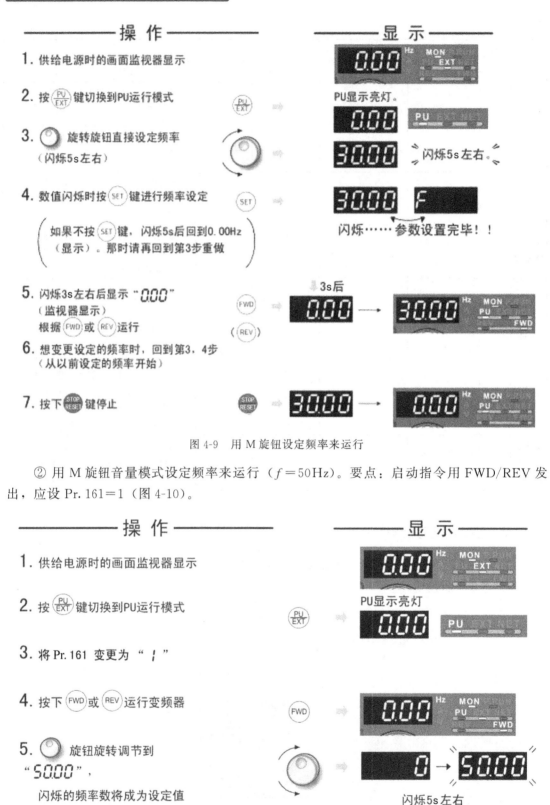

图 4-9　用 M 旋钮设定频率来运行

② 用 M 旋钮音量模式设定频率来运行（$f=50\mathrm{Hz}$）。要点：启动指令用 FWD/REV 发出，应设 Pr.161＝1（图 4-10）。

图 4-10　用 M 旋钮音量模式设定频率来运行

③ 通过模拟信号进行频率设定（电压输入），如图 4-11 和图 4-12 所示。要点：启动指令用 FWD/REV 发出，Pr.79＝4。

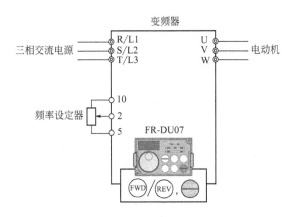

图 4-11　模拟信号进行频率设定的接线（电压输入）

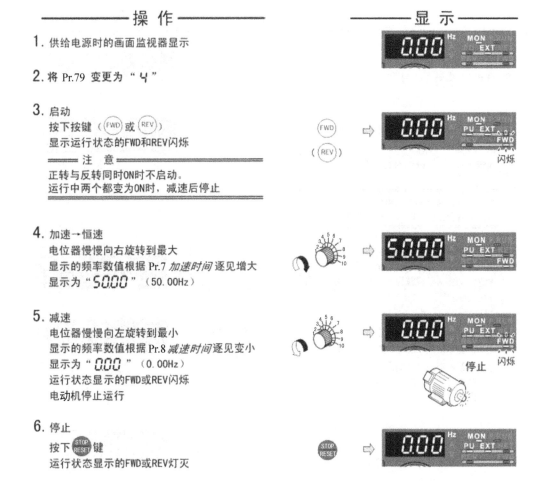

图 4-12　模拟信号进行频率调节（电压输入）

④ 通过模拟信号进行频率设定（电流输入），如图 4-13 和图 4-14 所示。要点：启动指令用 FWD/REV 发出，Pr.79＝4，AU 信号置为 ON。

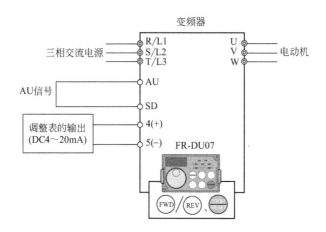

图 4-13　模拟信号进行频率设定接线（电流输入）

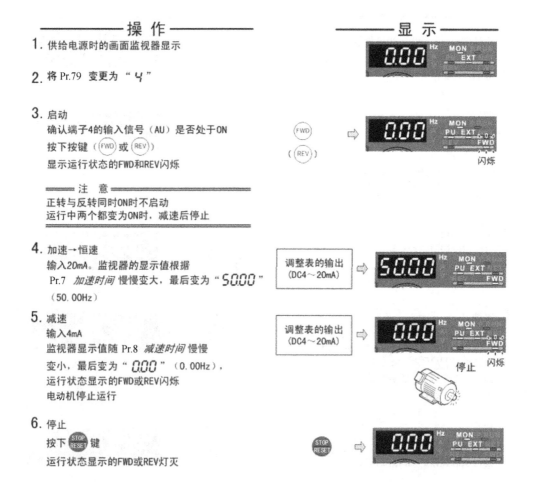

图 4-14　模拟信号进行频率调节（电流输入）

（2）从端子实施启动、停止操作（外部运行）

① 通过操作面板来设定频率，如图 4-15 和图 4-16 所示。要点：启动指令用端子 STF（STR)-SD 置为 ON 来进行，Pr. 79＝3。

变频器
R/L1
S/L2
T/L3
三相交流电源
U
V
W
电动机
STF
正转启动
反转启动
STR
SD
FR-DU07
设定频率

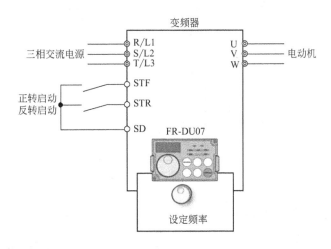

图 4-15　操作面板来设定频率接线

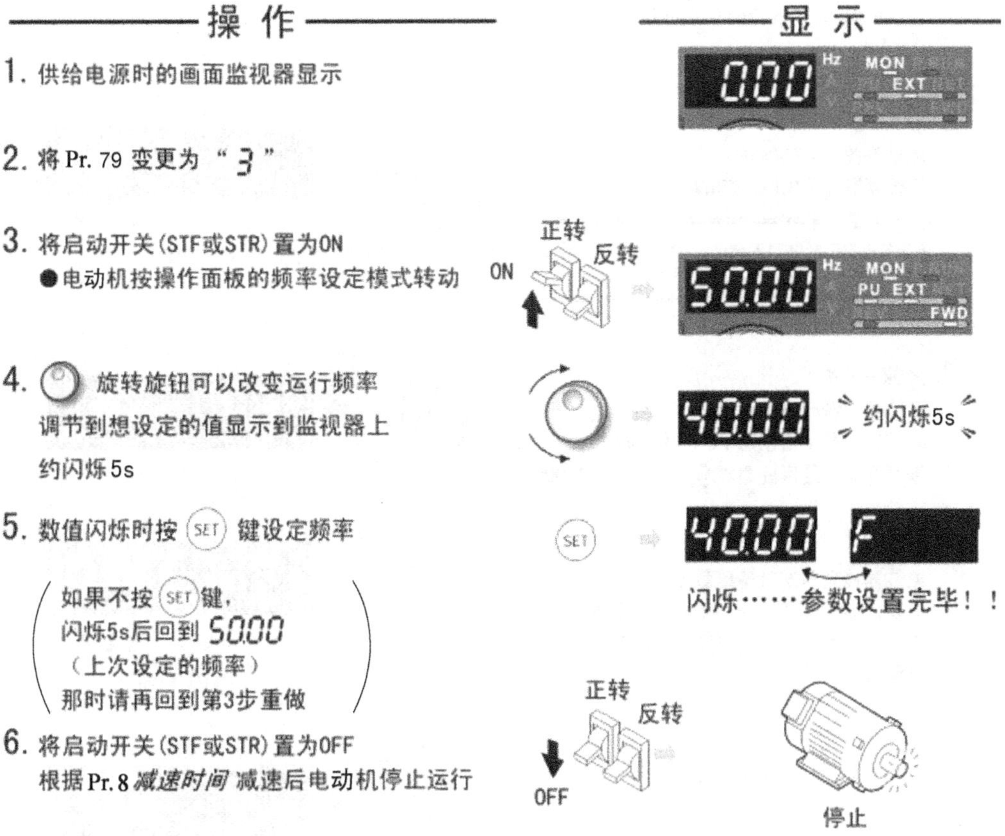

操 作
显 示
1. 供给电源时的画面监视器显示
0.00
Hz
MON
EXT
2. 将 Pr. 79 变更为“3”
3. 将启动开关(STF或STR)置为ON
●电动机按操作面板的频率设定模式转动
正转
反转
ON
50.00
Hz
MON
PU EXT
FWD
4. 旋转旋钮可以改变运行频率
调节到想设定的值显示到监视器上
约闪烁5s
40.00
约闪烁5s
5. 数值闪烁时按 SET 键设定频率
SET
40.00
F
闪烁……参数设置完毕！！
如果不按 SET 键，
闪烁5s后回到 50.00
（上次设定的频率）
那时请再回到第3步重做
6. 将启动开关(STF或STR)置为OFF
根据 Pr. 8 减速时间 减速后电动机停止运行
正转
反转
OFF
停止

图 4-16　操作面板来设定频率的操作

② 通过模拟信号进行频率设定（电压输入），如图 4-17 和图 4-18 所示。要点：启动指令用端子 STF（STR)-SD 置为 ON 来进行，Pr.79＝0，2。

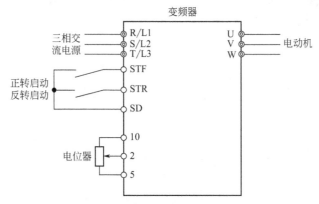

图 4-17　模拟信号进行频率设定（电压输入）接线

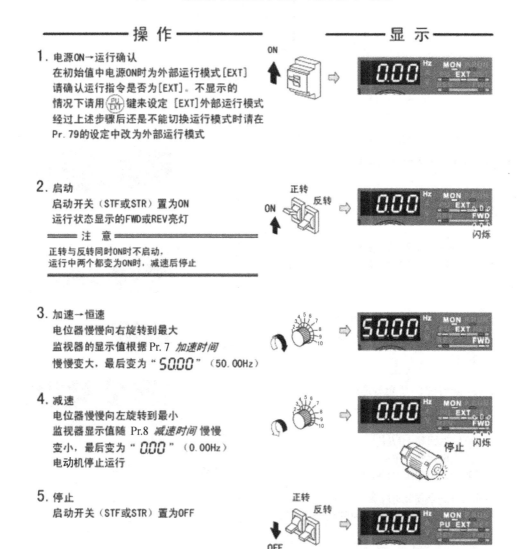

图 4-18　模拟信号进行频率设定（电压输入）操作

③ 通过模拟信号进行频率设定（电流输入），如图 4-19 和图 4-20 所示。要点：启动指令用端子 STF（STR）-SD 置为 ON 来进行，AU 信号置为 ON，Pr. 79＝2，Pr. 184＝4。

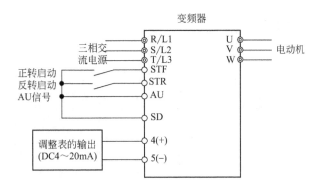

图 4-19　模拟信号进行频率设定（电流输入）接线

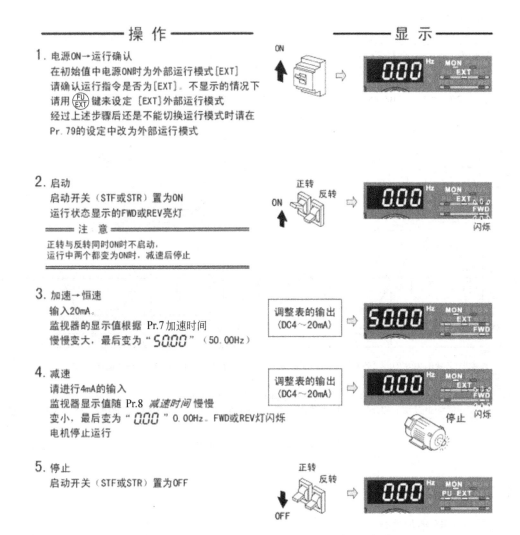

图 4-20　模拟信号进行频率设定（电流输入）操作

（3）启动信号的选择

两线启动信号的选择图如图 4-21 所示，三线启动信号的选择图如图 4-22 所示。

能够选择启动信号 (STF/STR) 的动作
选择启动信号变为OFF时的停止方法(减速停止，自由运行)
在启动信号变为OFF的同时，通过机械制动使电动机停止的情况下使用

参数号	名 称	初始值	设定范围	内 容	
				启动信号(STF/STR)	停止动作
250	停止选择	9999	0～100s	STF信号；正转启动 STR信号；反转启动	启动信号置于OFF，设定时间后停止自由运行。设定1000～1100s时，(Pr.250-1000) s后，停止自由运行
			1000～1100s	STF信号；启动信号 STR信号；正反信号	
			9999	STF信号；正转启动 STR信号；反转启动	启动信号置于OFF后，减速停止
			8888	STF信号；启动信号 STR信号；正反信号	

两线式(端子STF，STR)

- 通过初始设定，正反转信号(STF/STR)为启动兼停止信号。不管是哪个信号只要有一个变为ON都可以启动。运行中将两个信号都切换为OFF(或者两个信号都切换为ON)时。变频器减速停止
- 频率设定信号有两种方法，即在速度设定输入端子2-5间输入DC0～10V的方法和在Pr.4～6 3段速度设定(高速、中速、低速)中进行设定的方法等
- 如果设定Pr. 250 = "1000～1100，8888"，STF信号变为启动指令，STR信号变为正反指令

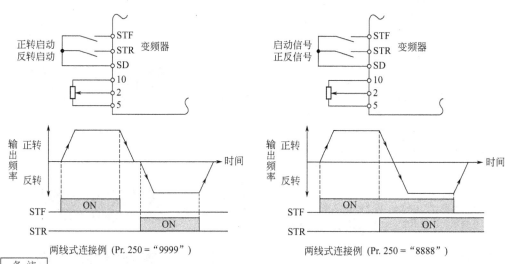

两线式连接例 (Pr. 250 = "9999")　　　　两线式连接例 (Pr. 250 = "8888")

备注
- 如果设定Pr. 250 = "0～100，1000～1100"，启动指令变为OFF时，自由运行停止
- STF，STR信号能够通过初始设定分配到STF，STR端子，STF信号仅能分配给 *Pr.*178 *STF*端子功能选择，STR信号仅能分配给*Pr.*179 *STR*端子功能选择

图 4-21　两线启动信号的选择图

4.1.7　案例实施

（1）变频器参数功能表

设置参数前先将参数复位为工厂的缺省设定值。变频器参数功能表见表 4-3。

三线式（端子STF、STR、STOP）

- 启动自动保持功能在STOP信号变为ON时有效。此时，正反信号仅作为启动信号工作
- 即使将启动信号（STF或者STR）从ON置于OFF，启动信号仍保持启动。改变转向时先将STR（STF）切换为ON后再切换到OFF
- 通过将STOP信号切换到OFF使变频器减速停止

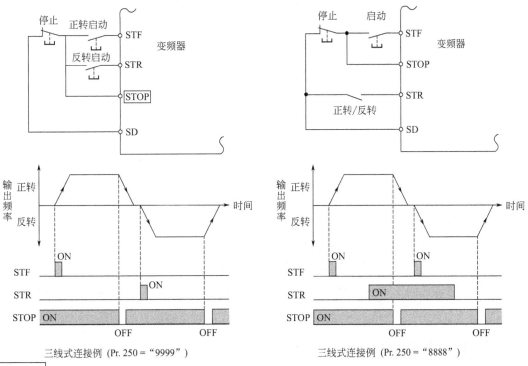

备 注

- STOP信号能够通过初始设定分配给STOP端子。能够通过在Pr.178～189设定"25"，向其他的端子分配STOP信号
- 点动信号变为ON，点动运行有效时，STOP信号变为无效
- 即使MRS信号变为ON，停止输出时，也无法解除自动保持功能

图 4-22　三线启动信号的选择图

表 4-3　变频器参数功能表

序号	变频器参数	出厂值	设定值	功能说明
1	Pr.1	50	50	上限频率（50Hz）
2	Pr.2	0	0	下限频率（0Hz）
3	Pr.9	0	0.35	电子过电流保护（0.35A）
4	Pr.160	9999	0	扩张功能显示选择
5	Pr.79	0	2	操作模式选择

（2）变频器外部接线图

变频器外部接线图如图 4-23 所示。

（3）操作过程

① 检查实训设备中器材是否齐全。

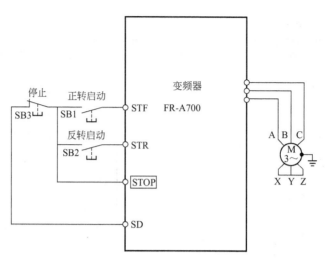

图 4-23　变频器外部接线图

② 按照变频器外部接线图完成变频器的接线，认真检查，确保正确无误。

③ 打开电源开关，按照参数功能表正确设置变频器参数。

④ 用外部可调电阻设定变频器运行频率。

⑤ 按下按钮"SB1"，观察并记录电动机的运转情况。

⑥ 按下按钮"SB3"，等电动机停止运转后，按下按钮"SB2"，观察并记录电动机的运转情况。

4.1.8　拓展练习

1）将用户以前所设参数全部清除。

2）按 FWD 或 REV 键，电动机正转或反转，监示各输出量，按 STOP 键，电动机停止；当启停改为外部开关控制，频率仍为 PU 设定，再按以上操作。

3）当频率为外设，启停分别为 PU 和外部两种模式时，设变频器的运行频率为 35Hz、45Hz、50Hz，运行变频器，观察电动机的运行情况。

4）"点动模式"，设定 Pr.15＝10Hz，Pr.16＝3s，按 FWD 或 REV 键，运行变频器，观察电动机的点动运行情况；改为外部模式再操作。

4.2　恒压供水 (多段速度) 控制

4.2.1　案例描述

恒压供水（七段速度）控制，具体控制要求如下：

① 某供水系统共有三台水泵，按设计要求两台运行，一台备用，运行与备用 t_0 天轮换一次。

② 用水高峰时一台工频全速运行，一台变频运行；用水低谷时，一台变频运行。

③ 三台水泵分别由 M1、M2、M3 电动机拖动。三台电动机由 KM1、KM3、KM5 变频控制，KM2、KM4、KM6 全速控制。

④ 变速控管由供水压力上限触点与下限触点控制。

⑤ 水泵投入工频运行时，电动机的过载有热继电器保护，并有报警信号指示。

4.2.2 通过多段速设定运行

变频器的多段速控制有着广泛的应用，如车床主轴变速、龙门刨床的主运行、高炉的加料料斗的提升等，因此所有的变频器都具有多段速功能。

预先通过参数设定运行速度，并通过接点端子来切换速度使用，仅通过接点信号（RH、RM、RL、REX 信号）的 ON、OFF 操作即可以选择各个速度。多段速设定见表 4-4。

表 4-4　多段速设定

参数号	名　　称	初始值	设定范围	内　　容
4	多段速度设定(高速)	50Hz	0～400Hz	设定仅 RH 为 ON 时的频率
5	多段速度设定(中速)	30Hz	0～400Hz	设定仅 RM 为 ON 时的频率
6	多段速度设定(低速)	10Hz	0～400Hz	设定仅 RL 为 ON 时的频率
24	多段速度设定(速度 4)	9999	0～400Hz,9999	
25	多段速度设定(速度 5)	9999	0～400Hz,9999	
26	多段速度设定(速度 6)	9999	0～400Hz,9999	
27	多段速度设定(速度 7)	9999	0～400Hz,9999	
232	多段速度设定(速度 8)	9999	0～400Hz,9999	
233	多段速度设定(速度 9)	9999	0～400Hz,9999	通过 RH,RM,RL 和 REX 信号的组合可以进行速度 4～速度 15 的频率设定
234	多段速度设定(速度 10)	9999	0～400Hz,9999	
235	多段速度设定(速度 11)	9999	0～400Hz,9999	9999:未选择
236	多段速度设定(速度 12)	9999	0～400Hz,9999	
237	多段速度设定(速度 13)	9999	0～400Hz,9999	
238	多段速度设定(速度 14)	9999	0～400Hz,9999	
239	多段速度设定(速度 15)	9999	0～400Hz,9999	

上述参数在 Pr.77 参数写入选择设定为"0"（初始值）时，在运行中、运行模式中都可以变更设定值。

（1）三段速度设定（Pr.4～6）

RH 信号 ON 时按 Pr.4 中设定的频率运行；RM 信号 ON 时按 Pr.5 中设定的频率运行，RL 信号 ON 时按 Pr.6 中设定的频率运行（图 4-24）。

例：用 PLC、变频器设计一个电动机的三速运行的控制系统。其控制要求如下：

按下启动按钮，电动机以 30Hz 速度运行，5s 后转为 45Hz 速度运行，再过 5s 转为 20Hz 速度运行，按停止按钮，电动机即停止。

参考设计：

1) 软件设计

① 变频器的设定参数　根据系统的控制要求，将变频器的参数设定为：上限频率 Pr.1=

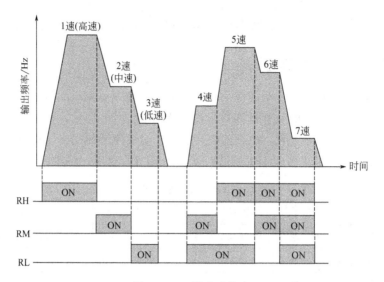

图 4-24　三段速度设定

50Hz；下限频率 Pr.2＝0Hz；基底频率 Pr.3＝50Hz；加速时间 Pr.7＝2s；减速时间 Pr.8＝2s；电子过电流保护 Pr.9＝电动机的额定电流；操作模式选择（组合）Pr.79＝3；多段速度设定（1速）Pr.4＝20Hz；多段速度设定（2速）Pr.5＝45Hz；多段速度设定（3速）Pr.6＝30Hz。

② PLC 的 I/O 分配　根据系统的控制要求、设计思路和变频器的设定参数，PLC 的 I/O 分配如下：

X0：停止（复位）按钮，X1：启动按钮；Y0：运行信号（STF），Y1：1速（RL），Y2：2速（RM），Y3：3速（RH），Y4：复位（RES）。

③ 控制程序　电动机多速运行的控制程序如图 4-25 所示。

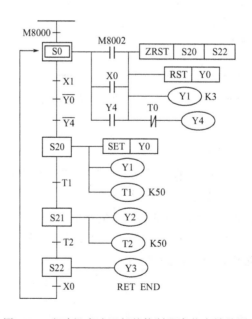

图 4-25　电动机多速运行的控制程序状态转移图

2）系统接线

根据控制要求及 I/O 分配，其系统接线图如图 4-26 所示。

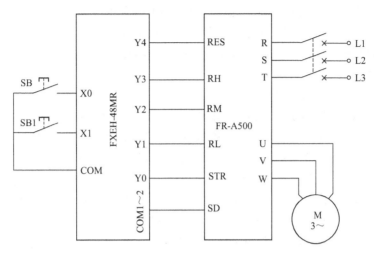

图 4-26　电动机多速运行的系统接线图

3）系统调试

系统调试包括设定参数，输入程序，PLC 模拟调试，空载调试以及系统调试。

（2）四段以上的多段速度设定（Pr.24～27，Pr.232～239）

通过 RH、RM、RL、REX 信号的组合可以进行速度 4～15 段速度的设定。（初始值的状态为不可以使用 4 速～15 速设定）。REX 信号输入所使用的端子通过在 Pr.178～189（输入端子功能选择）设定为 "8"，来进行端子功能的分配（图 4-27）。

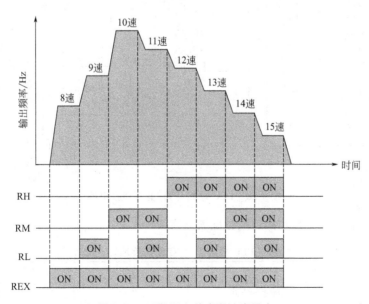

图 4-27　四段以上的多段速度设定

如果设定 Pr.232 多段速设定（8 速）="9999" 时，将 RH、RM、RL 置于 OFF 且 REX 置于 ON 时，将按照 Pr.6 的频率动作。

4.2.3 工频-变频切换控制电路

实际中很多设备投入运行后就不允许停机，如果由变频器拖动，则变频器一旦出现跳闸停机，应马上将电动机切换到工频电源；另外很多负载应用变频器拖动是为了节能，如果变频器达到满载输出时就失去了节能的作用，这时也应将变频器切换到工频运行。

例：用 PLC 控制工频/变频切换

1）PLC 控制工频/变频切换电路

变频器侧用 KM1 切换变频器的通、断电；用 KM2 切换变频器与电动机的接通与断开；用 KM3 接通电动机的工频运行。KM2 和 KM3 在切换过程中不能同时接通，需要在 PLC 内、外通过程序和电路进行联锁保护。变频器由电位器 RP 进行频率设定；用 KA1 动合触点控制运行；用 KA2 动合触点控制复位；由 30A、30B 输出报警信号。SA2 为工频—变频切换开关，SA2 旋至 X000 时，电动机为工频运行；SA2 旋至 X001 时，电动机为变频运行。SB1、SB2 为工频/变频运行时的启动/停止开关；SB3、SB4 为变频器运行/停止开关；SB5 为复位开关，用于对变频器进行复位如图 4-28 所示。

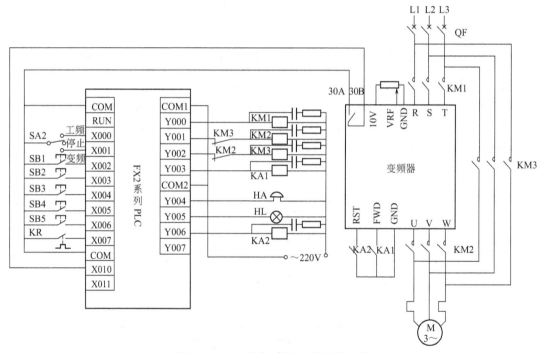

图 4-28　PLC 控制工频/变频切换电路

2）PLC 控制工频/变频切换地址分配表（表 4-5）

表 4-5　PLC 控制工频/变频切换地址分配表

输入地址		输出地址	
X000	工频运行方式	Y000	接通电源至变频器 KM1
X001	变频运行方式	Y001	接通变频器电源至电动机 KM2
X002	工频/变频启动	Y002	接通主电源至电动机 KM3
X003	工频/变频停止	Y003	变频器启动 KA1

输入地址		输出地址	
X004	变频器运行启动	Y004	灯光报警 HL
X005	变频器运行停止	Y005	声音报警 HA
X006	复位	Y006	变频器复位 KA2
X007	热保护		
X010	系统异常		

3）PLC 控制工频-变频切换程序梯形图（图 4-29）

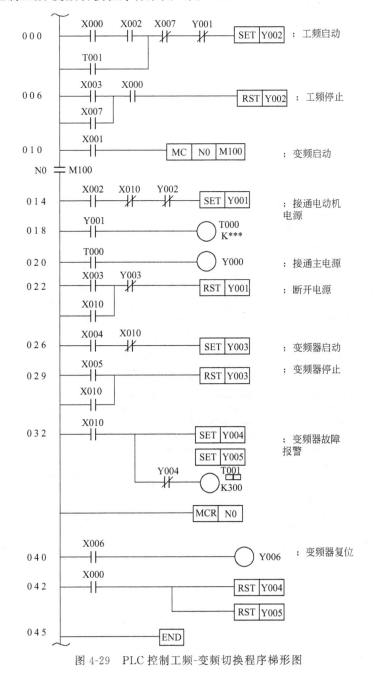

图 4-29　PLC 控制工频-变频切换程序梯形图

4.2.4 注意事项

① 变频器的通、断电控制一般均采用电磁接触器，因为采用接触器可以方便地进行自动或手动控制，一旦变频器出现问题，可立即自动切断电源。

② 为了满足变频器的控制要求和人们的操作习惯，在不太复杂的控制电路中均采用了低压电器作为控制元件和由主令开关作为发信元件，这种控制方法虽然比较传统和落后，但它结构简单，成本低，工作可靠，人们还是乐于采用的。

③ 在控制功能较多的电路中，由于逻辑关系复杂，不适合用低压电器来控制，一般选用 PLC 控制。由于 PLC 可以通过内部编程解决逻辑关系问题，可使电路的接点大大减少，降低了电路的故障率。

④ 选择控制电路的要点为：电路结构合理，运行可靠，便于维护，适合人们的操作习惯。

4.2.5 案例实施

1）分析被控对象工艺条件和控制要求。

2）PLC 控制系统的硬件设计。

① 主要部件的选择。根据前面的分析，启动和停止按钮，压力开关，六组接触器等，PLC 选 FX2N-40MR，变频器选 FR-A740。

② I/O 地址分配（表 4-6）。

表 4-6 I/O 地址分配

输入端子	功能	输出端子	功能	输出端子	功能
X0	启动按钮	Y0	STF 信号	Y10	
X1	水压下限开关	Y1	RH 信号	Y11	KM6
X2	水压上限开关	Y2	RM 信号	Y12	报警灯
X5	停止	Y3	RL 信号	Y37	MRS 信号
	FR1～FR2		KM1～KM4		
X10	FR3				

③ 变频器多段速度参数设定。

1速：Pr.4＝15Hz；2速：Pr.5＝20Hz；3速：Pr.6＝25Hz；4速：Pr.24＝30Hz；5速：Pr.25＝35Hz；6速：Pr.26＝40Hz；7速：Pr.27＝45Hz 加速时间：Pr.7；减速时间：Pr.8；操作模式：Pr.79＝3。

④ 画出 PLC 的 I/O 接线图。

根据表 4-6 的 I/O 分配，画出 PLC 的电路接线图如图 4-30 所示。

3）程序设计。

① 编制控制流程图（图 4-31）。

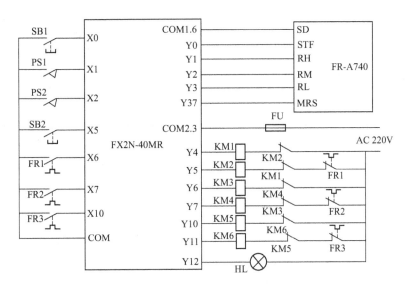

图 4-30 PLC 控制系统接线图

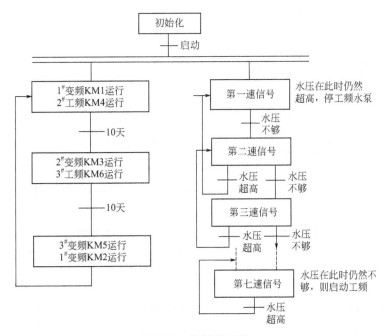

图 4-31 控制流程图

② 编写梯形图程序（图 4-32）。

4.2.6 拓展练习

1）以前面所学知识为基础，设计如下控制电路：

① 两台变频器以 2：1 比例运行。

② KM 控制两台变频器的通、断电。

③ 发生故障报警时，能切断变频器电源。

```
        M8000
0      ──┤├─────────────────────────────────────────────[ SET    S0  ]

3      ────────────────────────────────────────────────[ STL    S0  ]

        X005
4      ──┤├───────┬─────────────────────────────────────[ ZRST   S20   S29 ]
        M8002     │
       ──┤├───────┤─────────────────────────────────────[ ZRST   C0    C2  ]
                  ├─────────────────────────────────────[ RST    M10 ]
                  └─────────────────────────────────────[ RST    Y000 ]

        X006
18     ──┤├───────┬─────────────────────────────────────( Y012 )
        X007      │
       ──┤├───────┤
        X010      │
       ──┤├───────┘

        X000    Y000
22     ──┤├─────┤/├─────┬───────────────────────────────[ SET    S20 ]
                        └───────────────────────────────[ SET    S23 ]

28     ────────────────────────────────────────────────[ STL    S20 ]

29     ──────────┬──────────────────────────────────────[ RST    C2  ]
                 │  M10    X007
                 ├──┤├────┤/├───────────────────────────( Y007 )
                 ├──────────────────────────────────────( Y004 )
                 │  M8014                          K14400
                 ├──┤├────────────────────────────( C0 )
                 │  C0
                 ├──┤├─────────────────────────────────( Y037 )
                 │  Y037                             K10
                 └──┤├─────────────────────────────( T0 )

        C0      T0
50     ──┤├─────┤├──────────────────────────────────────[ SET    S21 ]

54     ────────────────────────────────────────────────[ STL    S23 ]
```

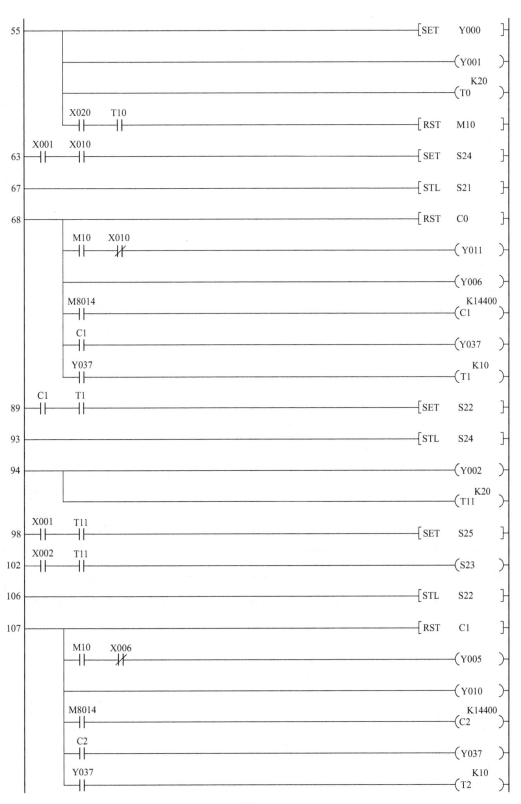

图 4-32

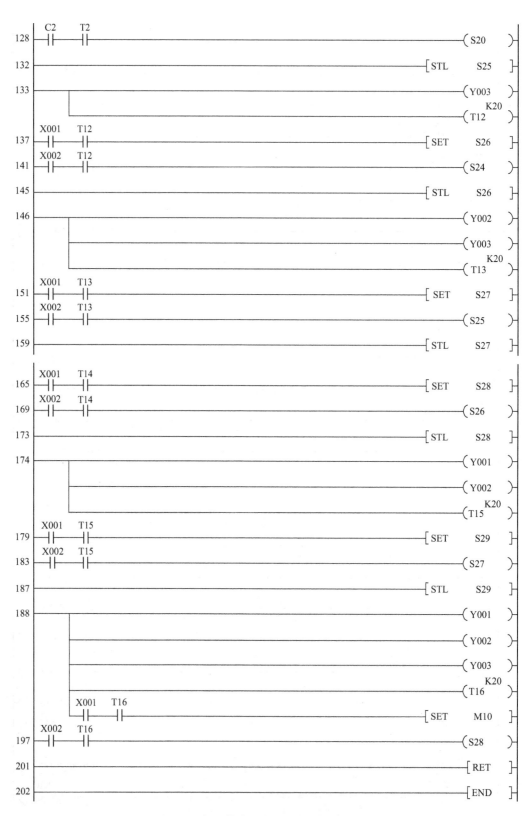

图 4-32　恒压供水（多段速度）控制梯形图

④ 变频器正反转控制。

⑤ 有报警信号输出时，报警铃响，报警灯亮。

2）穿梭式传送带用于自行车涂装生产线，具体控制要求如下：

① 通过 PLC 控制变频器外部端子。打开开关"K1"变频器每过 2s 自动变换一种输出频率，用七段速达到额定频率，运行一段时间后，关闭开关"K1"电机停止。

② 利用变频器本身具有的多级速度功能。

4.3 PLC 在食品企业供给糖浆计量系统中的应用

4.3.1 案例描述

某食品公司果冻车间需设计一套糖浆供给计量系统，在生产时，根据配方的不同，将不同重量糖浆准确计量，通过糖浆泵、不锈钢料管、阀门分别抽到六口煮糖浆锅里，以保证食品品质，维护食品安全，提高生产效率，如图 4-33 所示为糖浆供给系统示意图。

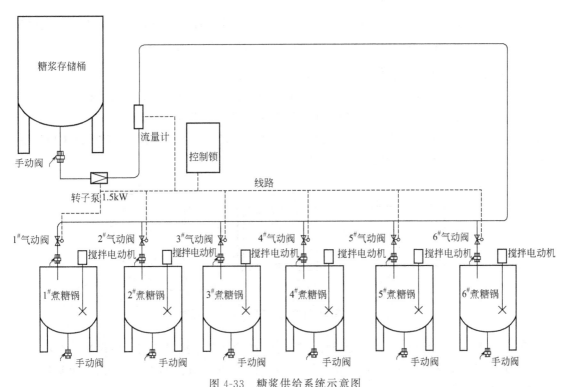

图 4-33 糖浆供给系统示意图

要求既能独立启动每组煮糖锅气动阀及抽糖泵，又能全自动完成对六个煮糖锅的糖浆供给计量；另对于不同配方所对应的糖浆重量数据应方便修改，实时显示监控。在抽糖泵工作中，若 6s 内流量计内没糖浆流过，系统会自动复位，以保护抽糖泵。

4.3.2 三菱 GT1155 的性能及基本工作模式

（1）GT1155 的功能

三菱 GT1155 的显示画面为 5.7in（外形尺寸 164mm×135mm×56mm），分辨率为 320×

240，规格具有 GT1155-QSBD-C（彩色）及 GT1155-QBBD-C（白蓝）两种型号。GT1155 具有下列基本功能：

① 画面显示功能　GT1155 可存储并显示用户制作画面最多 500 个（画面序号 0～499），及 30 个系统画面（画面序号 1001～1030）。其中系统画面是机器自动生成的系统检测及报警类监控画面。用户画面可以重合显示并可以自由切换。画面上可显示文字、图形、图表，可以设定数据，还可以设定显示日期、时间等。

② 画面操作功能　GOT 可以作为操作单元使用，可以通过 GOT 上设绘的操作键来切换 PLC 的位元件，可以通过设绘的键盘输入及更改 PLC 数字元件的数据。在 GOT 处于 HPP（手持式编程）状态时，还可以使用 GOT 作为编程器显示及修改 PLC 机内的程序。

③ 监视功能　可以通过画面监视 PLC 内位元件的状态及数据寄存器数据的数值，并可对位元件执行强制 ON/OFF 状态。

④ 数据采样功能　可以设定采样周期，记录指定的数据寄存器的当前值，并以清单或图表的形式显示或打印这些数值。

⑤ 报警功能　可以使最多 256 点 PLC 的连续位元件与报警信息相对应，在这些元件置位时显示一定的画面，给出报警信息，并可以记录最多 1000 个报警信息。

（2）GOT 的基本工作模式及与 PC、PLC 的连接

作为可编程控制器的图形操作终端，GOT 必须与 PLC 联机使用，通过操作人员手指与触摸屏上的图形元件的接触发出 PLC 的操作指令或者显示 PLC 运行中的各种信息。GOT 中存储与显示的画面是通过 PC 机运行专用的编程软件设绘的，绘好后下载到 GOT 中。GOT 与 PC、PLC 的连接示意图如图 4-34 所示。

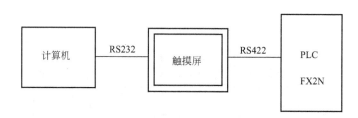

图 4-34　GOT 与 PC、PLC 的连接示意图

F940GOT 有两个连接口，一个与计算机连接的 RS232 连接口，用于传送用户画面，一个与可编程控制器等设备连接的 RS422 连接口，用于与可编程控制器进行通信。F940GOT-SWD 需要外部 DC24V 电源供电。

GOT 与 PC、PLC 的连接实际图如图 4-35 所示。

（3）绘制用户画面软件 GT-Designer 简介和使用

① 软件的主界面　GT-Designer 软件安装完毕后，单击快捷方式图标即可进入软件的主界面，如图 4-36 所示，主界面由标题栏、菜单栏、工具栏及应用窗口等部分组成。

② 图形绘制　绘制方法：可以在图形对象工具栏或绘图菜单的下拉菜单以及工具选项板中单击相应的绘图命令，然后在编辑区进行拖放即可。图形对象属性的调整，如颜色、线型、填充等，可以双击该图形，再在弹出的窗口中进行调整。

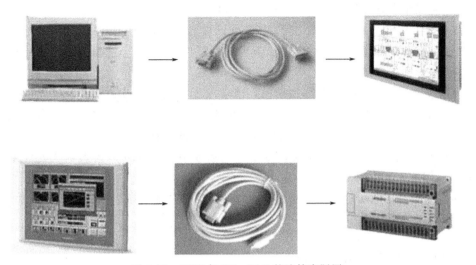

图 4-35 GOT 与 PC、PLC 的连接实际图

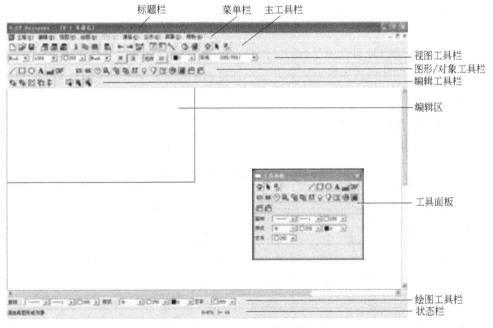

图 4-36 GT-Designer 软件的主界面

③ 对象功能设置 GT-Designer 的对象功能设置主要包括以下几种。

a. 数据显示功能。数据显示功能能实时显示 PLC 的数据寄存器的数据。数据可以以数字、数据列表、ASCII 字符及时钟等形式显示，分别单击这些按钮会出现该功能的属性设置窗口，设置完毕单击"OK"按钮，然后将光标指向编辑区，单击鼠标即生成该对象，可以随意拖动对象到任意需要的位置。

b. 信息显示功能。信息显示功能可以显示 PLC 相对应的注释和出错信息，包括注释、报警记录和报警列表。单击编辑工具栏或工具选项板中对应的按钮，即弹出注释设置窗口，设置好属性后单击"OK"按钮即可。

c. 动画显示功能。显示与软元件相对应的零件/屏幕，显示的颜色可以通过其属性来设置，同时，可以根据软元件的 ON/OFF 状态来显示不同颜色，以示区别。

d. 图表显示功能。可以显示采集到 PLC 软元件的值，并将其以图表的形式显示。单击图形对象工具栏的图标，设置好软元件及其他属性后单击"OK"按钮，然后将光标指向编辑区，单击鼠标即生成图表对象。

e. 触摸按键功能。触摸键在被触摸时，能够改变位元件的开关状态，字元件的值，也可以实现画面跳转。添加触摸键须单击编辑对象工具栏中的按钮，设置好软元件参数、属性或跳转页面后单击"OK"按钮，然后将其放置到希望的位置即可。

f. 数据输入功能。数据输入功能，可以将任意数字和 ASCII 码输入到软元件中。操作方法和属性设置与上述相同。

g. 其他功能。其他功能包括硬复制功能、系统信息功能、条形码功能、时间动作功能，此外还具有屏幕调用功能、安全。

4.3.3 练习：用户画面的制作

① 单击触摸屏上的"开始前进"按钮，小车开始前进运行（电动机正转）；单击"开始后退"按钮，小车开始后退运行（电动机反转）。

② 小车前进运行、后退运行或停止时均有文字显示。

③ 具有小车的运行时间设置及运行时间显示功能。

④ 单击"停止"按钮或运行时间到，小车即停止运行。

参考设计：

（1）I/O 分配及系统接线

I/O 分配表与触摸屏软元件功能见表 4-7，系统接线示意图如图 4-37 所示。

表 4-7　I/O 分配表与触摸屏软元件功能

输出信号					
名称	功能	编号	名称	功能	编号
KM1	正转接触器	Y1	KM2	正转接触器	Y2
触摸屏软元件功能					
功能	编号	功能		编号	
正转启动按钮	M1	反转启动按钮		M2	
停止按钮	M3	设定小车运行时间		D1	
小车已运行时间	D4				

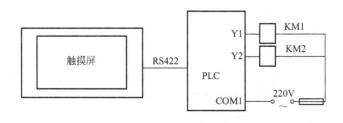

图 4-37　系统接线示意图

（2）触摸屏画面设计

根据系统的控制要求及触摸屏的软元件分配，触摸屏的画面如图4-38和图4-39所示。

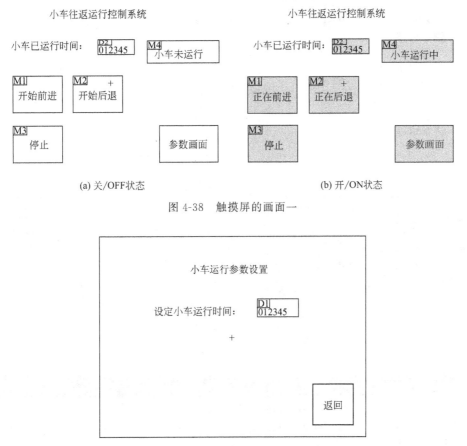

(a) 关/OFF状态　　　　　　　　(b) 开/ON状态

图 4-38　触摸屏的画面一

图 4-39　触摸屏的画面二

以上两个窗口显示的画面制作步骤如图4-40～图4-53所示。

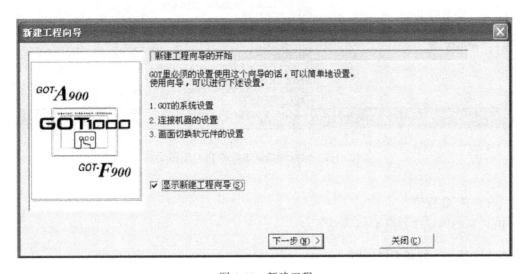

图 4-40　新建工程

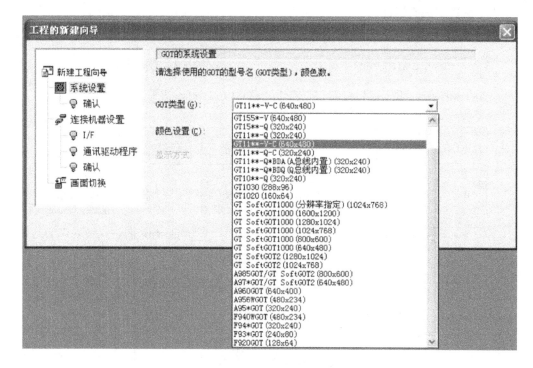

图 4-41 选择触摸屏型号

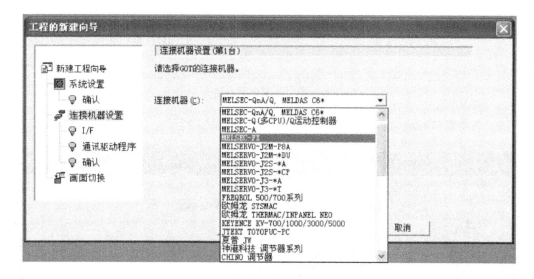

图 4-42 选择触摸屏连接的 PLC 型号

（3） PLC 程序

PLC 梯形图程序如图 4-54 所示。

（4） 程序下载和系统调试

① 将 PLC 梯形图程序写入 PLC。

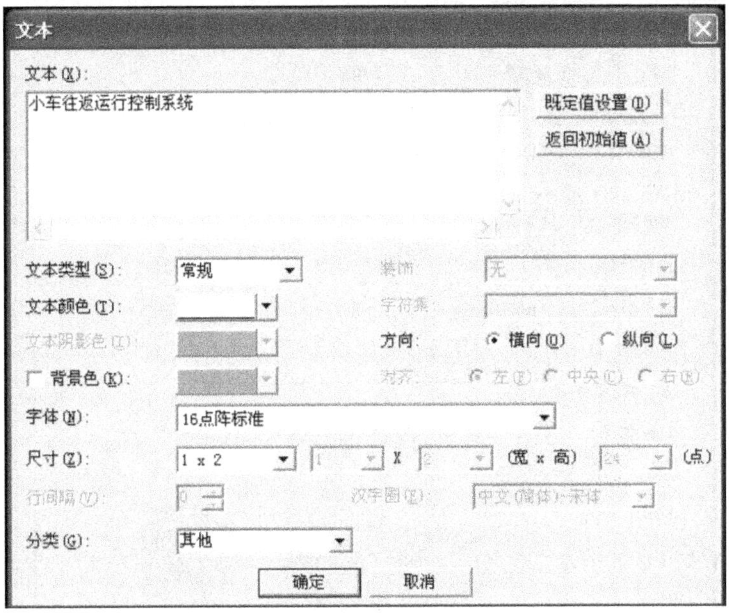

图 4-43　文本设置

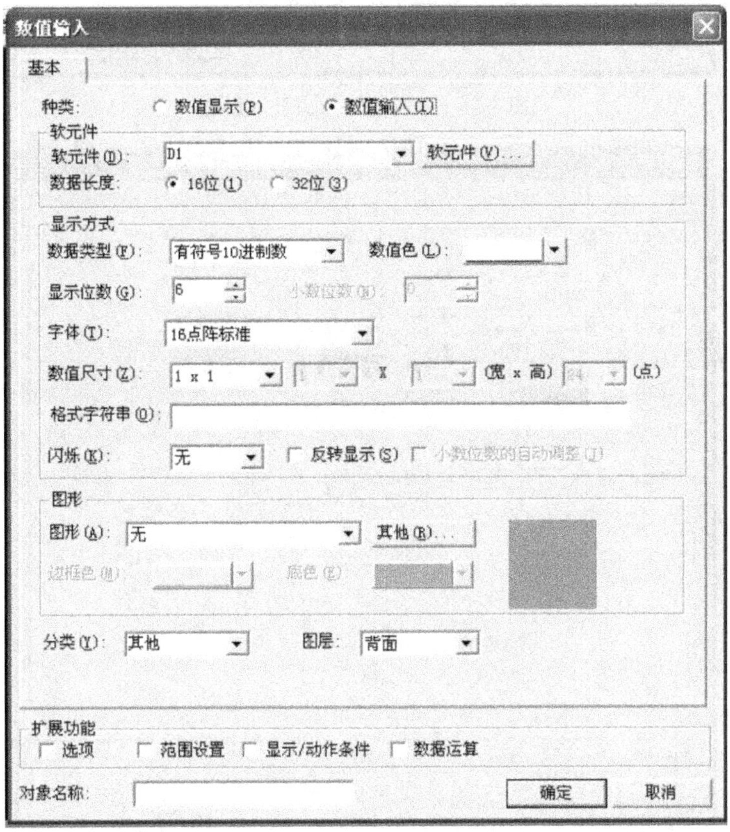

图 4-44　运行时间设定数值输入设置

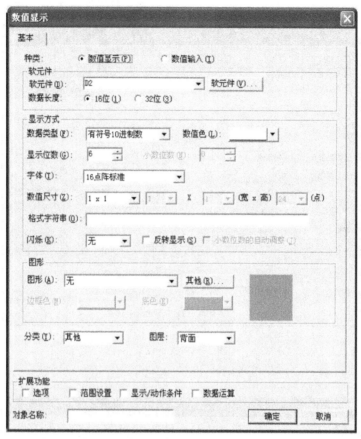

图 4-45　运行时间数值显示设置

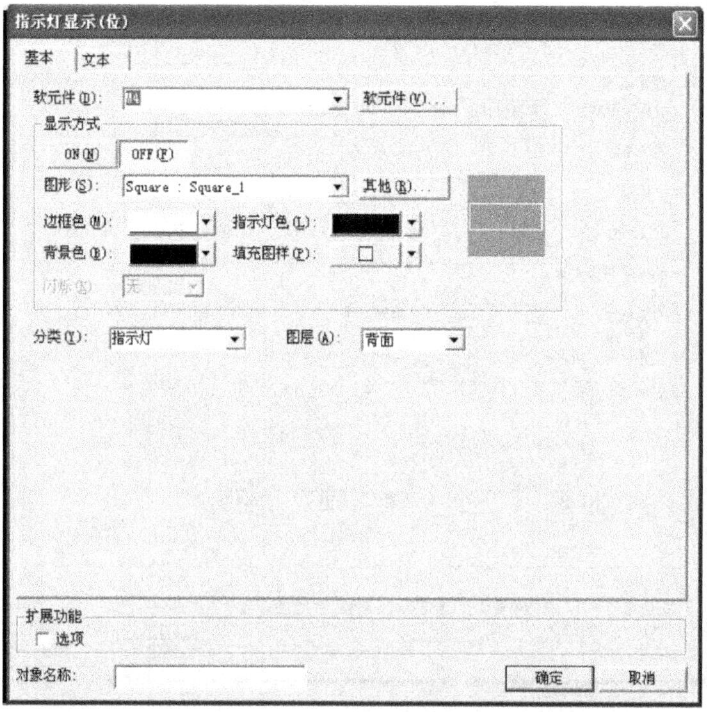

图 4-46　小车运行指示灯的软元件设置

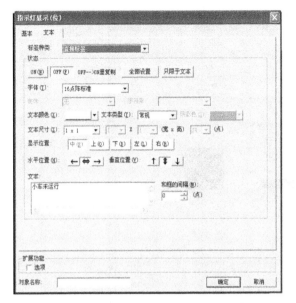

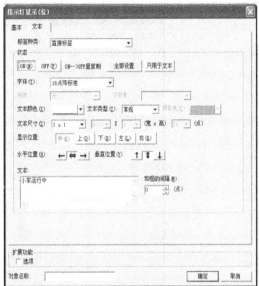

(a) 小车运行指示灯文本设置/OFF状态   (b) 小车运行指示灯文本设置/ON状态

图 4-47　小车运行指示灯的文本设置

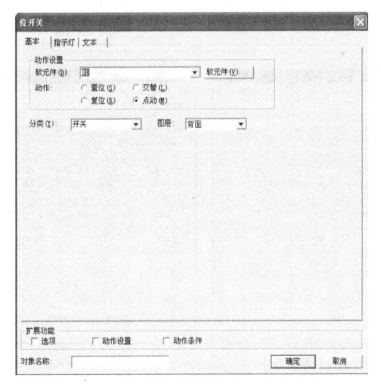

图 4-48　前进启动按钮软元件设置

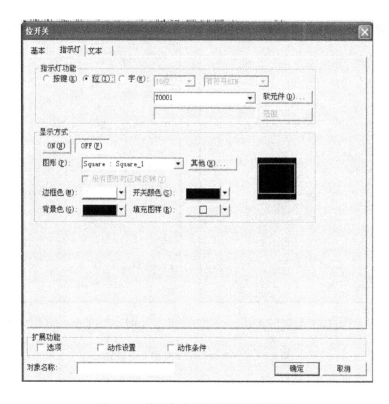

图 4-49　前进启动按钮指示灯功能设置

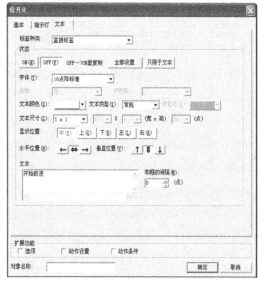

(a) 前进运行指示灯文本设置/OFF状态

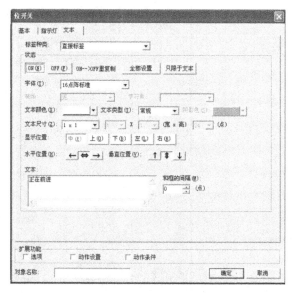

(b) 前进运行指示灯文本设置/ON状态

图 4-50　前进运行指示灯文本

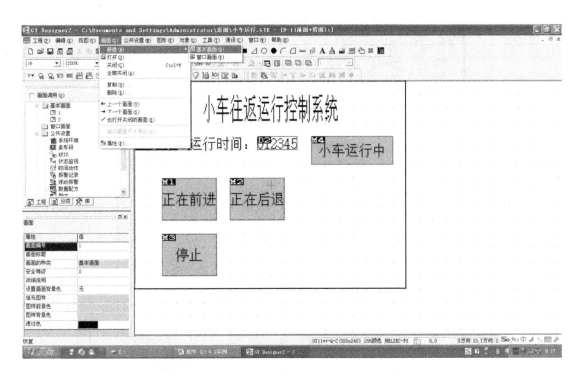

图 4-51 新建基本画面

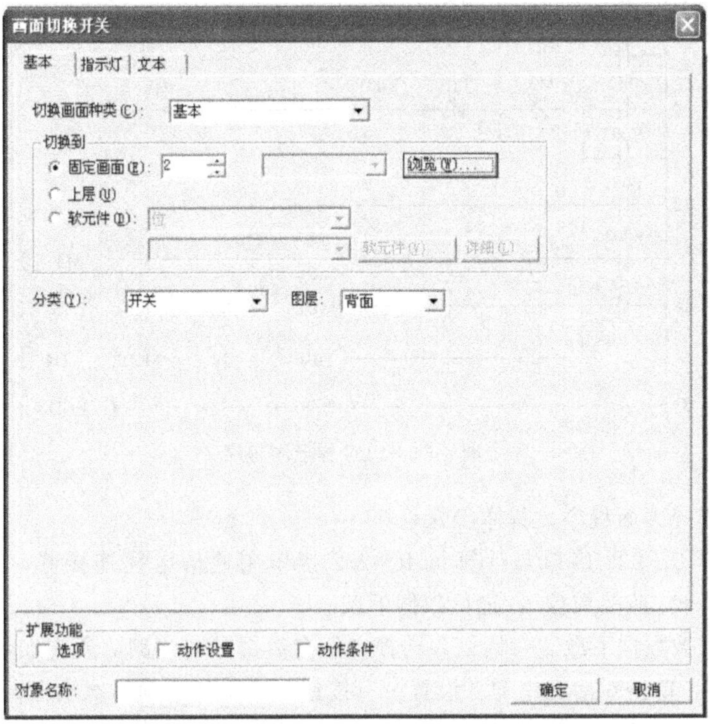

图 4-52 画面切换开关设置

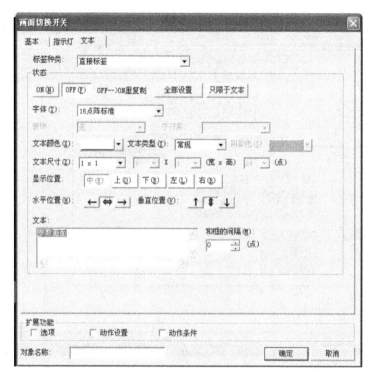

图 4-53 画面切换开关文本设置

图 4-54 PLC 梯形图程序

② 写入触摸屏画面程序。具体步骤是:

a. 将触摸屏 RS-232 接口与计算机 RS-232 接口用通信电缆连接好,选择"通信"→"下载至 GOT"→"监控数据",进行数据下载。

b. 弹出"监控数据下载"对话框,选择"所有数据"和"删除所有旧的监视数据",核对"GOT 类型",单击对话框中的"设置…"按钮,弹出"选项"对话框,进行"通讯"设置,选择端口为"COM1",波特率为"38400"。观察触摸屏画面显示是否与计算机画面一致。

③ PLC 程序和触摸屏画面写入后,将触摸屏 RS422 接口与 PLC 编程接口用通信电缆连接。

④ 进行模拟调试,PLC 不接电动机。

⑤ 将 PLC 输出电路和电动机主电路连接好,再进行调试运行,直至系统按要求正常工作。

⑥ 记录程序调试的结果。

4.3.4 高速计数器与算术运算指令应用

(1) 高速计数器

内部信号计数器的计数方式和扫描周期有关,所以不能对高频率的输入信号计数,而高速计数器采用中断工作方式,和扫描周期无关,可以对高频率的输入信号计数。高速计数器只对固定的输入继电器(X0~X5)进行计数(表 4-8)。

表 4-8 高速计数器

输入	1相						1相带启动/复位					2相双向					2相 A-B 相型				
	C235	C236	C237	C238	C239	C240	C241	C242	C243	C244	C245	C246	C247	C248	C249	C250	C251	C252	C253	C254	C255
X0	U/D						U/D			U/D		U	U		U		A	A		A	
X1		U/D					R			R		D	D		D		B	B		B	
X2			U/D					U/D			U/D		R		R			R		R	
X3				U/D				R			R			U		U			A		A
X4					U/D				U/D					D		D			B		B
X5						U/D			R					R		R			R		R
X6										S					S					S	
X7											S					S					S

注:U—加计数输入;D—减计数输入;R—复位输入;S—启动输入;A—A 相输入;B—B 相输入。

FX2N 型 PLC 中共有 21 点高速计数器(C235~C255),高速计数器分为三种类型,一相一计数输入型、一相二计数输入型和 AB 相计数输入型。每种类型中还可分为 1 型、2 型和 3 型。1 型只有计数输入端,2 型有计数输入端和复位输入端,3 型有计数输入端、复位输入端和启动输入端。

高速计数器具有停电保持功能,也可以利用参数设定变为非停电保持型。如果不作为高速计数器使用时也可作为 32 位数据寄存器使用。

高速计数器的输入继电器(X0~X7)不能重复使用,例如梯形图中使用了 C241,由于 C241 占用了 X0、X1,所以 C235、C236、C244、C246 等就不能使用了。所以,虽然高速计数器有 21 个,但最多可以使用 6 个。

一相一计数输入型高速计数器只有一个计数输入端,所以要用对应的特殊辅助继电器(M8235~M8245)来指定。例如 M8235 线圈得电(M8235=1),则计数器 C235 为减计数方式,如 M8235 线圈失电(M8235=0),计数器 C235 为加计数方式。

一相二计数输入型和 AB 相计数输入型有两个计数输入端,它们的计数方式由两个计数输入端决定。例如计数器 C246 为加计数时,M8246 常开接点断开,C246 为减计数时,M8246 常开接点闭合。下面介绍各种高速计数器的使用方法。

① 一相一计数输入高速计数器　一相一计数输入高速计数器的编号为 C235～C245，共有 11 点。它们的计数方式及触点动作与普通 32 位计数器相同。作加计数时，当计数值达到设定值时，触点动作并保持，作减计数时，小于设定值则复位。其计数方式取决于对应的特殊辅助继电器 M8235～M8245。

如图 4-55 所示为一相一计数输入高速计数器。图 4-55(a) 中的 C235 只有一个计数输入 X0，当 X12 闭合时 M8235 得电，C235 为减计数方式，反之为加计数方式。当 X12 闭合时，C235 对计数输入 X0 的脉冲进行计数，和 32 位内部计数器一样，在加计数方式下，当计数值≥设定值时 C235 接点动作。当 X11 闭合时，C235 复位。

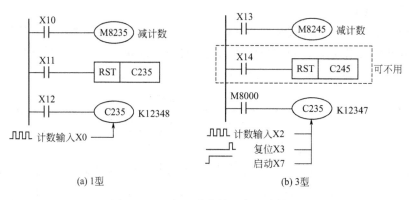

(a) 1型　　　　　　　　　　(b) 3型

图 4-55　一相一计数输入高速计数器

图 4-55(b) 中的 C245 有一个计数输入 X2，一个复位输入 X3 和一个启动输入 X7。当 X13 闭合时 M8245 得电，C245 为减计数方式，反之为加计数方式。当启动输入 X7 闭合时，C245 对计数输入 X2 的脉冲进行计数，在加计数方式下，当计数值≥设定值时 C245 接点动作。当 X3 闭合时 C245 复位。用 RST 指令也可以对 C245 复位，但受到扫描周期的影响，速度比较慢，也可以不编程。

② 一相二计数输入高速计数器　一相二计数输入高速计数器的编号为 C246～C250，有 5 点。每个计数器有二个外部计数输入端子，一个是加计数输入脉冲端子，另一个是减计数输入脉冲端子。

一相二计数输入高速计数器如图 4-56 所示。图 4-56(a) 中的 X0 和 X1 分别为 C246 的加计数输入端和减计数输入端。C246 是通过程序进行启动及复位的，当 X12 接点闭合时，

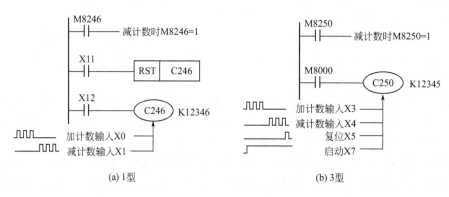

(a) 1型　　　　　　　　　　(b) 3型

图 4-56　一相二计数输入高速计数器

C246 对 X0 或 X1 的输入脉冲计数, 如 X0 有输入脉冲, C246 为加计数, 加计数时 M8246 接点不动作, 如 X1 有输入脉冲, C246 为减计数, 减计数时 M8246 接点动作。当 X11 接点闭合时, C246 复位。

图 4-56(b) 是 C250 带有外复位和外启动端的情况。图中 X5 及 X7 分别为复位端及启动端。

③ AB 相计数输入高速计数器 AB 相高速计数器的编号为 C251～C255, 共 5 点。AB 相高速计数器的两个脉冲输入端子是同时工作的, 其计数方向的控制方式由 A、B 两相脉冲间的相位决定。

如图 4-57 所示, 当 A 相信号为 "1" 期间, B 相信号在该期间为上升沿时为加计数, 反之, B 相信号在该期间为下降沿时是减计数。其余功能与一相二输入型相同。

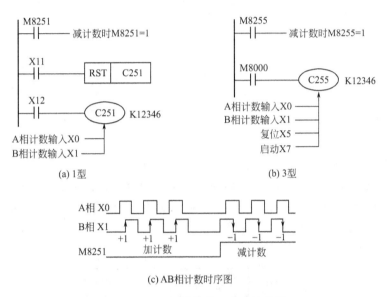

(a) 1型 (b) 3型

(c) AB相计数时序图

图 4-57 AB 相计数输入高速计数器

如图 4-57(a) 所示, 当 C251 为加计数时, M8251 接点不动作。当 C251 为减计数时 M8251 接点动作。当 X11 接点闭合时, C251 复位。

④ 计数频率的限制

a. 各输进真个响应速度: X0、X2、X3: 10kHz; X1、X3、X5: 7kHz。

b. 全部高速计数器处理时间: 计数器采用中断方式, 因此, 使用越少, 可计数频率越高。若一些计数器用较低的频率, 另一些则可用较高频率。使用的全部计数器的频率总和应低于 20kHz。

c. 对 2 相型计数器: 若特定的时刻只使用 1 相信号, 可按 1 相计算频率总和; 若增减计数同时到达计数器, 则按 2 相计算。

d. 对 A-B 相型计数器: 在使用 1 个或 2 个这种计数器后, 建议不要高于 2kHz 频率, 计算频率总和时, A-B 相型信号的频率应乘以 4。例如: C237 单相 3K＋C246 双向 7K＋C255AB 相 2kHz, 则总和为 3＋7＋2×4＝18kHz。

e. 可计算得: 当只使用 1 个计数器时, 频率极限为: 1 相型为 10kHz; 双向型为 7kHz; A-B 相型为 2kHz。

（2）算术运算指令应用

算术运算指令见表 4-9。

表 4-9　算术运算指令

指令名称	指令编号	助记符	操作数			指令步数
			S1(可变址)	S2(可变址)	D(可变址)	
加法	FNC20 (16/32)	ADD(P)	K,H KnX,KnY,KnM,KnS T,C,D,V,Z		KnY,KnM,KnS T,C,D,V,Z	ADD,ADDP:7 步 DADD,DADDP:13 步
减法	FNC21 (16/32)	SUB(P)	K,H KnX,KnY,KnM,KnS T,C,D,V,Z		KnY,KnM,KnS T,C,D,V,Z	SUB,SUBP:7 步 DSUB,DSUBP:13 步
乘法	FNC22 (16/32)	MUL(P)	K,H KnX,KnY,KnM,KnS T,C,D,V,Z		KnY,KnM,KnS T,C,D V,Z(限 16 位)	MUL,MULP:7 步 DMUL,DMULP:13 步
除法	FNC23 (16/32)	DIV(P)	K,H KnX,KnY,KnM,KnS T,C,D,V,Z		KnY,KnM,KnS T,C,D V,Z(限 16 位)	DIV,DIVP:7 步 DDIV,DDIVP:13 步

如图 4-58 所示，X000 为 ON 时，执行 (D10)＋(D12)→(D14)；X001 由 OFF 变为 ON 时，执行 (D0)－22→(D0)；X002 为 ON 时，执行 (D0)×(D2)→(D5、D4)，乘积的低位字送到 D4，高位字送到 D5；X003 为 ON 时，执行 32 位除法运算，(D7、D6)/(D9、D8)，商送到 (D3、D2)，余数送到 (D5、D4)。如果除数只有一个字（假设放在 D8 中），32 位除法运算之前应先将除数的高位字 D9 清零。

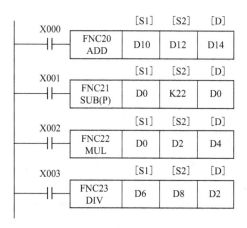

图 4-58　算术运算指令说明

4.3.5　练习

某控制程序中要进行以下算式的运算：$Y=30X/20＋2$。其中，X 代表输入端口 K2X000 送入的二进制数，运算结果需要送输出口 K2Y000；用 X020 作为启停开关。请用 PLC 完成上式中的运算。

参考梯形图程序如图 4-59 所示。

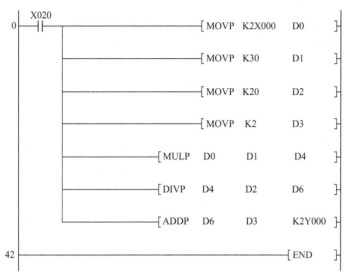

图 4-59　参考梯形图程序

4.3.6　案例实施

（1）主要部件的选择

① PLC 选三菱 F2N-24MR，其性能完全满足控制要求；

② 触摸屏选用三菱 F940GOT-SWD，满足要求；

③ 流量计选用宝帝（Burkert）DN25。

（2）PLC 外部接线及 I/O 分配图

PLC 外部接线及 I/O 分配图如图 4-60 所示。

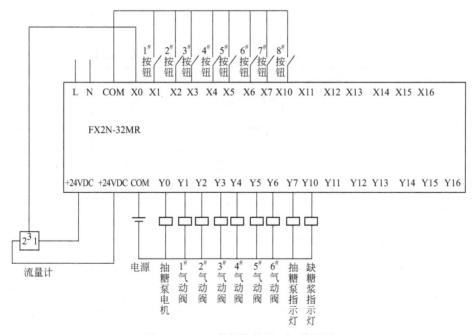

图 4-60　PLC 外部接线及 I/O 分配图

（3）触摸屏控制简述

触摸屏操作与监控画面如图 4-61 所示，I/O 分配表与触摸屏软元件功能见表 4-10。

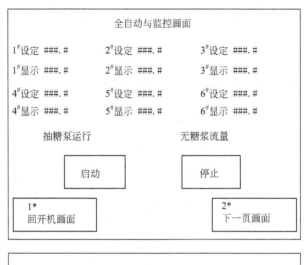

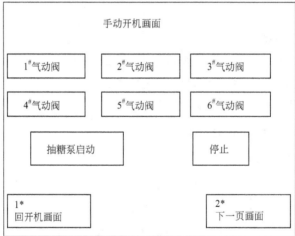

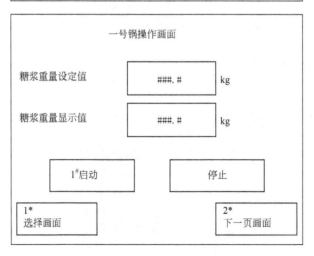

图 4-61　触摸屏操作与监控画面

表 4-10　I/O 分配表与触摸屏软元件功能

输入信号					
名称	功能	编号	名称	功能	编号
U	流量计脉冲输入点	X0	SB1	1#煮糖锅启动按钮	X1
SB2	2#煮糖锅启动按钮	X2	SB3	3#煮糖锅启动按钮	X3
SB4	4#煮糖锅启动按钮	X4	SB5	5#煮糖锅启动按钮	X5
SB6	6#煮糖锅启动按钮	X6	SA	自动/手动转换	X7
SB7	抽糖泵按钮	X10	SB8	计数手动复位	X11
SB9	自动启动	X12	SB10	急停	X13
输出信号					
名称	功能	编号	名称	功能	编号
KM	抽糖泵接触器	Y0	YV1	1#煮糖锅气动电磁阀	Y1
YV2	2#煮糖锅气动电磁阀	Y2	YV3	3#煮糖锅气动电磁阀	Y3
YV4	4#煮糖锅气动电磁阀	Y4	YV5	5#煮糖锅气动电磁阀	Y5
YV6	6#煮糖锅气动电磁阀	Y6	HL	抽糖泵信号指示灯	Y7
触摸屏软元件功能					
功能	编号	功能	编号	功能	编号
1#煮糖锅启动按钮	M11	2#煮糖锅启动按钮	M12	3#煮糖锅启动按钮	M13
4#煮糖锅启动按钮	M14	5#煮糖锅启动按钮	M15	6#煮糖锅启动按钮	M16
停止	M30	自动启动	M31		
1#锅糖浆重量设定	D201	2#锅糖浆重量设定	D202	3#锅糖浆重量设定	D203
4#锅糖浆重量设定	D204	5#锅糖浆重量设定	D205	6#锅糖浆重量设定	D206

① 在触摸屏上可以设定 1#~6# 糖锅糖浆重量，对应数据寄存器（D201~D206）；实时显示值在数据寄存器（D11~D16）；抽糖按钮为每组煮糖锅抽糖启动按钮（M11~M16），停止、自动启动按钮为 M30、M31。

② 在调试时，所有的动作都可以在触摸屏上完成，但在生产时是操作外接按钮、选择开关用以启动、停止和复位等。以方便操作和延长触摸屏的使用寿命。

③ 在确定糖浆重量与对应脉冲数时，可根据流量计调试，输出每千克糖浆对应脉冲数为 1400。

（4）程序设计

依据控制要求，画出如图 4-62 所示的流程图，写出糖浆计量梯形图程序如图 4-63 所示。

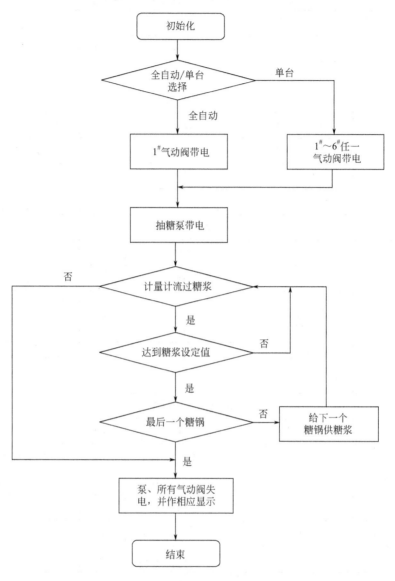

图 4-62　糖浆计量程序流程图

4.3.7　拓展练习

1）把如图 4-64 所示的程序下载到 PLC 中，X0 是外部启动按钮，X1 是外部停止按钮，Y0 是驱动电动机的继电器。现在改成触摸屏来控制这台电动机，并且在触摸屏上显示其连续工作的时间。

2）售货机自动控制系统主要包括：计币系统、比较系统、选择系统、退币系统和报警系统。

①计币系统：有两个投币口，分别为 1 元和 5 角，系统能显示投币的总数。

②比较系统：当投入的钱币小于 2 元时，指示灯亮显示钱币不足，当投入的钱币为 2～3 元时，汽水指示灯亮。当大于 3 元时，汽水和咖啡指示灯同时亮。

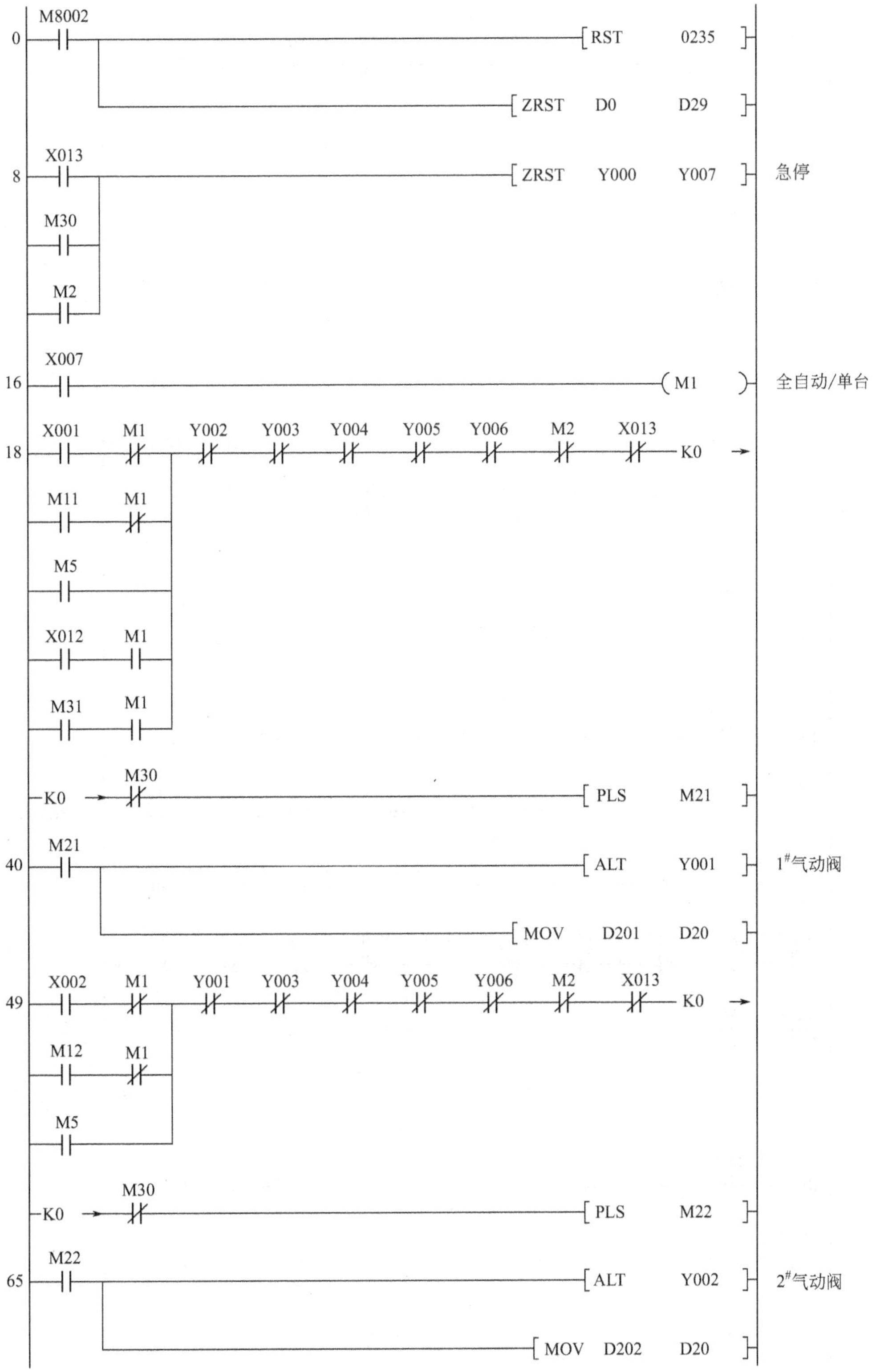

图 4-63

74　X003　M1　Y001　Y002　Y004　Y005　Y006　M2　X013
　　┤├──┤/├──┤/├──┤/├──┤/├──┤/├──┤/├──┤/├──┤/├─K0　→

　　M13　M1
　　┤├──┤/├

　　M5
　　┤├

K0　M30
──┤/├──────────────────────────────────[PLS　M23]

90　M23
　　┤├──────────────────────────────────[ALT　Y003]　3#气动阀

　　　　　　　　　　　　　　　　　　　　　　　　[MOV　D203　D20]

99　X004　M1　Y001　Y002　Y003　Y005　Y006　M2　X013
　　┤├──┤/├──┤/├──┤/├──┤/├──┤/├──┤/├──┤/├──┤/├─K0　→

　　M14　M1
　　┤├──┤/├

　　M5
　　┤├

K0　M30
──┤/├──────────────────────────────────[PLS　M24]

115　M24
　　┤├──────────────────────────────────[ALT　Y004]　4#气动阀

　　　　　　　　　　　　　　　　　　　　　　　　[MOV　D204　D20]

124　X005　M1　Y001　Y002　Y003　Y004　Y006　M2　X013
　　┤├──┤/├──┤/├──┤/├──┤/├──┤/├──┤/├──┤/├──┤/├─K0　→

　　M15　M1
　　┤├──┤/├

　　M5
　　┤├

K0　M30
──┤/├──────────────────────────────────[PLS　M25]

140　M25
　　┤├──────────────────────────────────[ALT　Y005]　5#气动阀

　　　　　　　　　　　　　　　　　　　　　　　　[MOV　D205　D20]

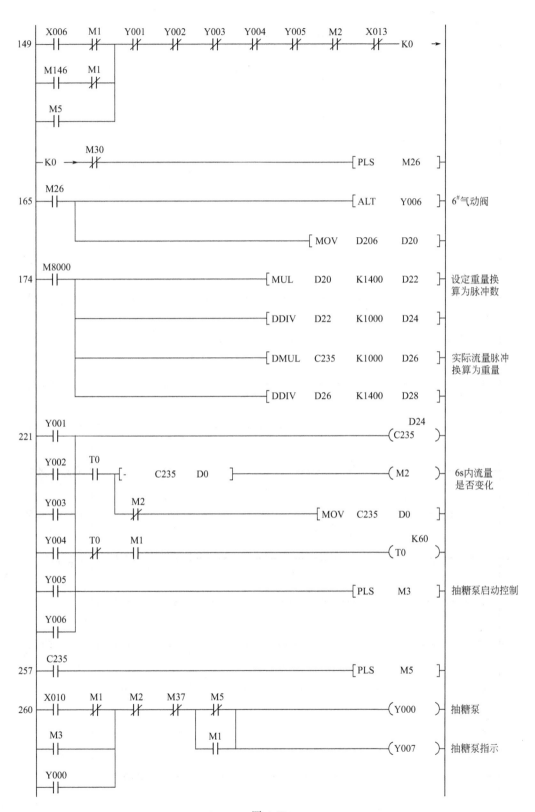

图 4-63

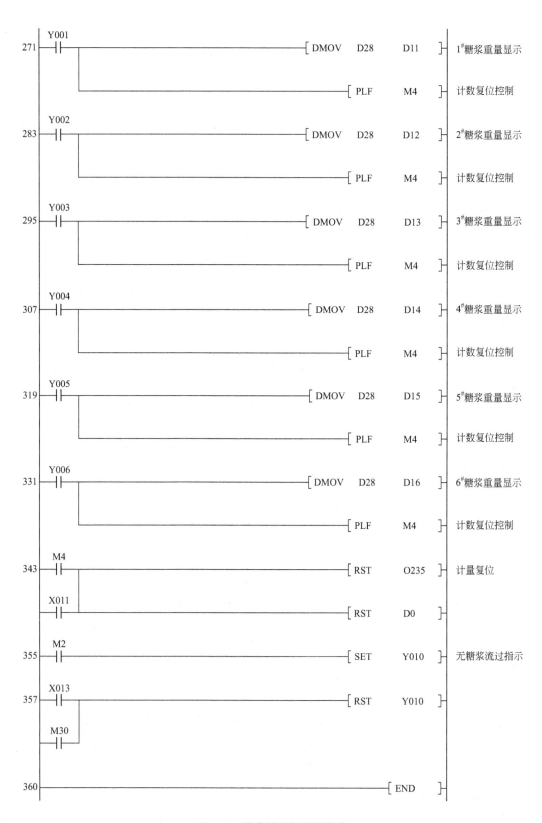

图 4-63　糖浆计量梯形图程序

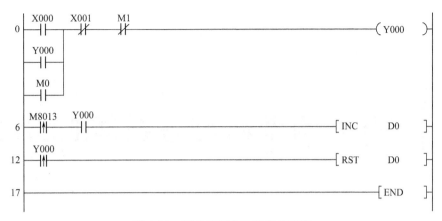

图 4-64　PLC 控制电动机启停程序

③ 选择系统：能分别购买汽水和咖啡，购买后的钱币总数应相应减去一定的数值。

④ 报警系统：启动系统后当投入的钱币数小于 2 元，报警灯提示钱币不足。

⑤ 退币系统：按下退币按钮后，能分别显示 1 元和 5 角的退币数。

⑥ 系统有启动按钮和停止按钮。

售货机触摸屏面板设计如图 4-65 所示。

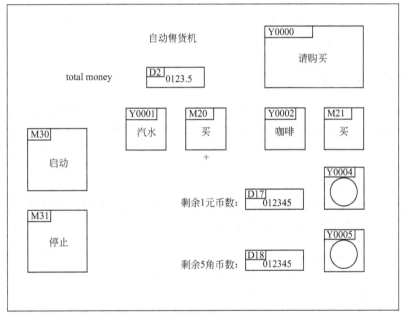

图 4-65　售货机触摸屏面板设计

5 PLC与变频器等设备的通信

5.1 两台 PLC 之间的通信控制

5.1.1 案例描述

用两个 FX2N 系列的 PLC 通过 FX2N-485-BD 并联,要求实现:

① 主站输入点的 X0~X7 状态,可以在从站的 Y0~Y7 上显示;

② 主站计算结果(D0+D2)大于 100,从站的 Y10＝ON;

③ 从站 M0~M7 的状态,可以在主站 Y0~Y7 上显示。

从站中的 D10 被用来设置主站的定时器。

5.1.2 通信的基本概念

PLC 的通信是指 PLC 分别与计算机、现场设备及其他 PLC 之间的信息交换。随着网络技术的发展、原有工业控制从集中控制向多级分布式控制方向发展,许多 PLC 也具备通信及网络的功能。

(1)通信系统的组成

一个数据通信系统一般由传送设备、传送控制设备、通信介质、通信协议、通信软件等组成。如图 5-1 所示为通信系统的组成示意图。

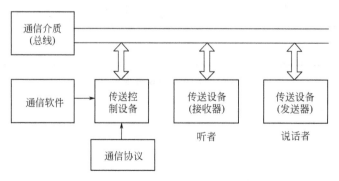

图 5-1 通信系统的组成示意图

传送设备包括主设备和从设备。起控制、发送和处理信息等主导作用的设备称为主设备；被动地接收、监视和执行主设备的信息的设备称为从设备。主、从设备在实际通信时由数据传送的结构来确定。

传送控制设备主要用于控制发送与接收之间的同步协调。

通信介质是信息传送的基本通道，是发送与接收设备之间的桥梁。

通信协议是通信过程中必须严格遵守的各种数据传送规则。

通信软件用于对通信的软件和硬件进行统一调度、控制与管理。

（2）并行通信与串行通信

根据通信数据的传输方式，通信可分并行通信与串行通信两种。

① 并行通信　并行通信是以字节或字为单位的数据传输方式，除了 8 根或 16 根数据线、一根公共线外，还需要数据通信联络用的控制线，如图 5-2(a) 所示。并行通信的传输速度快，但是传输线的根数多，成本高，一般用于近距离的数据传输。并行通信一般用于PLC 的内部，如 PLC 内部元件之间、PLC 主机与扩展模块之间或近距离智能模块之间的数据通信。

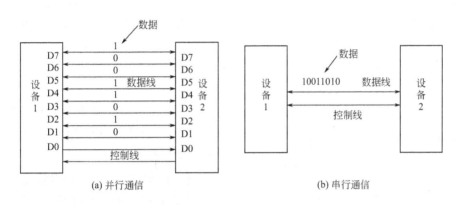

图 5-2　并行通信和串行通信

② 串行通信　串行通信是以二进制位为单位的传输方式。传送时数据的不同位分时按照从低位到高位的顺序使用同一条传输线，逐位进行传送，每次只传送一位。如图 5-2（b）所示。其优点是需要的通信线数少，最少的串行通信只需要两根数据线即可，缺点是通信速度慢。串行通信一般用于距离较远的通信，如 PLC 与计算机之间、PLC 与 PLC之间。

（3）异步通信与同步通信

① 异步通信　异步通信是数据以字符或者字为单位组成字符帧传送。字符帧由发送端逐帧发送，通过传输线被接收设备逐帧接收。发送端和接收端可以由各自的时钟来控制数据的发送和接收，这两个时钟源彼此独立。通信时，信息以字符为单位、按照字符的起始位、数据位、奇偶校验位、停止位的顺序逐位进行传送。位的宽度（占用的时间）由波特率（bps）决定。

串行异步通信的数据格式如图 5-3 所示，说明如下：

起始位：标志着一个新字节的开始。当发送设备要发送数据时，首先发送一个低电平信号，起始位通过通信线传向接收设备，接收设备检测到这个逻辑低电平后就开始准备接收数据位信号。

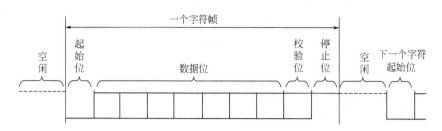

图 5-3　串行异步通信的数据格式

数据位：起始位之后就是 5、6、7 或 8 位数据位，IBM PC 中经常采用 7 位或 8 位数据传送。当数据位为 0 时，收发线为低电平，反之为高电平。

奇偶校验位：用于检查在传送过程中是否发生错误。若选择偶校验，则各位数据位加上校验位使字符数据中为"1"的位为偶数；若选择奇校验，其和将是奇数。奇偶校验位可有可无，可奇可偶。

图 5-2 中传送的数据为 10011010，其中"1"的个数是 4 个。如果选择奇校验，奇偶校验将是 1，使"1"的个数是 5 个；如果选择偶校验，则奇偶校验位将是 0，"1"的个数仍然是 4 个；如果选择不进行奇偶校验，传输时没有校验位，也不进行奇偶校验检测。

停止位：停止位是低电平，表示一个字符数据传送的结束。停止位可以是一位、一位半或两位。

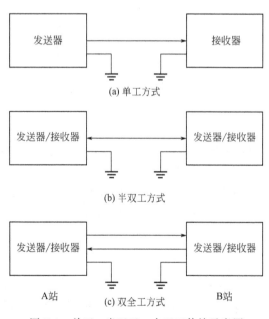

(a) 单工方式

(b) 半双工方式

A站　　(c) 双全工方式　　B站

图 5-4　单工、半双工、全双工传输示意图

② 同步通信　同步通信是一种以字节为单位传送数据的通信方式，一次通信只传送一帧信息。

（4）单工、半双工与全双工

根据数据的传送方向不同，串行通信有单工、半双工、全双工三种形式。

① 单工。指数据只能实现单向传送的通信方式，只能用于数据的输出传送，如图 5-4(a) 所示。

② 半双工。半双工可实现双向传送，但发送与接收不能同时进行，如图 5-4(b) 所示。半双工的数据发送线与接收线可共用（即只需一对双绞线），线路成本比全双工低。

③ 全双工。指数据可实现双向传送的通信方式，如图 5-4(c) 所示。通信双方均可同时进行数据的发送与接收，通信需要独立的数据发送线与接收线（2 对双绞线）。

5.1.3　常用串行通信接口标准

串行通信常用的标准接口主要有 RS-232C 接口、RS-422 接口、RS-485 接口几种，其主要技术参数见表 5-1。

表 5-1 RS-232C 接口、RS-422 接口、RS-485 接口参数的比较

参　　数	RS-232C	RS-422	RS-485
接口驱动方式	单端	差分	差分
通信节点数	1发、1收	1发、10收	1发、128收
最大传输电缆长度(无 Modem)	15m	50m(三菱 PLC)	50m(三菱 PLC)
最大传输速率	20kb/s	10Mb/s	10Mb/s
驱动电压	$-25\sim+25V$	$-0.25\sim+6V$	$-7\sim+12V$
带负载时最小输出电平	$-5/+5V$	$-2/+2V$	$-1.5/+1.5V$
空载时最大输出电平	$-25/+25V$	$-6/+6V$	$-6/+6V$
驱动器共模电压	—	$-3/+3V$	$-1/+3V$
负载阻抗	$3\sim7k\Omega$	100Ω	54Ω
接收器最大允许输入电压	$-15/+15V$	$-10/+10V$	$-7\sim+12V$
接收器输入门槛电压	$-3/+3V$	$-200/+200mV$	$-200/+200mV$
接收器输入阻抗	$3\sim7k\Omega$	$\geqslant4k\Omega$	$\geqslant12k\Omega$
接收器共模电压	—	$-7/+7V$	$-7/+12V$

（1）RS-232C 接口

RS-232C 接口是计算机与通信工业中应用最广泛的一种串行接口,是美国电子工业协会(EIA)1969 年公布的串行接口标准。RS 代表推荐标准,232 是标识号,C 代表修改次数。RS-232C 被定义为一种在低速率串行通信中增加通信距离的单端标准,采用全双工方式,可以独立发送数据(TXD)及传送数据(RXD)。

RS-232C 指定了 20 个不同的信号连接,由 25 个引脚构成的 DB-25 连接器。很多设备只是用了其中的小部分引脚,出于节省资金和空间的考虑不少机器采用较小的连接器,特别是 9 引脚(DB-9)被广泛使用(图 5-5),引脚功能见表 5-2。RS-232C 由于干扰等问题,一般用于 20m 以内的通信。

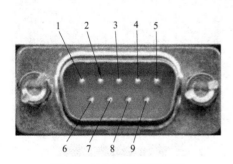

图 5-5 RS-232C 串行接口

表 5-2 DB-9 引脚功能说明

引脚号	符号	信号作用
1	DCD	载波检测
2	RXD	接收数据
3	TXD	发送数据
4	DTR	数据终端准备好
5	SG	信号地
6	DSR	数据准备好
7	RTS	请求发送
8	CTS	允许发送
9	RI	振铃提示

（2）RS-422 接口

RS-422 接口是另一种常见的标准串行接口,接口一般采用 8 芯连接器连接,其 PLC 侧的位置如图 5-6 所示,引脚的信号作用和功能见表 5-3。

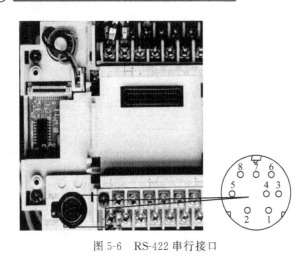

表 5-3 RS-422 引脚的信号作用和功能说明

引脚号	符号	信号作用
1	RXD(一)	接收数据-端
2	RXD(＋)	接收数据＋
3	GND	信号地
4	TXD(一)	发送数据
5	＋V_{CC}	电源一端
6	NC	
7	TXD(＋)	发送数据＋端
8	NC	

图 5-6   RS-422 串行接口

RS-422 接口比 RS-232C 有更强的驱动能力，支持点对多的双向通信，最大传输距离约 1219 米，最大传输速率为 10Mb/s。RS-422 是全双工方式。

（3）RS-485 接口

RS-485 接口是在 RS-422 基础上发展起来的一种标准接口，接口满足 RS-422 的全部技术规范，可以使用 9 芯连接器或接线端子连接，其信号名称、作用、引脚的含义与 RS-422 相同。RS-485 接口可全双工通信。长距离传输时需要连接终端电阻（一般为 110Ω/0.5W）；短距离（300m 以内）传输时，可以不连接终端电阻。

一般计算机与 FX 系列 PLC 之间通信必须采用带有 RS-232C/422 转换的 SC-09 的专用电缆通信线，而 PLC 与 FR 变频器之间的通信，由于通信口不同，所以需要在主机上装一个 485BD 特殊模块，如图 5-7 所示。

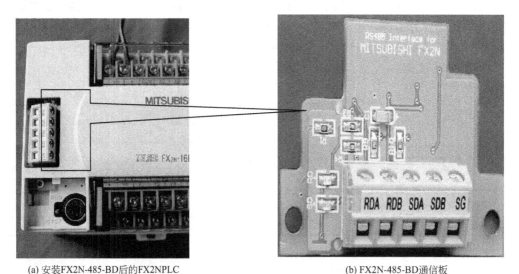

(a) 安装FX2N-485-BD后的FX2NPLC   (b) FX2N-485-BD通信板

图 5-7   PLC 上配置 FX2N-485-BD 通信板

5.1.4   PLC 与工控设备之间的通信连接

计算机目前都采用 RS-232C 通信接口，三菱 FX 系列 PLC 的通信口目前都是 RS-422；

三菱 FR 变频器的通信口目前都是 RS-485；触摸屏通信口有 RS-232C、RS-422/485 或有 USB 接口。设备之间通信连接如图 5-8 所示。

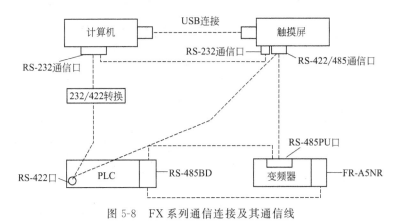

图 5-8 FX 系列通信连接及其通信线

5.1.5 FX 系列 PLC 的 1∶1 通信

（1）系统连接方案

1∶1 通信（并行链接通信）是两台同系列 PLC 之间的数据自动传送，一台为主站，一台为从站，用户不需要编写通信程序，只需要设置与通信相关的参数即可。系统连接方案见表 5-4。

表 5-4 系统连接方案

项 目		规 格
传输标准		与 RS-485 及 RS-422 一致
最大传输距离		每个网络单元使用 FX0N-485 时为 500m
		当使用 FX1N-485 或者 FX2N-485-BD 时为 50m
		合并时为 50m
通信方式		半双工
波特率		19200b/s
可连接站点数		1∶1
刷新范围	FX1S 系列 PLC	［主站到从站］位元件:50 点,字元件:10 点
		［从站到主站］位元件:50 点,字元件:10 点
	FX1N/FX2N/FX2NC	［主站到从站］位元件:100 点,字元件:10 点
		［从站到主站］位元件:100 点,字元件:10 点
	通信时间	正常模式:70ms,包括交换数据＋主站运营周期＋从站运营周期
		高速模式:20ms,包括交换数据＋主站运营周期＋从站运营周期
连接设备	FX1S	FX1N-485-BD、FX1N-CNV-BD 和 FX0N-485ADP
	FX1N	
	FX2N	FX2N-485-BD、FX2N-CNV-BD 和 FX0N-485ADP
	FX2NC	FX0N-485ADP

（2）相关的辅助继电器和特殊数据寄存器

并行连接所用到的辅助继电器（M）和数据寄存器（D）的作用见表5-5。

表 5-5　与并联连接相关的辅助继电器和数据寄存器

软元件	作　用	操　作
M8070	设定为并联连接的主站	为 ON 时，PLC 作为并联连接的主站
M8071	设定为并联连接的从站	为 ON 时，PLC 作为并联连接的从站
M8072	并联连接运行中	PLC 运行在并联连接时为 ON
M8073	并联连接设定异常	在并联连接时，M8070 和 M8071 中任何一个设置出错时为 ON
M8162	高速并联连接模式	为 OFF 时为标准模式；为 ON 时为快速模式
M8063	串行通信出错1(通道1)	当通道 1 的串行通信发生错误时为 ON
M8438	串行通信出错2(通道2)	当通道 2 的串行通信发生错误时为 ON(使用 FX3U、FX3UC 时)
M8178	通道的设定	设定要使用的通信口通道(使用 FX3U、FX3UC 时)。OFF：通道 1，ON：通道 2
D8070	判断为出错的时间	并联连接的监视时间，默认值为 500ms
D8063	串行通信出错代码(通道1)	当通道 1 的串行通信发生错误时，保存出错代码
D8438	串行通信出错代码(通道2)	当通道 2 的串行通信发生错误时，保存出错代码(使用 FX3U、FX3UC 时)

PLC 之间自由通信链接时可以通过辅助继电器（M）和数据寄存器（D）之间交换信息，具体链接的 100 个辅助继电器（M）和 10 个数据寄存器（D）范围见表 5-6。

表 5-6　主站从站 M、D 交换情况

主站 PLC		通信方向	从站 PLC	
辅助继电器	M800～M899	→	辅助继电器	M800～M899
	M900～M999	←		M900～M999
数据寄存器	D490～D499	→	数据寄存器	D490～D499
	D500～D509	←		D500～D509

注意：FX1S、FX0N 系列的 PLC 通信连接 M、D 范围不同。

5.1.6　并行连接通信实例

例：有一个控制系统，控制器是 FX2N 系列 PLC，要求实现如下功能：PLC1 的启动按钮 X1 和停止按钮 X0 控制 PLC2 上的指示灯 Y1 的亮灭，PLC2 的启动按钮 X3 和停止按钮 X2 控制 PLC1 上的指示灯 Y0 的亮灭。

解：控制程序如图 5-9 所示。

5.1.7　案例实施

（1）分析任务功能

两台 FX 系列（FX2N、FX2NC、FX1N）的 PLC 之间需要交换数据时，可以采用并联连接通信，把其中一台 PLC 作为主站，另一台作为从站，通过 PLC 上配置 RS-485 接口通信，如图 5-10 所示。

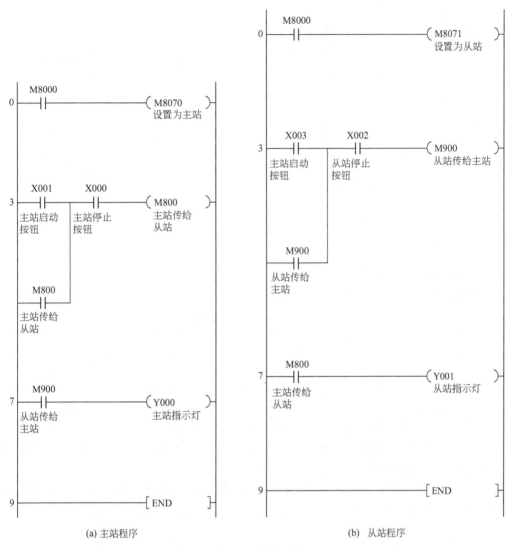

(a) 主站程序　　　　　　　(b) 从站程序

图 5-9　控制程序

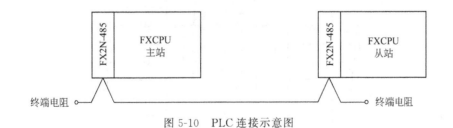

图 5-10　PLC 连接示意图

（2）根据控制要求，分配 I/O 点

根据控制功能中的输入输出量，分配 PLC 的 I/O 点，此处略。

（3）画出 PLC 的接线图

根据任务控制要求，PLC 的 I/O 接线图如图 5-11 所示。

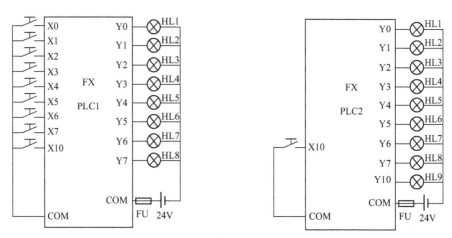

图 5-11　PLC 的 I/O 接线图

（4）确定材料准备清单

根据任务确定本项任务所需安装材料清单见表 5-7。

表 5-7　材料明细表

序号	器件名称	型号	数量	序号	器件名称	型号	数量
1	PLC组合标配		2	5	通信接口	FX2N-485BD	2
2	组合按钮开关		10	6	屏蔽双绞线		若干
3	连接导线	若干		7	终端电阻	110Ω	2
4	指示灯	17					

（5）安装 PLC 系统

按如图 5-12 所示用两只 FX2N-485-BD 通信板连接两台 FX2NPLC，其中连接线采用带屏蔽的双绞线，终端电阻为专用 110Ω 电阻，根据 I/O 接线图安装 PLC 系统。

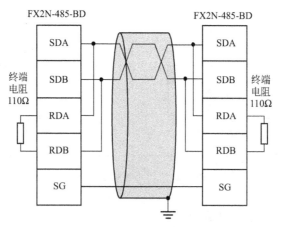

图 5-12　FX2N-48-BD 连接图

（6）编写控制程序

根据 PLC 接线图，编写 PLC 控制程序。编写程序时，把 PLC1 设为主站，把 PLC2 设为从站，选择普通模式。

两台 PLC 进行并行通信如图 5-12 所示，主站梯形图如图 5-13 所示，先设置主站模式，再把要传送的数据写入共享数据寄存器即可。

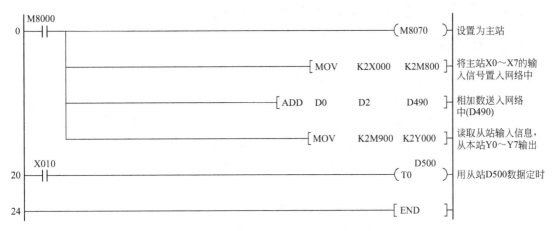

图 5-13　主站梯形图

从站梯形图如图 5-14 所示，先设置从站模式，再把要传送的数据写入共享数据寄存器即可。

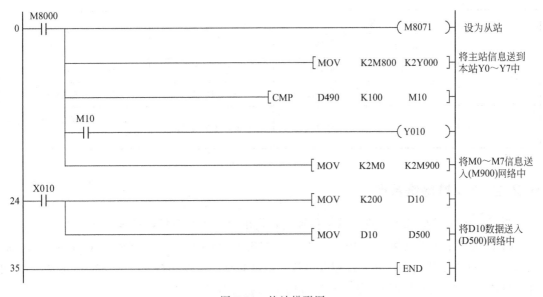

图 5-14　从站梯形图

5.1.8　拓展练习

1）什么是 PLC 通信？PLC 通信系统由哪些部分组成？

2）什么是串行通信？有何特点？

3）什么是并行通信？有何特点？

4）PLC 有几种通信方式？

5）什么是单工、半双工、全双工通信方式？

6）根据需要将项目2中正反转控制程序用另一台PLC控制。

5.2 三台电动机的PLCN：N网络控制

5.2.1 案例描述

有一小型系统，系统有一个主站两个从站，要求用RS-485BD通信板，采用N：N网络通信协议控制，按如下要求编写程序进行控制：

① 通信参数：重试超过4次，通信超时时间30ms，采用模式1连接软元件。

② 用主站0的X1启动、X2停止，控制从站1的电动机甲为星-三角形启动，星-三角形延时时间为5s，并有灯闪烁指示，闪烁频率为每秒1次。

③ 用从站1的X1启动、X2停止，控制从站2的电动机乙为星-三角形启动，星-三角形延时时间为4s，并有灯闪烁指示，闪烁频率为每秒1次。

④ 用从站2的X1启动、X2停止，控制主站0的电动机丙为星-三角形启动，星-三角形延时时间为4s，并有灯闪烁指示，闪烁频率为每秒1次。

⑤ 各站中电动机的星形启动用Y0，三角形启动用Y1，主输出用Y2，闪烁指示灯用Y3。

分类	编号		名称	作用
	①	②		
通信设定用	M8038	M8038	参数设定	确定通信参数标志位
	—	M8179	通道的设定	确定所使用的通信口⑤
确认通信状态用	M504	M8183	数据传送系列出错	在主站中数据发送传送错误时置ON

5.2.2 N：N网络特点

当FX系列PLC在多台进行数据传输时，则组成N：N网络，且具备以下特点：

① 网络中最多可连接8台PLC，其中一台作为网络中的主站，其他PLC作为从站，通过RS-485总线控制，实现软元件相互链接、数据共享。数据链接在8台FX系列PLC之间自动更新，可以在主站及所有从站对链接的信息进行监控。

② 网络中各PLC总延长距离最大可达500m。

③ N：N通信规格符合RS-485规律、半双工双向传送数据、波特率为38400bps。

5.2.3 链接的软元件

（1）通信相关的软元件

在使用N：N网络通信时，FX系列PLC的部分辅助继电器和数据寄存器被用作通信专用标志。辅助继电器使用见表5-8，数据寄存器的使用见表5-9。

表 5-8 辅助继电器的使用

确认通信状态用	M504	M8183	数据传送系列出错	在主站中数据发送传送错误时置 ON
	M505～M511③	M8184～M8190④	数据传送系列出错	在从站中数据发生传送错误时置 ON,但不能检测本站(从站)出错
	M503	M8191	正在执行数据传送系列	执行数据传送时置 ON

表 5-9 数据寄存器的使用

数据寄存器	名 称	作 用	设定值
D8173	站号存储	用于存储本站的站号	
D8174	从站总数	用于存储从站的站数	
D8175	刷新范围	用于存储刷新范围	
D8176	站号设定	设定使用的站号,0 为主站,1～7 为从站	0～7
D8177	从站总数的设定	设定从站总数,从站中 PLC 不用设定	1～7
D8178	刷新范围设置	设置进行通信的软元件点的模式,初始值为 0,当混有 FX0N、FX1S 系列 PLC 时,仅可设定为模式 0	0～2
D8179	重试次数	用于在主站中设置重试次数,初始值为 3	0～10
D8180	监视时间设置	主站通信超时时间设置(50～2550ms),初始值为 5,以 10ms 为单位	5～255

① 本列所对应的被元件编号适用于 FX0N、FX1S 系列 PLC

② 本列所对应的软元件编号通用于 FX1N、FX2N、FX1NC、FX2NC、FX3UC 系列 PLC

③ 适用于 FX0N、FX1S 系列 PLC 的场合,站号 1 为 M505,站号 2 为 M506,站号 3 为 M503……站号 7 为 M511。

④ 适用于 FX1N、FX2N、FX1NC、FX2NC、FX3UC 系列 PLC 的场合,站号 1 为 M8184,站号 2 为 M8185,站号 3 为 M8186……站号 7 为 M58190。

⑤ 使用 FX3U、FX3UC 系列 PLC 时才要设定,没有程序时为通道 1,有程序时 (OUT M8179) 为通道 2。

(2) 数据交换软元件分配

在使用 N∶N 网络通信时,FX 系列 PLC 的部分辅助继电器和数据寄存器被用作通信时存放本站的信息,可以在网络上读取信息、实现数据的交换。根据所使用的从站数量不同,占用链接的点数也有所变化。例如,在模式 1 中连接 3 台从站时,占用 M1000～M1223,D0～D33,此后可作为普通的控制软元件使用。链接模式软元件分配见表 5-10。

表 5-10 链接模式软元件分配

站 号		模式 0		模式 1		模式 2	
		位软元件	字软元件	位软元件	字软元件	位软元件	字软元件
主从	编号	0 点	各站 4 点	各站 32 点	各站 4 点	各站 64 点	各站 8 点
主站	站号 0	—	D0～D3	M1000～M1031	D0～D3	M1000～M1063	D0～D7

站　　号		模式 0		模式 1		模式 2	
		位软元件	字软元件	位软元件	字软元件	位软元件	字软元件
从站	站号 1	—	D10～D13	M1064～M1095	D10～D13	M1064～M1127	D10～D17
	站号 2	—	D20～D23	M1128～M1159	D20～D23	M1128～M1191	D20～D27
	站号 3	—	D30～D33	M1192～M1223	D30～D33	M1192～M1255	D30～D37
	站号 4	—	D40～D43	M1256～M1287	D40～D43	M1256～M1319	D40～D47
	站号 5	—	D50～D53	M1320～M1351	D50～D53	M1320～M1383	D50～D57
	站号 6	—	D60～D63	M1384～M1415	D60～D63	M1384～M1447	D60～D67
	站号 7	—	D70～D73	M1448～M1479	D70～D73	M1448～M1511	D70～D77

5.2.4　通信连接

在使用 N：N 网络时，采用 1 对接线方式，如图 5-15 所示。

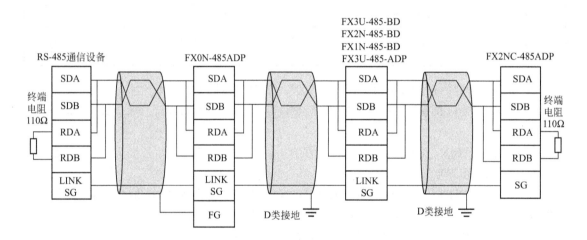

图 5-15　N：N 网络 1 对接线

① FX2N-485-BD、FX1N-485-BD、FX3U-485-BD、FX2NC-485ADP、FX3UC-485ADP 上所连接的电缆屏蔽层必须有 D 类接地。

② FG 端子须接到已经进行了 D 类接地的 PLC 主机接地端子上。

③ 终端电阻必须设置在线路的两端。

5.2.5　N：N 网络通信应用实例

有两台 FX2N-48MR 可编程控制器（带 FX2N-485BD 模块），其连线图如图 5-15 所示，其中一台作为主站，另一台作为从站，当主站的 X0 接通后，从站的 Y0 控制的灯，以 1s 为周期闪烁，从站的灯闪烁 10s 后熄灭，画出梯形图。

如图 5-16 所示为主站梯形图，如图 5-17 所示为从站梯形图。

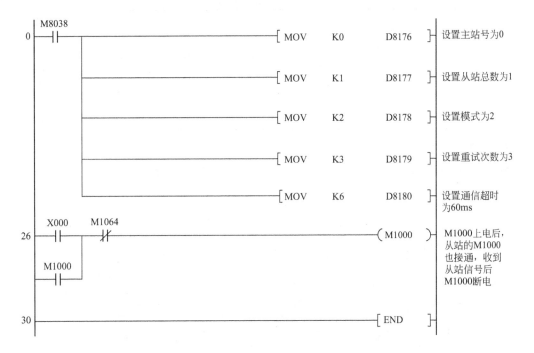

图 5-16 主站梯形图

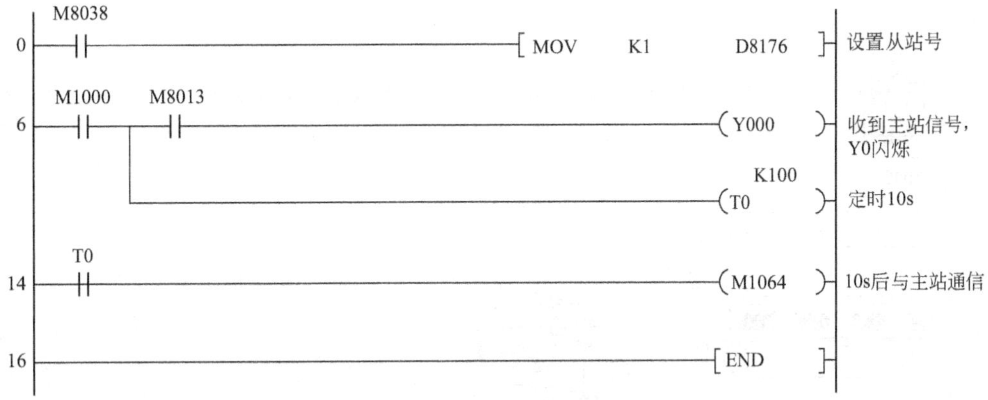

图 5-17 从站梯形图

5.2.6 案例实施

（1）分析任务功能

在 N∶N 网络中，当通信参数、链接模式确定后，则指定的软元件内数据将由网络中所有 PLC 共享，这在编程时非常方便。

（2）根据控制要求，分配 I/O 点

3 个站点所使用的 I/O 都一样，均按表 5-11 分配。

表 5-11　分配 I/O 点

输　　入		功能说明	输　　出		功能说明
SB1	X1	启动按钮	KM0	Y0	星形启动接触器
SB2	X2	停止按钮	KM1	Y1	三角形启动接触器
			KM2	Y2	主接触器
			HL	Y3	闪烁指示灯

（3）画出 PLC 的 I/O 接线图等

通信控制接线图如图 5-18 所示，终端电阻选用如图 5-19 所示。

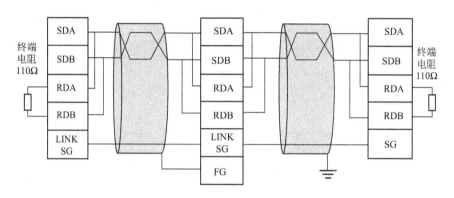

图 5-18　通信控制接线图

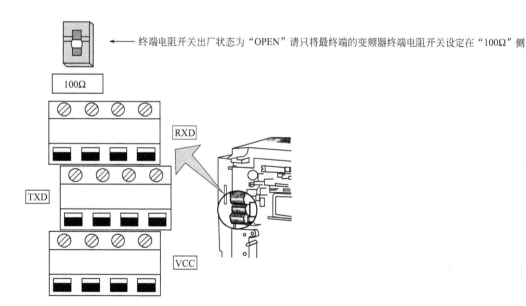

图 5-19　终端电阻选用

N：N 链接通信只能用一对绞线。

（4）编写控制程序

根据控制要求，编写 PLC 梯形图如图 5-20 所示。

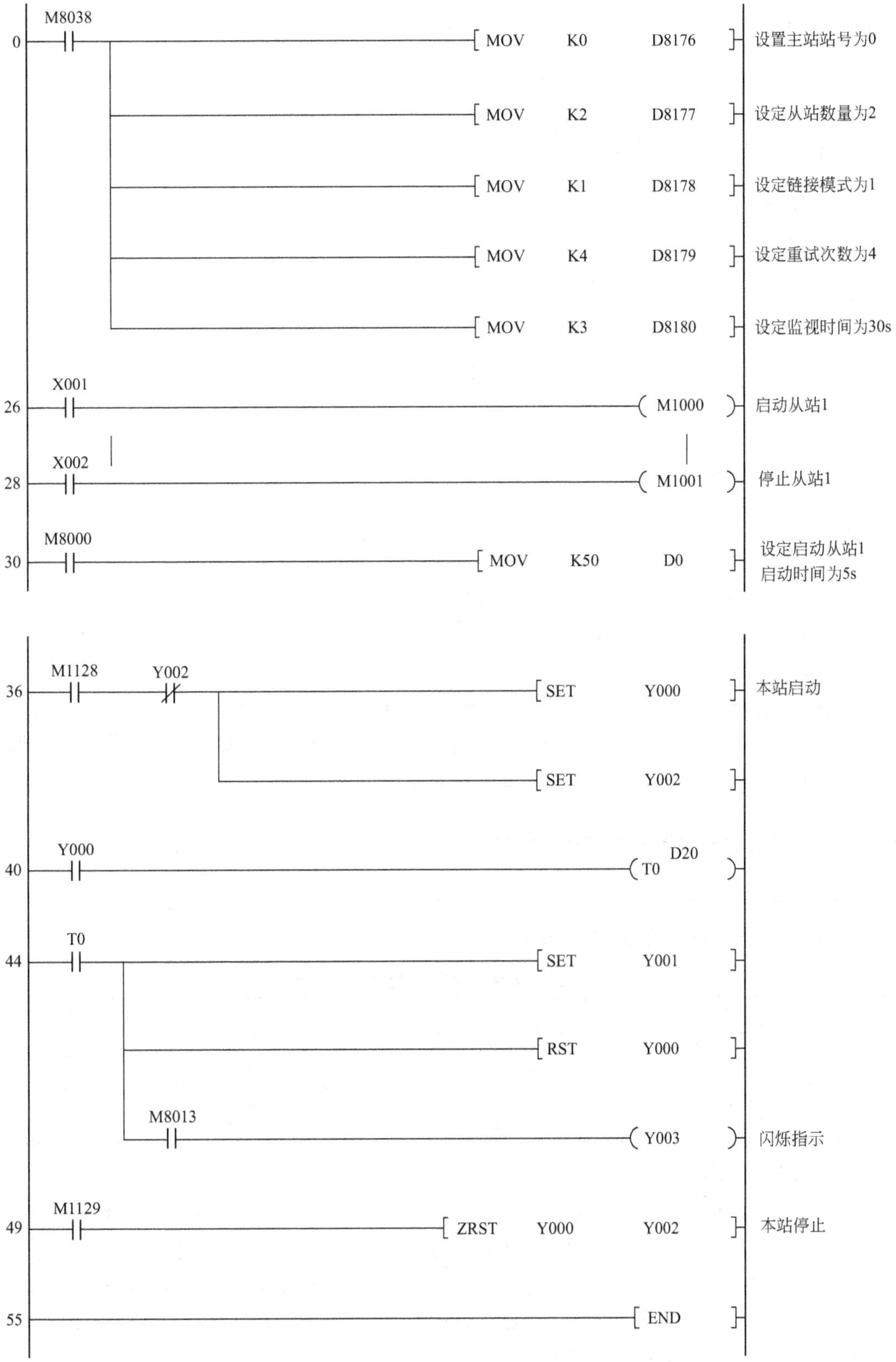

```
       M8038
0      ┤├──────┬──────────────────────[ MOV    K0      D8176 ]  设置主站站号为0
               │
               ├──────────────────────[ MOV    K2      D8177 ]  设定从站数量为2
               │
               ├──────────────────────[ MOV    K1      D8178 ]  设定链接模式为1
               │
               ├──────────────────────[ MOV    K4      D8179 ]  设定重试次数为4
               │
               └──────────────────────[ MOV    K3      D8180 ]  设定监视时间为30s

       X001
26     ┤├─────────────────────────────────────( M1000 )  启动从站1

       X002      │
28     ┤├─────────────────────────────────────( M1001 )  停止从站1

       M8000
30     ┤├──────────────────────────[ MOV    K50     D0 ]  设定启动从站1
                                                         启动时间为5s


       M1128    Y002
36     ┤├───────┤/├──┬──────────────────────[ SET    Y000 ]  本站启动
                     │
                     └──────────────────────[ SET    Y002 ]

       Y000                                              D20
40     ┤├─────────────────────────────────────( T0 )

       T0
44     ┤├──────┬──────────────────────────────[ SET    Y001 ]
               │
               ├──────────────────────────────[ RST    Y000 ]
               │
               │   M8013
               └───┤├──────────────────────────( Y003 )  闪烁指示

       M1129
49     ┤├──────────────────────[ ZRST   Y000    Y002 ]  本站停止


55     ──────────────────────────────────────[ END ]
```

图 5-20 PLC 梯形图

5.2.7 拓展练习

什么是 N：N 通信？什么是并行链接通信？

5.3 PLC 与变频器通信控制

5.3.1 案例描述

三菱 FX 系列 PLC 通过 RS485 与三菱 FR-A540 变频器之间的通信，使用触摸屏实现如下功能：

① 控制变频器正转、反转、停止；

② 在运行中直接修改变频器的运行频率，10Hz、20Hz、30Hz、40Hz、50Hz；

③ 在触摸屏上直接显示变频器的运行的电压、运行电流、输出频率。

5.3.2 无协议通信概念

无协议通信顾名思义，就是没有标准的通信协议，用户可以自己定义，所以又称"自由口"通信协议。主要用于与打印机、条形码阅读器、变频器或者其他品牌的 PLC 等第三方设备进行无协议通信。在 FX 系列 PLC 中使用 RS 指令执行该功能。

① 无协议通信数据的点数允许最多发送 4096 点，最多接收 4096 点数据，但发送和接收的总数据量不超过 8000 点。

② 采用无协议方式，连接支持串行设备，可实现数据的交换通信。

③ 使用 RS-232 接口时，通信距离不超过 15m，使用 RS-485 接口时，通信距离一般不超过 500m，但使用 485BD 模块，最大通信距离是 50m。

5.3.3 RS 指令通信及相关软元件

（1）相关软元件

无协议通信中用到的软元件见表 5-12。

表 5-12　无协议通信中用到的软元件

元件编号	名称	内容	属性
M8122	发送请求	置位后，开始发送	读/写
M8123	接收结束标志	接收结束后置位，此时不能再接收数据，须人工复位	读/写
M8161	8 位处理模式	为 ON 时 8 位模式，为 OFF 时 16 位模式	写

（2）D8120 通信格式

在两个串行通信设备进行任意通信前，必须设置相互可以辨认的格式，这些格式是指如前所述的传送数据的信息格式，包括起始位、数据位、奇偶校验位、停止位和波特率等。只有通信双方设置一致，才可进行可靠通信。FX2N 系列 PLC 与通信设备间的数据交换，由特殊寄存器 D8120 的内容指定，交换数据的点数、地址用 RS 指令设置，并通过 PLC 的数据寄存器和文件寄存器实现数据交换。

在 FX2N 系列 PLC 中通过 D8120 的位组合方式选择，其具体规定见表 5-13。

表 5-13 D8120 的位信息

位 号	意 义	内 容	
		0(OFF)	1(ON)
b0	数据长度	7 位	8 位
b2b1	奇偶性	(b2,b1)为(0,0):无;(0,1):奇;(1,1):偶	
b3	停止位	1 位	2 位
b4 b5 b6 b7	波特率(B/s)	b7,b6,b5,b4 (0,0,1,1):300 (0,1,0,0):600 (0,1,0,1):1200 (0,1,1,0):2400	b7,b6,b5,b4 (0,1,1,1):4800 (1,0,0,0):9600 (1,0,0,1):19200
b8	头字符	无	D8124
b9	结束字符	无	D8125
b10	保留		
b11	DTR 检测(控制线)	发送和接收	接收
b12	控制线	无	H/W
b13	和校验	不加和校验码	和校验码自动加上
b14	协议	无协议	专用协议
b15	传输控制协议	协议格式 1	协议格式 4

如 D8120＝H0F9E，其中 0F9E 是数据，H 表示是十六进制的数。则对应的参数选择如下。

E＝$(1110)_2$，表示选择 7 位数据、偶校验、2 位停止；

9＝$(1001)_2$，表示选择波特率为 19200bps；

F＝$(1110)_2$，即选择起始字符、结束字符、硬件 1 型（H/W1）对接信号、单线模式控制；

0 表示 b12 为 0，即硬件 2 型（H/W2）对接信号为 OFF。

在通信参数设定时，起始字符和结束字符可以根据用户的需要自行设定，但必须注意的是将接受缓冲区的长度与所要接受的最长数据的长度设定一致。

（3）串行异步通信指令 RS

FX 系列 PLC 的串行、异步、无协议双向通信可用应用指令 RS（FNC80）进行编程，指令的格式如图 5-21 所示。

图 5-21 RS 指令的编程格式

指令允许使用的操作数格式和作用说明如下。

[S·]：数据寄存器 D，发送数据时指定源数据在 PLC 中的起始地址。

m：常数 K/H；发送数据时定义需要传送的数据长度，允许范围为 0～4096；接收数据时应设定为"0"。

[D·]：数据寄存器 D，存储接收数据的存储器起始地址。

n：常数 K/H；接收数据时定义需要接收的数据长度，允许范围为 0～4096；发送数据时应设定为"0"。

RS 指令为使用 RS-232C 及 RS-485 功能扩展板及特殊适配器，进行发送接收串行数据的指令，数据的格式可以通过特殊数据寄存器 D8120 设定，并要与变频器的数据格式类型完全对应；通过 PLC 传送指令把通讯数据装到 D200 开始的连续单元中。

5.3.4　PLC通信控制变频器的数据传送格式

数据在 PLC 与变频器之间传输是用 ASCII 码，因此数据在传送之前应把它转换成 ASCII 码的形式。

数据传送格式现以控制代码 ENQ（请求）为例图解说明见表 5-14。

表 5-14　ENQ（请求）图解说明

格式	字符数														
	1	2	3	4	5	6	7	8	9	10	11	12	13	14	15
A 数据写入	ENQ	变频器站号		指令代码		等待时间	数据				总和校验		CR/LF 代码		
A1 数据写入	ENQ	变频器站号		指令代码		等待时间	数据		总和校验		CR/LF 代码				
A2 数据写入	ENQ	变频器站号		指令代码		等待时间	数据						总和校验		CR/LF 代码
B 数据读出	ENQ	变频器站号		指令代码		等待时间	总和校验		CR/LF 代码						

数据传送具体如下：

① 从 PLC 发送数据到变频器，数据写入时根据需要选择 A 或 A1，数据读出时使用 B 格式。

② 变频器数据处理时间，即变频器等待时间，根据变频器参数 Pr.123 选择，Pr.123＝9999 时，由通信数据设定其等待时间，Pr.123 为 0～150ms 时，由变频器参数设定其等待时间。

③ CR/LF 代码的有无，可通过变频器的 Pr.124 来选择。

使用上述格式 B 后，从变频器返回的应答数据格式见表 5-15。

表 5-15　从变频器返回的应答数据格式

格式	字符数										
	1	2	3	4	5	6	7	8	9	10	11
应答格式 E	STX	变频器站号		读出数据				ETX	总和校验		CR/LF 代码
应答格式 E′	STX	变频器站号		读出数据		EXT	总和校验		CR/LF 代码		
应答格式 F	NAK	变频器站号		错误代码	CR/LF 代码						

三菱 FX 系列 PLC 与计算机通信所用控制代码见表 5-16。

表 5-16 PLC 与计算机通信所用控制代码

字符	ASCII 码	说　明
ENQ	05H	计算机对 PLC 的请求信号
ACK	06H	PLC 回应计算机和校验正确信号
NAK	15H	PLC 回应计算机和校验不正确信号
STX	02H	帧或数据块起始标记
ETX	03H	帧或数据块结束标记

　　PLC 与变频器之间采用主从方式进行通信，其中 PLC 作为主机，变频器作为从机。网络中只能有一台主机，主机通过站号区分不同的从机，一台 PLC 可以带 8 台变频器。PLC 与变频器之间采用半双工双向通信，只有当从机在收到主机的读写命令后才发送数据。写入表示 PLC 向变频器写入数据；而读出表示 PLC 从变频器读出数据。

5.3.5　ASCII 码

　　在计算机中，所有的数据在存储和运算时都要使用二进制数表示（1 和 0 的组合）。例如，像 a、b、c、d 这样的 52 个字母（包括大写）以及 0、1 等数字还有一些常用的符号（例如 *、♯、@等）在计算机中存储时也要使用二进制数来表示。

　　计算机上都配有输入和输出设备，其目的是以一种人类可阅读的形式将信息在这些设备上显示出来供人阅读理解。为保证人类和设备，设备和计算机之间能进行正确的信息交换，人们编制的统一的信息交换代码，这就是 ASCII 码。表 5-17 列出了部分常用字符与十六进制数的对应情况（常用字符对应的二进制、八进制和十进制数可通过十六进制转换或查阅完整的 ASCII 编码表）。

表 5-17　常用字符与其对应十六进制数码

字符	十六进制	字符	十六进制	字符	十六进制	字符	十六进制
0	30	7	37	A	41	a	61
1	31	8	38	B	42	b	62
2	32	9	39	C	43	c	63
3	33	:	3a	D	44	d	64
4	34	;	3b	E	45	e	65
5	35	<	3c	F	46	f	66
6	36	=	3d	G	47	g	67

5.3.6　案例实施

（1）分析任务功能

　　本任务的功能通过对三菱 FX 系列 PLC 编程实现与三菱 FR-A700 变频器之间迅速、准确、及时的通信，PLC 发送命令控制变频器、进而控制三相异步电动机正转、反转和停止等。

使用 PLC 通过 RS485，实现变频器控制电动机正转、反转、停止，在运行时可直接改变变频器的运行频率为 10Hz、20Hz、30Hz、40Hz 或 50Hz。由于本任务难度较大，下面将详细说明。

（2）根据控制要求，分配 I/O 点

根据系统的控制要求、设计思路和变频器的设定参数，PLC 的 I/O 分配见表 5-18。

表 5-18 I/O 分配表

输入部分	
名　称	输　入
正转按钮 SB1	X0
反转按钮 SB2	X1
停止按钮 SB3	X2
更改频率按钮 SB4	X3
设定运行频率（如 K1000 代表 10Hz）	D200
实时输出频率（如 K1200 代表 12Hz）	D300

（3）确定材料准备清单

确定本项任务所需安装材料清单见表 5-19。

表 5-19 材料明细表

序号	器件名称	型号	数量	序号	器件名称	型号	数量
1	PLC 组合标配		1	5	组合按钮		1
2	电动机		1	6	FX2N-485BD		1
3	连接导线		若干	7	通信电缆	5 芯	
4	变频器	FRA540	1				

（4）PLC 与变频器的 RS485 连线

拆下变频器的参数设置面板，将变频器与 PLC 的通信线 RJ45 水晶插头和三菱 FR-A700 变频器的 PU 插座连接起来。另一头接入 PLC 的 FX2N-485-BD 模块。接线图如图 5-22 所示。

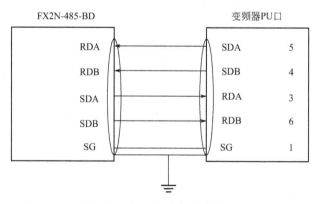

图 5-22　PLC 与变频器连接图

（5）设置 PLC 与变频器参数，完成触摸屏界面

① 三菱 FR-A700 变频器的设置　PLC 和变频器之间进行通信时，通信参数必须在变频

器的初始化中设定。如果没有进行初始化设定或设定错误，将不能进行数据传输。每次参数初始化设定后需要复位变频器（如断电再通电时复位变频器），如果改变与通信相关的参数后，变频器没有复位，将不能通信。三菱 FR-A700 变频器的参数设定见表 5-20。

表 5-20　三菱 FR-A700 变频器的参数设定

PU 接口	名　称	设定值	说　明
Pr.79	操作模式	1	PU 操作模式
Pr.117	变频器站号	0	确定从 PU 接口通信的站号,两台以上需设定。范围 00～31
Pr.118	通信速度	192	可设 48、96、192,单位 100bps
Pr.119	停止位长/数据位长	1	停止位长 2 位,数据位长 8 位
Pr.120	奇偶校验有/无	2	0:无,1:奇校验,2:偶校验
Pr.121	通讯重试次数	9999	
Pr.122	通信校验时间间隔	9999	无通信状态持续时间超过允许时间变频器就进入报警停止状态
Pr.123	等待时间设定	20ms	设定数据传输到变频器响应时间
Pr.124	CR,LF 有/无选择	0	0:无,1:有 CR,无 CF,2:有

② 三菱 FX 系列 PLC 的设置　三菱 FX 系列 PLC 在进行通信时需对通信格式（D8120）进行设定，设置值为 H0C96（H 表示十六进制），其中包含有波特率、数据长度、奇偶校验、停止位和协议格式等。D8120 的具体设置见表 5-21。注意，在修改了 D8120 的设置后，确保关掉 PLC 的电源，然后再打开。

表 5-21　D8120 的具体设置

b15	b14	b13	b12	b11	b10	b9	b8	b7	b6	b5	b4	b3	b2	b1	b0
0	0	0	0	1	1	0	0	1	0	0	1	0	1	1	0

D8120＝H0C96 设置的数据表明：采用 RS 无协议通信方式，数据通信长度 7 位、偶校验、停止位 1 位、波特率 19200bit/s、起始符和终止符均无、RS-485 通信方式。

PLC 通过通信控制三菱 FR-A700 变频器实现正转、反转等功能，为此，需查出对应数据传送格式对变频器操作的指令代码、数据及其对应的 ASCII 码，见表 5-22（可从 FR-A700 变频器手册查知）。

表 5-22　三菱 FR-A700 数据代码

操作任务	指令代码	ASCII 码	数据内容	ASCII 码
正转			H02	32H
反转	HFA	46H、41H	H04	34H
停止			H00	30H
运行频率写入	HED	45H、44H	H0000～H2EE0	
频率读取	H6F	36H、46H	H0000～H2EE0	

变频器运行频率 10～50Hz 数据：10Hz 的对应变频器内数值为 K1000，相应的十六进制数为 H03E8 以下列出变频器运行频率 ASCII 码对照见表 5-23。

表 5-23　变频器运行频率 ASCII 码对照

频率	10Hz	20Hz	30Hz	40Hz	50Hz
对应变频器数据	1000	2000	3000	4000	5000
转成十六进制	H03E8	H07D0	H0BB8	H0FA0	H1388
对应 ASCII 码	H30、H33、H45、H38	H30、H37、H44、H30	H30、H42、H42、H38	H30、H46、H41、H30	H31、H33、H38、H38

③ 触摸屏界面　注意运行频率的字元件是 D200，输出频率的字元件是 D300，如图 5-23 所示。

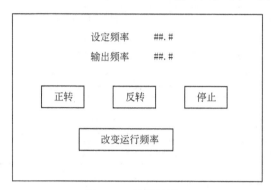

图 5-23　触摸屏界面

（6）编写控制程序

PLC 通信控制变频器，实现电动机正反转等功能的程序如图 5-24 所示。

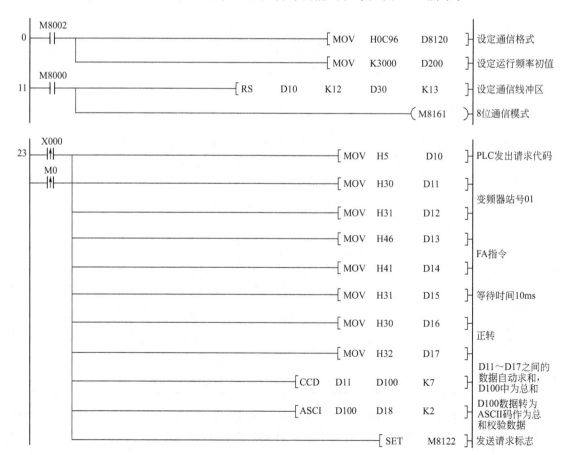

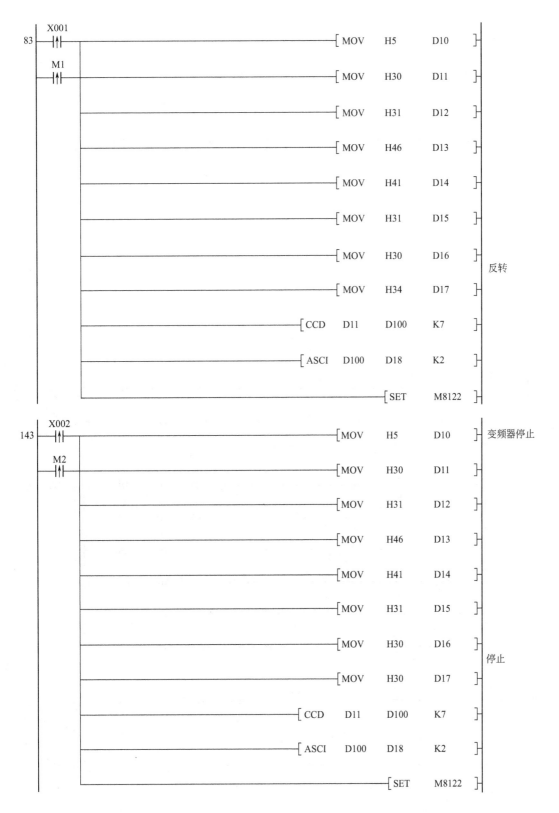

图 5-24

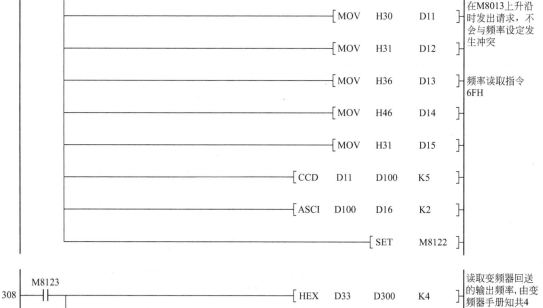

图 5-24　PLC 通信控制变频器程序

5.3.7 拓展练习

1）PLC在进行通信时必须需对通信格式（D8120）进行设定，主要包括哪些方面？

2）另外设定变频器运行的几种频率，编写程序并运行。

5.4 触摸屏与变频器的通信

5.4.1 案例描述

制作如图5-25所示的画面，通过画面完成下列操作：

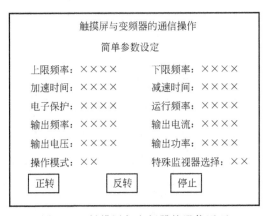

触摸屏与变频器的通信操作

简单参数设定

上限频率：××××   下限频率：××××

加速时间：××××   减速时间：××××

电子保护：××××   运行频率：××××

输出频率：××××   输出电流：××××

输出电压：××××   输出功率：××××

操作模式：××   特殊监视器选择：××

正转   反转   停止

图5-25　触摸屏与变频器的通信画面

① 能在画面显示变频器的运行频率、输出频率、输出电流、输出电压、输出功率等。

② 通过触摸屏上的按键操作变频器控制电动机的正反转及停止。

③ 能在运行中设定并修改运行频率，能在运行中修改上、下限频率和加减速时间，并能修改特殊监视器选择号，在输出功率处有不同的显示（如电压、电流、频率）。

5.4.2 触摸屏与变频器的通信基本参数

（1）传输规格设置

在G1155GOT端，诸如通信速率等规格已经被确定，是不能更改的，只能设置变频器的传输参数来与之匹配，触摸屏设置见表5-24。

表5-24　触摸屏传输规格表

项　目			RS-422
通信速率			19.2kbps
控制协议			异步系统
通信方式			半双工方式
数据格式	字符系统		ASCII(7位)
	数据位		7
	终止符		CR:提供；LF:不提供
	检验系统	和校验	已提供（奇数）
		奇偶校验	已提供
	等待时间设置		未已提供
	停止位长度		1位

（2）设置站号

变频器内的设置，在00～31的范围内设置每一个站号，同时确定每一个站号只被使用一次，站号设置时，可以不考虑变频器的连接顺序，因为即使站号不连续也不会出现问题。

（3）参数设置

在G1155GOT连接变频器之前，需先将变频器的参数设置见表5-25。

表5-25　变频器的参数设置

参数编号		通信参数内容	设　　置	
FR-A700 （PU）	FR-A700 （FR-A5NRP）		设置值	设置内容
Pr. 117	Pr. 331	变频器站号	0	最多可连接10台
Pr. 118	Pr. 332	通信速率	192	通信波特率19.2kbps
Pr. 119	Pr. 333	停止位长度	10	停止位长度
Pr. 120	Pr. 334	是/否奇偶校验	1	奇数校验
Pr. 121	Pr. 335	通信重试次数	9999	无异常停止
Pr. 122	Pr. 336	通信检查时间间隔	9999	通信检查停止
Pr. 123	Pr. 337	等待时间设置	0	0ms
Pr. 124	Pr. 341	CR/LF是/否选择	1	CR:提供；LF:不提供
Pr. 79	Pr. 79	操作模式	0	操作模式可选择
	Pr. 340	链接开始模式	1	计算机链接
Pr. 342	Pr. 342	EEPROM保存选择	0	写入EEPROM,为1时写入RAM

5.4.3　触摸屏中的通信软元件

GOT中软元件与FREQROL系列变频器必须一致，见表5-26。

表5-26　GOT中软元件

GOT中能够监视到的 软元件及元件名称	无符号16位	画面切换	系统信息 控制元件	状态监视器	定时开关	其他
控制状态(S)	—	—	—	√	—	√
GOT内部寄存器(GB)	—	—	√	—	—	√
报警器(A)	√	—	—	—	—	—
参数(Pr)	√	—	—	√	—	√
程序操作(PG)	√	—	—	√	—	√
特殊参数(SP)	√	—	—	√	—	√
GOT内部数据寄存器(GD)	√	√	√	—	—	√

（1）GOT的特殊参数（SP）

使用指令代码编号能够实施变频器的通信功能，将一个指令代码写入G11GOT中的特殊参数软元件时，能够实施与变频器的通信特殊参数见表5-27。

表 5-27 GOT 的特殊参数 SP 软元件

GOT 中的软元件	指令代码		描述	GOT 中对应的软元件
	读	写		
SP108	6C	EC	第二参数转换切换	
SP109	6D	ED	运行频率(RAM)	
SP110	6E	EE	运行频率(EEPROM)	
SP111	6F	—	频率监视器	
SP113	70	—	输出电流监视器	
SP112	71	—	输出电压监视器	
SP114	72	—	特殊监视器	
SP115	73	F3	特殊监视器选择 No	
SP116	74	F4	最近编号 No1、No2/警报显示清除	A
SP117	75	—	最近编号 No3、No4/警报显示清除	A
SP118	76	—	最近编号 No5、No6/警报显示清除	A
SP119	77	—	最近编号 No7、No8/警报显示清除	A
SP122	7A	FA	变频器状态监视/运行命令	
SP123	7B	FB	获取操作模式	
SP124	—	FC	清除	
SP125	—	FD	变频器重置	
SP127	7F	FF	通信参数扩展设置	S,A,PG,PR

（2） 有关 SP115、SP122 特殊监视器的选择设定

SP115 特殊监视器的选择设定见表 5-28，SP122 特殊监视器的选择设定见表 5-29。

表 5-28 SP115 特殊监视器的选择设定

监视名称	设定数值	最小单位	监视名称	设定数值	最小单位
输出频率	H01	0.01Hz	再生制动	H09	0.1%
输出电流	H02	0.01A	电子过电流保护负载率	H0A	0.1%
输出电压	H03	0.1V	输出电流峰值	H0B	0.01A
设定频率	H05	0.01Hz	整流输出电压峰值	H0C	0.1V
运行速度	H06	1r/min	输入功率	H0D	0.01kW
电动机转矩	H07	0.1%	输出功率	H0E	0.01kW

表 5-29 SP122 特殊监视器的选择设定

SP122 各位	写入时对应软元件	置1时功能	读出时对应软元件	置1时功能
SP122(b0)	WS0	电流输入选择(AU)	RS0	变频器运行中(RUN)
SP122(b1)	WS1	正转(STF)	RS1	正转中(STF)
SP122(b2)	WS2	反转(STR)	RS2	反转中(STR)
SP122(b3)	WS3	低速(RL)	RS3	频率到达(SU)
SP122(b4)	WS4	中速(RM)	RS4	过负荷(OL)
SP122(b5)	WS5	高速(RH)	RS5	瞬停(IPF)
SP122(b6)	WS6	第二功能选择(RT)	RS6	频率检测(FU)
SP122(b7)	WS7	输出停止(MRS)	RS7	发生异常

5.4.4 案例实施

(1) 分析任务功能

第一，GOT 中软元件与 FREQROL 系列变频器必须一致；第二，画面制作涉及文本、写入数据、显示数据、触摸键设定；另外就是对字元件、位元件的理解。

(2) 根据控制要求，列出需要制作的软元件参数、变频器设定

变频器设定的软元件参数见表 5-30。

表 5-30　变频器设定的软元件参数

名称	软元件	设定工具	下~上限	小数点	数据长度	备注
上限频率	Pr.1	数字输入	0~5000	2	5	
下限频率	Pr.2	数字输入	0~5000	2	5	
加速时间	Pr.7	数字输入	0~3600	1	5	
减速时间	Pr.8	数字输入	0~3600	1	5	
过电流保护	Pr.9	数字输入	0~2000	2	5	
操作模式	Pr.79	数字输入	0~8	0	1	
运行频率	SP109	数字输入	0~5000	2	5	
输出频率	SP111	数值显示	—	2	5	
输出电流	SP112	数值显示	—	2	5	
输出电压	SP113	数值显示	—	1	5	
特殊监视	SP114	数值显示	—	2	5	监视功率的设置
特殊监视选择	SP115	数值输入	0~14	0	2	监视功率时设置14
正转	SP122	触摸键(WS1 为 1)	—	—	—	字元件(设置值2)
反转	SP122	触摸键(WS2 为 2)	—	—	—	字元件(设置值4)
停止	SP122	触摸键	—	—	—	字元件(设置值0)

当触摸屏与 FR-A740 变频器通信时，按表 5-31 设置参数，变频器参数设置完毕后，应关闭变频器电源，再打开电源。

表 5-31　变频器参数设定

变频器参数	通信参数	设定值	设置内容
Pr.79	操作模式	1	PU 操作模式
Pr.1	上限频率	50	
Pr.19	基准电压	380V	基准电压值
Pr.77	参数写入选择	2	即使在运行时也可写入
Pr.117	变频器站号	0	站号为 0(0~31,可连接不超 10)
Pr.118	通信速度	192	通信波特率 19.2kbit/s
Pr.119	停止位长度	10	数据长度 7 位,停止位 1 位
Pr.120	是/否奇偶校验	1	0;无;1;奇;2;偶
Pr.121	通信重试次数	9999	无异常停止
Pr.122	通信检查时间间隔	9999	无通信状态持续时间超时,变频器进入停止状态
Pr.123	等待时间设置	0	0ms
Pr.124	CR.LF 是/否选择	1	CR:提供;LF:不提供
Pr.342	EEPROM	0	为 0 时写入 EEPROM,为 1 时写入 RAM

（3）制作触摸屏画面

① 单击工具栏中"A"文本按钮，出现"文本"设置对话框，在其中输入"触摸屏与变频器的通信操作"，并据工程需要设定文本的类型、颜色、大小等，单击"确定"按钮即可，如图 5-26 所示。照此方法将本实训所用的全部文字输入，如图 5-27 所示。

图 5-26 输入文字

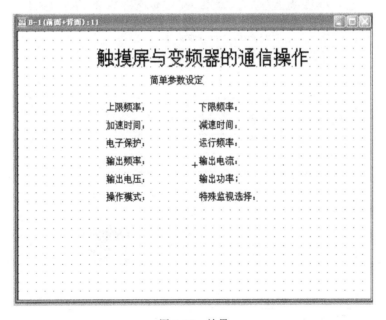

图 5-27 效果

② 对触摸屏上进行触摸并写入数值的项目进行设置。如上限频率、下限频率、加速时间、减速时间、电子保护、运行频率、特殊监视器选择，单击工具栏上" "（数值输入键），

参照如图 5-28 和图 5-29 所示的方法进行设定，相关参数规定参见表 5-31，所有站号为 0。

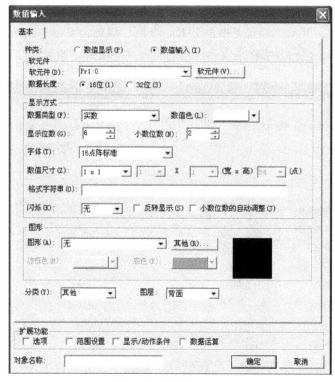

图 5-28　数值输入一

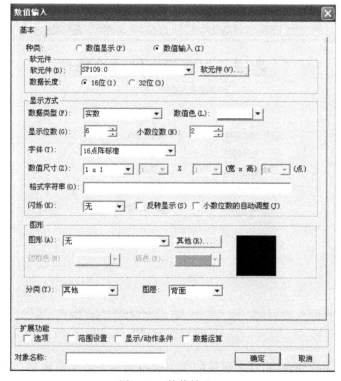

图 5-29　数值输入二

③ 对只能在触摸屏上显示数值的元件设置方法,如输出频率、输出电压、输出电流、输出功率等,单击工具栏中的" "(数值显示键),出现"数值显示"对话框;参考如图5-30所示的方法进行设置。

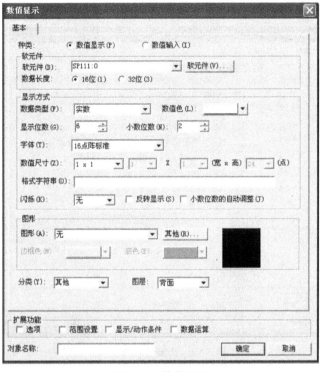

图 5-30 数值显示

④ 触摸键类设置操作。以正转为例设置,单击工具栏 S 下拉工具 D,出现如图 5-31 所示对话框,在"基本"中单击"软元件",出现"元件"对话框,在元件对话框中设定正转

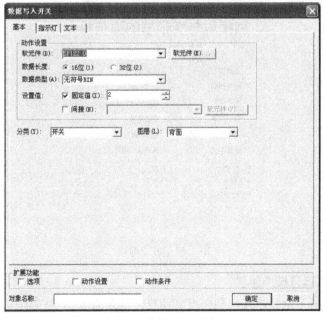

图 5-31 数据写入开关一

元件 SP122 和站号 0，设置值设为 2，单击"确定"按钮即可。也可以单击工具栏 S 下拉工具 E，通过 WS1 直接设置。

⑤ 接上步单击"文本"选项，出现如图 5-32 所示的对话框，ON/OFF 两面都输入文本（正转），设置文本颜色等，单击"确定"按钮即可。

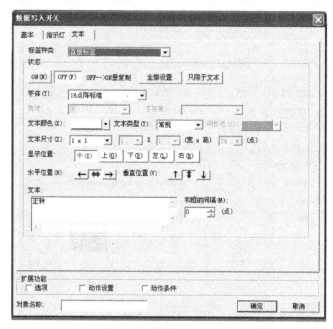

图 5-32　数据写入开关二

⑥ 其他如反转、停止方法同样，只是在设置将反转 SP122 为 4，停 SP122 为 0。

⑦ 按控制要求作出的参考画面如图 5-33 所示。

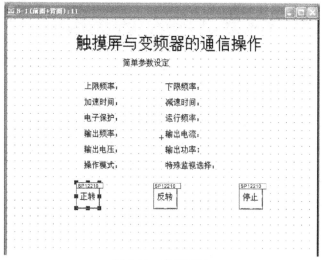

图 5-33　参考画面

（4）画面调试运行操作步骤

① 首先将变频器上电，连接三相交流电动机。设置表 5-31 中全部变频器的参数。设置完毕后将变频器停电。

② 用 FX-232-CAB0 通信电缆连接计算机和 F940GOT 的 RS-232 口，将制作好的画面传送至触摸屏。

③ 自制通信电缆连接触摸屏的 RS-422 口和变频器的 PU 接口。

④ 按画面上的"正转"按钮，电动机就开始正转，再单击"运行频率"所对应处，输入 4500 后，变频器就以 45Hz 频率运行，同时画面上各参数均有对应的参数。

⑤ 在运行中修改上限频率、下限频率、加速时间、减速时间、运行频率、过电流保护等参数。且电动机在运行时输出电流、输出电压、输出频率、特殊监视器都有正常显示的值。

⑥ 按"停止"按钮，电动机停止。

（5）调试

调试中存在的问题及解决方法见表 5-32。

表 5-32　调试中存在的问题及解决方法

序号	故障现象	可能原因	解决方法
1	触摸屏上不显示参数	和变频器通信不正常	检查通信连接
			检查变频器通信参数是否正确
		变频器设置完参数后没有停电	重新停电
2	画面显示无效	制作画面时软元件不正确	修改软元件
		画面超出屏幕范围	调整范围
		动作选项设置有错误	修正错误
3	画面不能修改参数	数值写入键误用成数值显示键	重新用数值写入键
		变频器参数不正确	检查 Pr.79 是否为 1 及相关参数
		触摸屏有坏点现象	将画面上工程对象移位
4	不能控制电动机	变频器参数不正确	检查 Pr.79 是否为 1
		动作选项设置有错误	修正错误

5.4.5　拓展练习

制作如图 5-34 所示的画面，通过画面完成下列操作：

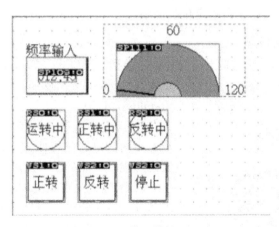

图 5-34　练习效果画面

1）能在画面显示变频器的运行频率、显示运转中、正转中等。

2）通过触摸屏上的按键操作变频器控制电动机的正反转及停止。

3）能在运行中设定并修改运行频率。

6 PLC在定位控制方面的应用

6.1 PLC直接输出脉冲信号控制步进电动机

6.1.1 案例描述

PLC通过输出脉冲信号直接控制步进电动机正反转和调速控制，要求实现：
① 能实现步进电动机的正反转控制；
② 能在触摸屏上对电动机进行加减速控制；
③ 能实现对步进电动机运行频率进行直接设定。

6.1.2 步进电动机的基本原理

定位控制是指当控制器发出控制指令后，使运动件（如机床工作台）按指定速度完成指定方向上的指定位移。定位控制的应用非常广泛，如机床工作台的移动、电梯的平层、立体仓库的操作机取货、送货及各种包装机械、输送机械等。步进电动机是一种作为定位控制用的特种电动机。它的旋转是以固定的角度（称为"步距角"）一步一步运行的，其特点是没有积累误差，所以广泛应用于各种定位控制中。

（1）步进电动机的分类

步进电动机（图6-1）在构造上有三种主要类型：反应式（Variable Reluctance，VR）、永磁式（Permanent Magnet，PM）和混合式（Hybrid Stepping，HS）。

① 反应式　定子上有绕组、转子由软磁材料组成。结构简单、成本低、步距角小，可达1.2°、但动态性能差、效率低、发热大，可靠性难保证。

② 永磁式　永磁式步进电动机的转子用永磁材料制成，转子的极数与定子的极数相同。其特点是动态性能好、输出力矩大，但这种电动机的精度差，步矩角大（一般为7.5°或15°）。

③ 混合式　混合式步进电动机综合了反应式和永磁式的优点，其定子上有多相绕组、转子上采用永磁材料，转子和定子上均有多个小齿以提高步矩

图6-1　步进电动机

精度。其特点是输出力矩大、动态性能好，步距角小，但结构复杂、成本相对较高。

按定子上绕组来分，共有二相、三相和五相等系列。最受欢迎的是两相混合式步进电动机，约占97％以上的市场份额，其原因是性价比高，配上细分驱动器后效果良好。该种电动机的基本步距角为1.8°/步，配上半步驱动器后，步距角减少为0.9°，配上细分驱动器后其步距角可细分达256倍（0.007°/微步）。由于摩擦力和制造精度等原因，实际控制精度略低。同一台步进电动机可配不同细分的驱动器以改变精度和效果。

（2）步进电动机的工作原理

步进电动机是纯粹的数字控制控制电动机，它将电脉冲信号转变成角位移，即给一个脉冲信号，步进电动机就转动一个角度，如图6-2所示是一个三相反应式步进电动机结构图。从图中可以看出，它分成转子和定子两部分。定子是由硅钢片叠成，定子上有6个磁极，每2个相对的磁极（A、A'）组成一对，共有3对。每对磁极都绕有同一绕组，即形成一相，这样3对磁极有3个绕组，形成三相。因此，三相步进电动机有3对磁极、3相绕组；四相步进电动机有4对磁极、4相绕组，依次类推。

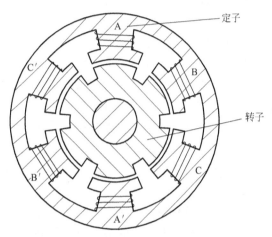

图6-2 步进电动机结构图

反应式步进电动机运动的动力来自于电磁力。在电磁力的作用下，转子被强行推动到最大磁导率的位置，处于平衡状态。对三相步进电动机来说，当某一相的磁极处于最大磁导位置时，另外两相必须处于非最大磁导位置，如图6-3所示，即定子小赤与转子小齿不对齐的位置。

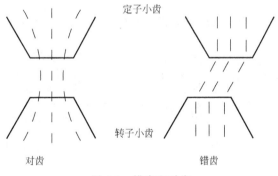

图6-3 错齿和对齿

把定子小齿和转子小齿对齐的状态称为对齿，把定子小齿与转子小齿不对齐的状态称为错齿。错齿的存在是步进电动机能够旋转的前提条件，所以，在步进电动机的结构中必须保证有错齿存在，也就是说，当某一相处于对齿时，其他相必须处于错齿。

（3）步进电动机常用的技术参数

① 相数　产生不同对极N、S磁场的激磁线圈对数。常用m表示。

② 拍数　完成一个磁场周期性变化所需脉冲数或导电状态用n表示，或指电动机转过

一个齿距角所需脉冲数，以三相电机为例，有三相三拍运行方式即 A-B-C，三相六拍运行方式即 A-AB-B-BC-C-CA。

③ 步距角　对应一个脉冲信号，电动机转子转过的角位移用 θ 表示。$\theta=360°/$（转子齿数×运行拍数），以常规二、四相，转子齿为 50 齿的电动机为例。四拍运行时步距角为 $\theta=360°/(50×4)=1.8°$（俗称整步），八拍运行时步距角为 $\theta=360°/(50×8)=0.9°$（俗称半步）。

④ 静转矩　电动机在额定静态电作用下，电动机不作旋转运动时，电动机转轴的锁定力矩。一般情况下，静力矩应为摩擦负载的 2～3 倍内好，静力矩一旦选定，电动机的机座及长度便能确定下来（几何尺寸）。

⑤ 失步　电动机运转时运转的步数，不等于理论上的步数。称之为失步。

⑥ 失调角　转子齿轴线偏移定子齿轴线的角度，电动机运转必存在失调角，由失调角产生的误差，采用细分驱动是不能解决的。

⑦ 电动机的共振点　步进电动机均有固定的共振区域，二、四相感应子式的共振区一般在 180～250pps 之间（步距角 1.8°）或在 400pps 左右（步距角为 0.9°），电动机驱动电压越高，电动机电流越大，负载越轻，电动机体积越小，则共振区向上偏移，反之亦然，为使电动机输出电矩大，不失步和整个系统的噪音降低，一般工作点均应偏移共振区较多。

⑧ 电动机正反转控制　当电动机绕组通电时序为 AB-BC-CD-DA 时为正转，通电时序为 DA-CD-BC-AB 时为反转。

其他特性还有惯频特性、启动频率特性等。电动机一旦选定，电动机的静力矩确定，而动态力矩却不然，电动机的动态力矩取决于电动机运行时的平均电流（而非静态电流），平均电流越大，电动机的输出力矩越大，即电动机的频率特性越硬。要使平均电流大，尽可能提高驱动电压，采用小电感大电流的电机。

6.1.3　PLC 直接驱动两相步进电动机

如图 6-4 所示为两相混合式步进电动机，其内部上下是两个磁铁。中间是线圈。通了直

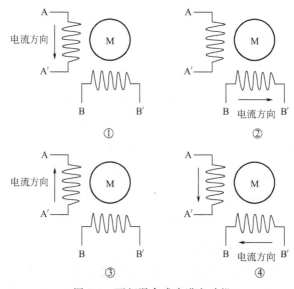

图 6-4　两相混合式步进电动机

流电以后，就成了电磁铁，被上下的磁铁吸引后就产生了偏转。但是因为中间连接电磁铁的两根线不是直接连接的，是采用在转轴的位置用一个滑动的接触片。这样如果电磁铁转过了头，原先连接电磁铁的两根线刚好就相反了，所以电磁铁的 N 极、S 极就和以前相反了。但是电机上下的磁铁是不变的，又可以继续吸引中间的电磁铁。当电磁铁继续转，由于惯性又过了头，所以电极又相反了。重复上述过程就实现了步进电机转动了。

A 相正方向电流、B 相正方向电流、A 相反方向电流和 B 相反方向电流。反转步骤和正转正好相反。

6.1.4 案例实施

（1）分析任务功能

PLC 通过输出脉冲信号直接控制步进电动机的正反转和调速控制。

① 能实现步进电动机的正反转控制；

② 能在触摸屏上对电动机进行加减速控制；

③ 能实现对步进电动机运行频率进行直接设定。

采用 PLC 直接控制步进电动机方式，对于两相步进电动机，必须考虑换相的控制方式，因此将其步骤分解为：①实现电流方向 A＋→A－；②实现电流方向 B＋→B－；③实现电流方向 A－→A＋；④实现电流方向 B－→B＋。

（2）根据控制要求，分配 I/O 点

根据控制功能中的输入输出量，分配 PLC 的 I/O 点，此处略。

（3）画出 PLC 的接线图

根据任务控制要求，PLC 的 I/O 接线图如图 6-5 所示。

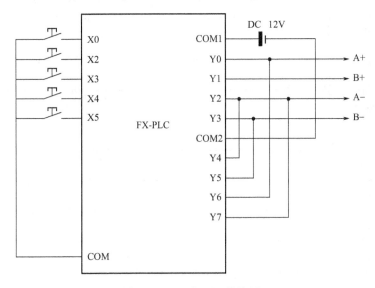

图 6-5　PLC 的 I/O 接线图

（4）确定材料准备清单

根据任务确定本项任务所需安装材料清单见表 6-1。

表 6-1　材料明细表

序号	器件名称	型号	数量	序号	器件名称	型号	数量
1	PLC组合标配		2	5			
2	组合按钮开关		10	6			
3	连接导线		若干	7			
4	指示灯		17				

（5）编写控制程序

根据 PLC 接线图，编写 PLC 控制程序如图 6-6 所示。

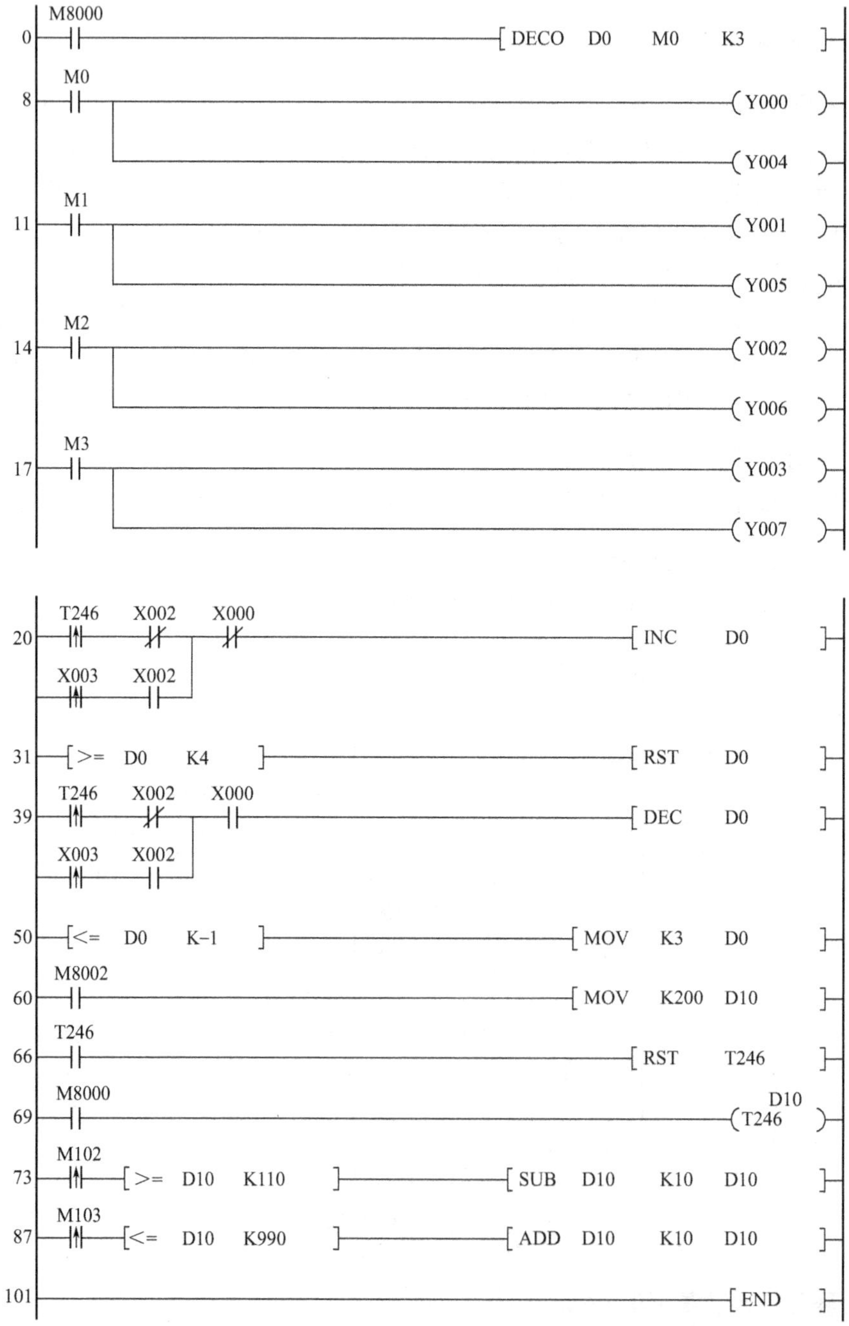

```
        M8000
0       ├┤├─────────────────────────────[ DECO   D0    M0    K3 ]

        M0
8       ├┤├──────────────────────────────────────────( Y000 )
           │
           └──────────────────────────────────────────( Y004 )

        M1
11      ├┤├──────────────────────────────────────────( Y001 )
           │
           └──────────────────────────────────────────( Y005 )

        M2
14      ├┤├──────────────────────────────────────────( Y002 )
           │
           └──────────────────────────────────────────( Y006 )

        M3
17      ├┤├──────────────────────────────────────────( Y003 )
           │
           └──────────────────────────────────────────( Y007 )


        T246   X002   X000
20      ├┤├────┤/├────┤/├──────────────────────────[ INC    D0 ]
        X003   X002
        ├┤├────┤├──┘

31      ┤[>=  D0   K4 ]├────────────────────────────[ RST    D0 ]

        T246   X002   X000
39      ├┤├────┤/├────┤├───────────────────────────[ DEC    D0 ]
        X003   X002
        ├┤├────┤├──┘

50      ┤[<=  D0   K-1 ]├───────────────────────[ MOV    K3    D0 ]

        M8002
60      ├┤├──────────────────────────────────[ MOV    K200   D10 ]

        T246
66      ├┤├───────────────────────────────────────[ RST    T246 ]

        M8000                                                 D10
69      ├┤├───────────────────────────────────────────( T246 )

        M102
73      ├┤↑├──┤[>=  D10  K110 ]├─────────────────[ SUB  D10  K10  D10 ]

        M103
87      ├┤↓├──┤[<=  D10  K990 ]├─────────────────[ ADD  D10  K10  D10 ]

101     ────────────────────────────────────────────────[ END ]
```

图 6-6　梯形图

6.1.5　拓展练习

　　1）步进电动机是如何分类的？各种类型步进电动机的优缺点是什么？

　　2）什么是步距角？如何计算？

　　3）什么是并行通信？有何特点？

6.2　PLC通过步进驱动器驱动步进电动机

6.2.1　案例描述

　　SX-815P工业自动化生产线上的包装盖章单元中包含一个步进电动机，控制箱体物料的上料动作。它在PLC定位控制领域中为经典应用。箱体在设备运行之前先摆放3只空箱体，手动M0获得上升沿信号可以模拟箱体瓶子摆满，从而进入3#输送带直到遇到输送带母端的传感器，在这个动作循环3次以后步进电机进入复位状态，复位结束重新摆放箱体。

6.2.2　步进电动机控制系统的组成和步进驱动器的应用

　　采用步进电动机或伺服电动机为执行元件的定位控制系统框图如图6-7所示。图中，控制器为发出定位控制命令的装置。其主要作用是通过编写程序下达控制指令，使步进驱动器或伺服驱动器按控制要求完成移位和定位。

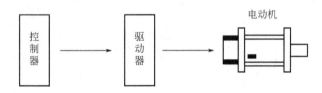

图6-7　步进电机控制系统

　　步进驱动器接收外部的信号是方向信号（DIR）和脉冲信号（CP）。另外步进电动机在停止时，通常有一相得电，电动机的转子被锁住，所以当需要转子松开时，可以使用脱机信号（FREE）。

　　（1）步进驱动器结构框图

　　如图6-8所示，环形分配器的主要功能是把来源于控制环节的时钟脉冲串按一定的规律分配给步进电动机驱动器的各相输入端。环形分配器的输出既是周期性的，又是可逆的。

　　（2）步进电动机、步进驱动器和PLC之间的连接图

　　① 如图6-9所示，当控制器的控制控制信号电压为5V时，连接线路中的R_1、R_2电阻均为0Ω；当控制器的控制信号电压为24V时，为保证控制信号的电流符合驱动器的要求，在连接线路中R_1电阻为2kΩ，R_2电阻为8kΩ。

　　② 驱动器上的FREE接口为脱机控制信号输入端口，当控制信号回路接通时，驱动器会立即切断输出的相电流，步进电动机此时处于自由的状态。

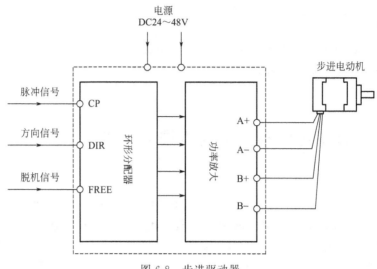

图 6-8　步进驱动器

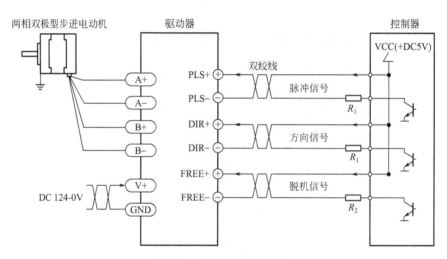

图 6-9　步进驱动器接线图

（3）步进驱动器的参数设置

步进驱动器上都有一个 DIP 功能设定开关如图 6-10 所示，可以用来设定驱动器的工作方式和工作参数，在设定前应切断电源。

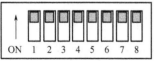

图 6-10　DIP 开关正视图

① 细分设定　为了提高步进电动机控制的精度，现在的步进驱动器都有细分的功能，所谓细分，就是通过驱动器把步距角减小。

例如把步进驱动器设置成 5 细分，假设原来步距角为 1.8°那么设成 5 细分后，步距角就是 0.36°。也就是说原来一步可以走完的，设置成细分后需要走 5 步。

② 常见步进电机驱动器的细分数　常规有三种细分方法：

2 的 N 次方，如 2、4、8、16、32、64、128、256 细分；

5 的整数倍，如 5、10、20、25、40、50、100、200 细分；

3 的整数倍,如 3、6、9、12、24、48 细分。

某品牌步进驱动器细分设定表见表 6-2。

表 6-2　某品牌步进驱动器细分设定表

DIP2	DIP3	DIP4	DIP1 为 ON	DIP1 为 OFF
			细分	细分
ON	ON	ON	无效	2
OFF	ON	ON	4	4
ON	OFF	ON	8	5
OFF	OFF	ON	16	10
ON	ON	OFF	32	25
OFF	ON	OFF	64	50
ON	OFF	OFF	128	100
OFF	OFF	OFF	256	200

③ 步进驱动器输出相电流设定　步进驱动器可以根据电动机或者负载来进行不同的输出电流设定,在设定过程中,应防止电流过低导致电动机无法工作在额定电流,也应防止设定电流过高,导致电动机发热。

某品牌步进驱动器输出相电流设定表见表 6-3,步进驱动器实物图如图 6-11 所示。

表 6-3　某品牌步进驱动器输出相电流设定表

DIP6	DIP7	DIP8	输出电流
OFF	OFF	OFF	0.20A
OFF	OFF	ON	0.35A
OFF	ON	OFF	0.50A
OFF	ON	ON	0.65A
ON	OFF	OFF	0.80A
ON	OFF	ON	0.90A
ON	ON	OFF	1.00A
ON	ON	ON	1.20A

6.2.3　脉冲与距离的计算

如图 6-12 所示,步进电动机控制丝杆工作台移动。现要求工作台向左移动 50mm,编写程序时,PLC 应该输出多少脉冲?

步骤一:确定步进电动机旋转一周所需的脉冲数。

$$脉冲数 = \frac{360°}{步距角} × 细分倍数$$

① 步距角　这个在电动机上会标明的。比如说,1.8°,则一个圆周 360÷1.8＝200,也就是说电动机旋转一周需要 200 个脉冲。

② 细分倍数　根据驱动器上的拨码确定。比如说 4 细分,则承上所述,200×5＝1000,

图 6-11　步进驱动器实物图

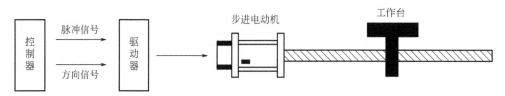

图 6-12　步进电动机驱动工作台

等于说 1000 个脉冲电动机才旋转一周。

步骤二：确定电动机轴一周的长度或者说导程。

如果是丝杠，导程＝螺距×螺纹头数，如果是齿轮齿条传动，分度圆直径（m×z）即为导程。电动机转一圈丝杠前进一个导程，用导程除以一圈的脉冲数就是脉冲运动距离。即每个脉冲移动距离为 0.01mm。

因此工作台需要左移 50mm，所需脉冲数＝50÷0.01＝5000 脉冲。

6.2.4　高速脉冲输出指令

（1）脉冲输出指令 PLSY

脉冲输出指令见表 6-4，PLSY 指令说明如图 6-13 所示。

表 6-4　脉冲输出指令

指令名称	指令代码位数	助记符	操　作　数		程序步
			[S1・]/[S2・]	[D・]	
脉冲输出指令	FNC57(16/32)	PLSY(D) PLSY	K、H KnX、KnY、KnM、KnS T、C、D、V、Z	只能指定 晶体管型 Y000 及 Y001	PLSY;7 步 (D)PLSY;13 步

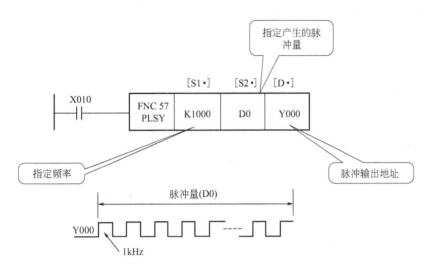

图 6-13　PLSY 指令说明

① [S1·]、[S2·] 可取所有的数据类型，当 [S1·] 或 [S2·] 为零时，则产生无数多个脉冲。

② [D·] 为 Y1 和 Y0。

③ 占空比为 50％、以中断方式输出。

④ 指定脉冲输出完后，完成标志 M8029 置 1。X10 由 ON 变为 OFF 时，M8029 复位，停止输出脉冲。若 X10 再次变为 ON 则脉冲从头开始输出。

⑤ 关于 PLSY 和 PLSR 指令的使用限制较为复杂，对于低于 V2.11 以下版本的 FX2N 系列，PLSY 和 PLSR 指令在编程中只限于其中一个编程一次。而高于 V2.11 以上版本的 FX1S，FX1N，FX2N 系列，在编程过程中，可同时使用两个 PLSY 或两个 PLSR 指令，在 Y0 和 Y1 得到两个独立的脉冲输出，也可同时使用一个 PLSY 或一个 PLSR 指令分别在 Y0，Y1 得到两个独立的输出脉冲。

⑥ PLSY 和 PLSR 指令可以在程序中反复使用，但必须注意，使用同一脉冲输出口的 PLSY 指令，不允许同时驱动两个或两个以上的 PLSY 指令，同时驱动会产生双线圈现象。

相关特殊辅助继电器见表 6-5。

表 6-5　相关特殊辅助继电器

编　　号	内容定义
M8145	Y0 脉冲输出停止(立即停止)
M8146	Y1 脉冲输出停止(立即停止)
M8147	Y0 脉冲输出中监控(BUSY/READY)
M8148	Y1 脉冲输出中监控(BUSY/READY)
M8029	指令执行完成标志位,执行完毕 ON

（2）带加减速的脉冲输出指令 PLSR

带加减速的脉冲输出指令见表 6-6，PLSR 指令说明如图 6-14 所示。

表 6-6   带加减速的脉冲输出指令

指令名称	指令代码位数	助记符	操 作 数		程序步
			[S1·]/[S2·]/[S3·]	[D·]	
可调速脉冲输出指令	FNC59(16/32)	PLSR(D) PLSR	K、H KnX、KnY、KnM、KnS T、C、D、V、Z	只能指定晶体管型Y000 及 Y001	PLSR:9 步 (D)PLSR:17 步

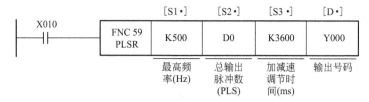

可调速脉冲输出指令使用说明

(a)

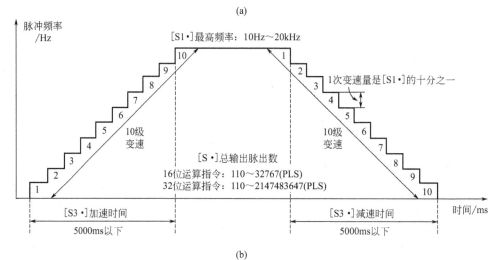

(b)

图 6-14   PLSR 指令说明

脉冲输出指令（PLSY）是不带加减速控制的脉冲输出。当驱动条件成立时，在很短的时间里脉冲频率上升到指定频率。如果指定频率大于系统的极限启动频率，则会发生失步和过冲现象。为此，出现了带加减速的脉冲输出指令（PLSR）。PLSR 指令不存在输出无数个脉冲数的设定，这一点在应用时必须要注意。

6.2.5 案例实施

（1）分析任务功能

SX-815P 工业自动化生产线上的包装盖章单元中包含一个步进电动机，控制箱体物料的上料动作。电动机用 PLC 输出端的 Y1 做高速输出控制，它在 PLC 在定位控制领域中为经典应用。控制要求：

箱体在设备运行之前先摆放 3 只空箱体，手动 M0 获得上升沿信号可以模拟箱体瓶子摆满，从而进入 3# 输送带直到遇到输送带母端的传感器，在这个动作循环 3 次以后步进电动机进入复位状态，复位结束重新摆放箱体。

（2）根据控制要求，分配 I/O 点

I/O 分配表见表 6-7。

表 6-7 I/O 分配表

输入	功能	输出	功能	中间变量	功能
X04	加液检测	Y01	步进脉冲输出	M0	模拟装满
X05	到位检测	Y04	步进方向输出	M30	气缸退回标志
X07	推箱后限 1	Y15	推箱汽缸	M55	箱体上复位
X10	推箱后限 2	Y24	3# 输送带	M57	箱体下复位
X13	盖章检测	Y14	盖章气缸	C6	上箱体数
X14	箱体步进原点				

（3）画出 PLC 的 I/O 接线图等

通信控制线接法如图 6-15 所示。

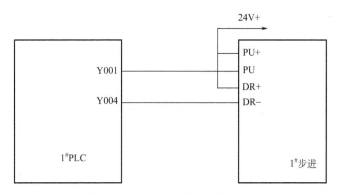

图 6-15 步进驱动器控制接线图

（4）步进电动机驱动器参数设置

① 电流参数：1.0A。

② 细分设置：拨码 000，细分数 10，电动机步距角 0.18°。

（5）编写控制程序

根据控制要求，编写 PLC 梯形图如图 6-16 所示。

（6）系统调试

① 然后强制 M0，给 M0 一个上升沿，步进电动机转动，箱体托盘上升，带动箱体上升一个位置，手动强制计数器 C6 为 1。

② 然后强制 M0，给 M0 一个上升沿，步进电动机转动，箱体托盘上升，带动箱体上升一个位置，手动强制计数器 C6 为 2。

③ 依次按照以上动作当 C6 计数器置为 4 时，箱体托盘复位，下降到原点位置。

④ 程序调试时注意，箱体托盘上升过程中，如果发现步进电动机转动时的声音异常，应当及时停止 PLC 的工作，检查步进电动机与同步办连接处螺钉是否拧紧，同时要检查要检测箱体是否与侧边护板有卡死现象。

```
        M8002
  0 ────┤├──────────────────────────────────[ SET   M55 ]    上电启动

        M55
  2 ────┤├────────────────────[ DPLSY  K2000  K8000  Y001 ]   箱体复位上行

        M8029
 16 ────┤├──────────────────────────────────[ SET   M57 ]    上行结束

        M57   Y014
 18 ────┤├────┤├─────────────[ DPLSY  K2000  K0    Y001 ]    箱体复位下行

                             ────────────────[ RST   M55 ]    上行复位

                             ────────────────────(Y004 )      方向信号

        Y014
 35 ────┤↓├──────────────────────────────────[ RST   M57 ]   原点寻找结束

                             ────────────────[ RST   C6 ]

        M0
 40 ────┤↑↓├─────────────────────────────────[ SET   Y015 ]   模拟箱体装满

        Y015                                         K20
 43 ────┤├─────────────────────────────────────(T4 )         启动定时器
                                                             延时2s

        T4
 47 ────┤↓├──────────────────────────────────[ RST   Y015 ]

                             ────────────────[ RST   T4 ]

                             ────────────────[ SET   Y024 ]   启动3#输送带

        Y007  X010
 53 ────┤↑├──┤├───────────────────────────────(M30 )         箱体上料
        X010  X007                                           双气缸退回
     ───┤↓├──┤├───
```

```
        M30                                          K4
 61 ────┤↑├─────────────────────────────────────(C6 )        上箱数量记录

 66 ──[ = K1  C6 ]───────────────────────────────(M31 )       根据数量情况
                                                             选择定位脉冲

 72 ──[ = K2  C6 ]───────────────────────────────(M33 )

        M33                                          K5
 78 ────┤├─────────────────────────────────────(T6 )         延时0.5s

        M31
 82 ────┤├──────────────────[ DPLSY  K3000  K15500  Y001 ]   启动定位脉冲
        T6
     ───┤├───

 97 ──[ = K3  C6 ]───────────────────────────────(M32 )

        M32   X014
103 ────┤├────┤├─────────────[ DPLSY  K3000  K0    Y001 ]    推出第三个料
                                                             台复位

        M32   X014
118 ────┤├────┤├──────────────────────────────────(Y004 )    启动复位脉冲跟
        M57                                                  随的方向信号
     ───┤├───

        X013
122 ────┤↓├──────────────────────────────────[ SET   Y014 ]   盖章气缸推出
                                                             启动M34
                             ────────────────[ SET   M34 ]    启动气缸延时

        M34                                          K5
126 ────┤├─────────────────────────────────────(T7 )
```

图 6-16　梯形图

⑤ 在上电情况下，不能手动强行推动箱体上下运动，以免损坏电动机。

6.2.6　拓展练习

1）反应式步进电动机的步距角和哪些因素有关？

2）有一台四相反应式步进电动机，其步距角为 $1.8°/0.9°$，试求：

①转子齿数是多少？②写出四相八拍的一个通电顺序。③A 相绕组的电流频率为 400Hz 时，电动机的转速为多少？

6.3　PLC 通过伺服驱动器驱动伺服电动机

6.3.1　案例描述

三菱 FX 系列 PLC 通过伺服驱动器实习立体仓库实现入库功能：立体仓库单元的堆垛机系统，是由步进电动机驱动的 X 轴水平运动机构和伺服电动机驱动的 Z 轴垂直运动机构组成。两个轴都由 PLC 向驱动器发送高速脉冲来控制机构运行位置。

6.3.2　伺服电动机控制系统的组成

（1）伺服电动机

伺服电动机（servo motor）是指在伺服系统中控制机械元件运转的发动机，是一种补助电动机间接变速装置。伺服电动机可使控制速度，位置精度非常准确，可以将电压信号转化为转矩和转速以驱动控制对象。伺服电动机转子的转速受输入信号控制，并能快速反应，在自动控制系统中，用作执行元件，且具有机电时间常数小、线性度高、始动电压等特性，可把所收到的电信号转换成电动机轴上的角位移或角速度输出。伺服电动机分为直流和交流伺服电动机两大类，其主要特点是，当信号电压为零时无自转现象，转速随着转矩的增加而匀速下降。

（2）步进电动机和交流伺服电动机的性能比较

步进电动机是一种离散运动的装置。在目前国内的数字控制系统中，步进电动机的应用范围十分广泛。随着全数字式交流伺服系统的出现，交流伺服电动机也越来越多地应用于数字控制系统中。为了适应数字控制的发展趋势，运动控制系统中大多采用步进电动机或全数字式交流伺服电动机作为执行电动机。虽然两者在控制方式上相似（脉冲串和方向信号），但在使用性能和应用场合上存在着较大的差异。

① 控制精度不同　两相混合式步进电动机的步距角一般为 3.6°、1.8°，五相混合式步进电动机的步距角一般为 0.72°、0.36°。

交流伺服电动机的控制精度由电动机轴后端的旋转编码器保证。以松下全数字式交流伺服电动机为例，对于带标准 2500 线编码器的电动机而言，由于驱动器内部采用了 4 倍频技术，其脉冲当量为 360°/10000＝0.036°。

② 低频特性不同　步进电动机在低速运转时易出现低频振动现象。振动频率与负载情况和驱动器性能有关，一般认为振动频率为电动机空载起跳频率的一半。

③ 矩频特性不同，步进电动机的输出力矩随转速升高而下降，且在较高转速时会急剧下降，所以其最高工作转速一般在 300～600r/min。交流伺服电动机为恒力矩输出，即在其额定转速（一般为 2000r/min 或 3000r/min）以内，都能输出额定转矩，在额定转速以上为恒功率输出。

④ 过载能力不同　步进电动机一般不具有过载能力。交流伺服电动机具有较强的过载能力。

⑤ 运行性能不同　步进电动机的控制为开环控制，启动频率过高或负载过大易出现丢步或堵转的现象。交流伺服驱动系统为闭环控制，驱动器可直接对电动机编码器反馈信号进行采样，内部构成位置环和速度环，一般不会出现步进电动机的丢步或过冲的现象，控制性能更为可靠。

⑥ 速度响应性能不同　步进电动机从静止加速到工作转速（一般为每分钟几百转）需要 200～400ms。交流伺服系统的加速性能较好，从静止加速到其额定转速 3000r/min 仅需几毫秒，可用于要求快速启停的控制场合。

综上所述，交流伺服系统在许多性能方面都优于步进电动机。但在一些要求不高的场合也经常用步进电动机来做执行电动机。所以，在控制系统的设计过程中要综合考虑控制要求、成本等多方面的因素，选用适当的控制电动机。

（3）半闭环回路控制

如图 6-17 所示是一个伺服控制系统框图，在系统中，控制器只负责发送高速脉冲命令给伺服驱动器，而驱动器、伺服电动机和编码器组成了一个闭环回路。当控制器发出位置脉冲指令后，电动机开始运转，同时，编码器也将电动机的运转状态（实际位移量）反馈至驱动器的偏差计数器中。当编码器所反馈的脉冲个数与位置脉冲指令的脉冲个数相等时，偏差为 0，电动机马上停止，表示定位控制之位移量已经到达。

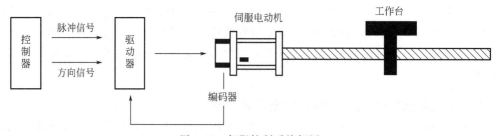

图 6-17　伺服控制系统框图

这种控制方式简单且具有一个的精度，适合大部分的应用。和步进电动机一样，伺服电动机中的回转角与输入脉冲数成正比例关系，控制位置脉冲的个数，可以对电动机精确定位；电动机的转速与脉冲信号的频率成正比，控制位置脉冲信号的频率，可以对电动机精确调速。

6.3.3 伺服驱动器的应用

（1）伺服驱动器工作原理

伺服驱动器（servo drives）又称为"伺服控制器""伺服放大器"，是用来控制伺服电动机的一种控制器，其作用类似于变频器作用于普通交流电动机，属于伺服系统的一部分，主要应用于高精度的定位系统。一般是通过位置、速度和力矩三种方式对伺服电动机进行控制，实现高精度的传动系统定位，目前是传动技术的高端产品。

目前主流的伺服驱动器均采用数字信号处理器（DSP）作为控制核心，可以实现比较复杂的控制算法，实现数字化、网络化和智能化。功率器件普遍采用以智能功率模块（IPM）为核心设计的驱动电路，IPM内部集成了驱动电路，同时具有过电压、过电流、过热、欠电压等故障检测保护电路，在主回路中还加入软启动电路，以减小启动过程对驱动器的冲击。功率驱动单元首先通过三相全桥整流电路对输入的三相电或者市电进行整流，得到相应的直流电。经过整流好的三相电或市电，再通过三相正弦PWM电压型逆变器变频来驱动三相永磁式同步交流伺服电动机。功率驱动单元的整个过程可以简单地说就是AC—DC—AC的过程。整流单元（AC-DC）主要的拓扑电路是三相全桥不控整流电路。

（2）伺服电动机选型

汇川公司的ISM系列的伺服电动机分为ISMH和ISMV两大系列，两者的主要区别是ISMH具有短时超速能力，而ISMV不具备。型号含义如图6-18所示。

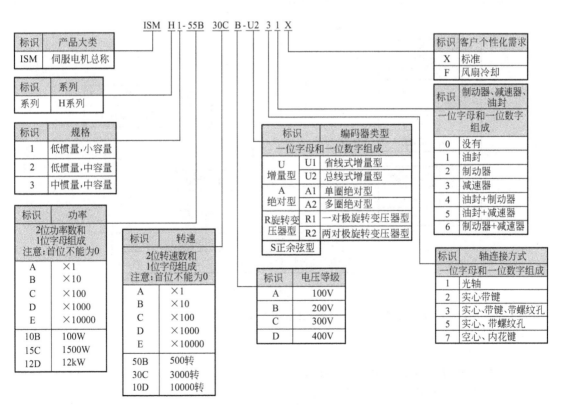

图6-18　伺服电动机选型

SX-815P工业自动化生产线上使用的伺服电动机的型号含义如下：

ISM H1-20B 30C B-U1 3 1 X
　　①　②　③　④　⑤　⑥⑦⑧

① 特性：低惯量、小容量；

② 功率为200W；

③ 转速为3000转；

④ 电压等级为200V；

⑤ 编码器类型为2500线省线式增量编码器；

⑥ 减速器、封油、制动器中为减速器；

⑦ 连轴方式为光轴；

⑧ 客户个性化需求为标准型。

（3）伺服驱动器选型

IS500驱动器也包括表6-8所示的三大系列。

表6-8　IS500系列伺服驱动器

项目	IS500A	IS500P	IS500H
支持编码器类型	省线式增量编码器	省线式增量型编码器	串行式增量型编码器
模拟量输入端子	2个12位AI+1个16为AI	3个12位AI	3个12位AI
通信功能	232、485通信	232、485通信	232通信
扩展模块	不支持	不支持	不支持

IS500系列驱动器型号说明如图6-19所示。

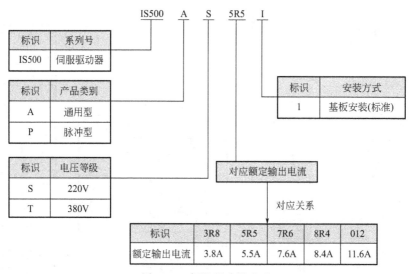

图6-19　伺服驱动器选型

SX-815P工业自动化生产线上采用的型号含义如下：

IS500 A S 1R6 I
　　　①②　③　④

① 产品类型为A表示通用型，P表示脉冲型，H表示H型；

② 电压等级为S表示200V，T表示380V；

③ 额定输出电流为3R8表示3.8A，5R5表示5.5A，7R6表示7.6A，8R4表示8.4A，

012 表示 11.6A；

④ 安装方式为 I—基板标准安装方式。

（4）IS500 系列驱动器系统框架

图 6-20 为单相 220V 电源配线图。

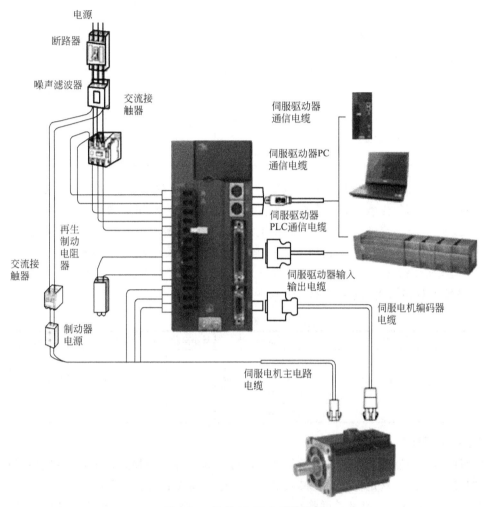

图 6-20　单相 220V 电源配线图

注意：汇川 IS500 系列驱动器也可应用在三相 220V 和三相 380V 电源下，具体配线请查阅手册。

（5）IS500 系列驱动器常用参数设置

① 伺服 ON 设定　信号设定见表 6-9。

表 6-9　信号设定

编码	名称	功能名	描　述	状态	备注
FunIN.1	/S-ON	伺服使能信号	有效时,进入伺服运行使能状态; 无效时,进入伺服运行停止状态。	分配	设定该信号对应的 DI 分配功能码

注：FunIN.X 表示 DI 输入信号的功能码为 X。

② 伺服 ON 始终有效设定　如果/S-ON 信号不分配成通过外部 DI 输入，那么可以通过

设定功能码 H03-00 对应的数据位，将/S-ON 信号分配成内部始终有效或无效状态。伺服 ON 始终有效设定见表 6-10。

表 6-10　伺服 ON 始终有效设定

功能码		名　称	设定范围	最小单位	出厂设定	生效时间	类别	相关模式
H03	00	FunINL 信号未分配的状态（指定 DI 功能始终有效的设置）	0～65535 Bit0—对应 FunIN.1 Bit1—对应 FunIN.2 ... Bit15—对应 FunIN.16	1	0	再次接通电源后	运行设定	—
H03	01	FunINH 信号未分配的状态（指定 DI 功能始终有效的设置）	0～65535 Bit0—对应 FunIN.17 Bit1—对应 FunIN.18 ... Bit15—对应 FunIN.32	1	0	再次接通电源后	运行设定	—

注意：若将伺服/S-ON 信号设定为始终有效，当伺服驱动器主电路电压上电时，伺服驱动器便可进入运行使能状态。在输入了位置指令/速度指令/扭矩指令的状态下，伺服电动机或机械系统会立即启动运行，有可能发生意外，因此请务必注意并采取安全措施。

如将/S-ON 信号设定为始终有效，一旦伺服驱动器发生故障，将不能进行故障复位。请通过设定功能码 H03-00 将/S-ON 信号设为无效，重新上电后进行处理。

③ 系统参数初始化　系统参数初始化见表 6-11。

表 6-11　系统参数初始化

功能码		名　称	设定范围	最小单位	出厂设定	生效时间	类别	相关模式
H02	31	系统参数初始化	0—无操作 1—恢复出厂设定值（除 H0/1 组参数） 2—清除故障记录	1	0	再次接通电源后	停机设定	—

（6）运行模式及选择

按照伺服驱动器的命令方式与运行特点，可分为三种运行模式，即速度控制运行模式、定位控制运行模式、转矩控制运行模式等。三种运行模式的区别如下：

① 定位控制模式一般是通过脉冲的个数来确定移动的位移，外部输入的脉冲的频率来确定转动速度的大小，也可以通过通信方式直接进行给定。由于位置模式可以对速度和位置都有很严格的控制，所以一般应用于定位装置。伺服基本百分之九十的应用都用定位控制模式（定位要求快、准、狠）如机械手、贴片机、雕铣雕刻、数控机床等，可以说是数不胜数。

② 通过模拟量的输入或者数字量给定、通信给定都可以进行转动速度的控制，一些恒速送料的控制使用速度控制（也有一些把定位控制做在上位机中，伺服就只做速度控制比如模拟量雕铣机）。

③ 转矩控制方式是通过即时的改变模拟量的设定或者以通讯方式改变对应的地址的数值来改变设定的力矩大小。应用主要在对材质的受力有严格要求的缠绕和放卷的装置中，例如绕线装置或拉光纤设备等一些张力控制场合，转矩的设定要根据缠绕的半径的变化随时更改以确保材质的受力不会随着缠绕半径的变化而改变。

伺服驱动器的运行模式及选择见表 6-12。

表 6-12　运行模式及选择

功能码		名　称	设定范围	最小单位	出厂设定	生效时间	类别	相关模式
H02	00	模式选择	0—速度模式(默认) 1—位置模式 2—扭矩模式 3—速度模式↔扭矩模式 4—位置模式↔速度模式 5—位置模式↔扭矩模式 6—位置↔速度↔扭矩 混合模式	1	0	再次接通 电源后	运行设定	—

当功能码 H02-00 为 0，1，2 时，表示当前伺服的控制模式为单一控制模式，分别为速度模式，位置模式和扭矩模式，可以满足用户在特定条件下的需要。但是当用户需要在各种模式之间切换时，需要设定功能码 H02-00 为 3，4，5，6，即速度模式↔扭矩模式，位置模式↔速度模式，位置模式↔扭矩模式速度；切换的条件是通过 DI 端子来进行模式切换。

（7）电动机旋转方向的切换

此基本功能是为了与上位机匹配而设定的功能，主要通过功能码 H02-02 和 H02-03 设定方向。

① 电动机旋转方向设定见表 6-13。

表 6-13　电动机旋转方向设定

功能码		名　称	设定范围	最小单位	出厂设定	生效时间	类别	相关模式
H02	02	伺服电机旋转 方向旋转	0-以 CCW 方向为正转方向 (A 超前 B) 1-以 CW 方向为正转方向 (反转模式，A 滞后 B)	1	0	再次接通 电源后	停机设定	PST

② 汇川伺服电动机的旋转方向和指令的对应关系见表 6-14。

表 6-14　汇川伺服电动机的旋转方向和指令的对应关系

功能码 H02-02	指令方向 （双极性）	电机旋转方向	编码器反馈输出方向
H02-02＝0	输入为正指令	面向轴端，轴以逆时针旋转(CCW)	PAO PBO A 相超前 B 相 90°
	输入为负指令	面向轴端，轴以顺时针旋转(CW)	PAO PBO B 相超前 A 相 90°
H02-02＝1	输入为正指令	面向轴端，轴以顺时针旋转(CW)	PAO PBO B 相超前 A 相 90°
	输入为负指令	面向轴端，轴以逆时针旋转(CCW)	PAO PBO A 相超前 B 相 90°

（8）电子齿轮功能的设定

电子齿轮比，由功能码 H05-07～H05-13 设定，共有两组电子齿轮比，由 FunIN. 24（电子齿轮选择）设定，该 DI 功能无效时默认第一组电子齿轮比，该 DI 功能有效时启用第二电子齿轮比（表 6-15）。

表 6-15　电子齿轮功能的设定

功能码		名　　称	设定范围	最小单位	出厂设定	生效时间	类别	相关模式
H05	07	电子齿轮比 1(分子)	1～1073741824	1	4	立即生效	停机设定	P
H05	09	电子齿轮比 1(分母)	1～1073741824	1	4	立即生效	停机设定	P
H05	11	电子齿轮比 1(分子)	1～1073741824	1	4	立即生效	停机设定	P
H05	13	电子齿轮比 1(分母)	1～1073741824	1	1	立即生效	停机设定	P

注：1. 当且仅当无位置指令输入的时长超过 10ms 后，两组电子齿轮比才能切换。

2. 0.001≤齿数比≤4000。

6.3.4　案例实施

（1）分析任务功能

立体仓库单元的堆垛机系统，是由 Z 轴一套伺服电动机带动一轴滚珠丝杠实现堆垛机的定位控制，X 轴一套步进电动机带动一轴滚珠丝杠实现堆垛机的定位控制；分别为 X 轴（水平运动）和 Z 轴（垂直运动），通过两轴电动机运动脉冲，构成各操作点坐标数。因此，同时控制两轴运动，就可对堆垛机进行高精度定位操作。

（2）根据控制要求，分配 I/O 点

根据系统的控制要求、设计思路，PLC 的 I/O 分配见表 6-16。

表 6-16　I/O 分配表

输入	功能	输出	功能	中间变量	功能
X15	入仓检测	Y00	伺服脉冲输出	M35	复位标志
X16	伺服上限	Y02	步进脉冲输出	M37	拾取开始
X17	伺服下限	Y04	伺服方向输出	M44	启动拾取脉冲
X20	气缸后限	Y05	步进方向输出	M46	入仓定位
X21	气缸前限	Y20	取料气缸	M47	回原点
X22	步进左限	Y07	取料吸盘	M56	等待拾取
X23	步进右限			D102	伺服脉冲量
X36	伺服原点			D100	步进脉冲量
X37	步进原点			C7	气缸伸出数

（3）确定材料准备清单

确定本项任务所需安装材料清单见表 6-17。

表 6-17　材料明细表

序号	器件名称	型号	数量	序号	器件名称	型号	数量
1	PLC 组合标配		1	5	组合按钮		1
2	伺服电动机		1	6	通信电缆	5 芯	1
3	连接导线		若干	7			
4	伺服驱动器		1				

（4）连接

PLC与伺服驱动器和步进驱动器连接图如图6-21所示。

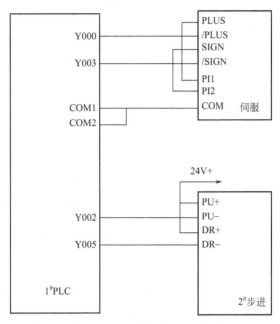

图6-21　PLC与驱动器连接图

（5）设置PLC与变频器参数，完成触摸屏界面

① 伺服驱动器参数设定见表6-18。

表6-18　伺服驱动器参数设定

器件	参数号	出厂值	设定值	功能介绍
Z轴	H0507	4	10	电子齿轮分子
	H0509	1	1	电子齿轮分母
	H0300	0000	0001	FunIN. 1
	H0310	0001	0001	输入信号自动 ON 选择
	H0d11	100	V	手动伺服电机速度 V 可以设定
	H0a			伺服保护参数

② 仓库步进电动机驱动器的参数设置主要包括：

a. 电流参数为1.3A。

b. 拨码设置，拨码为10111101，电动机的步距角为0.9。

（6）编写控制程序

PLC控制步进电动机和伺服电动机组成的立体仓库程序如图6-22所示。

6.3.5　拓展练习

1）伺服驱动系统和步进驱动系统的区别是什么？

2）什么是失步？伺服系统为什么不会产生失步？

```
0    M8002
     ─┤├────────────────────────────────[ SET   M35 ]    上电启动两轴复位

2    M56   X015   M46
     ─┤↑├──┤├───┤/├──────────────────────────( M37 )    开始拾取
     Y015
     ─┤├─┘

9    M37   M47   M35   M46   M44
     ─┤├──┤/├──┤/├──┤/├──┤/├──────────[ DMOV  K18000  D102 ]  拾取脉冲量给D102
                                       [ SET   M44 ]    启动脉冲辅助
                                                K7
                                               ( C8 )    记录拾取次数

28   M44   X017   X016   X020
     ─┤├──┤├───┤├───┤/├──────────[ DPLSY  K8000  D102  Y000 ]  启动拾取脉冲

45   M8029
     ─┤├────────────────────────────────[ SET   M42 ]    脉冲结束
                                         [ RST   M44 ]

48   M42
     ─┤├────────────────────────────────[ SET   Y020 ]    入仓气缸取料伸出

51   X021  M42
     ─┤├──┤├──────────────────────────[ SET   Y007 ]    取料吸盘吸取箱体
                                        [ SET   M49 ]    启动吸盘延时

56   M49                                         K10
     ─┤├──────────────────────────────────( T10 )

60   M49                                         K3
     ─┤├──────────────────────────────────( CT )    入仓气缸伸出次数

65   T10
     ─┤↑├──────────────────────────────[ RST   Y020 ]    取料吸盘吸取结束
                                         [ RST   T10 ]    定时器复位
                                         [ RST   M49 ]

71   M47   M43   X017   X016
     ─┤├──┤/├──┤├───┤/├──────────[ DPLSY  K8000  D102  Y000 ]  走仓位伺服脉冲启动
     M35
     ─┤├─┘
     M46
     ─┤├─┘

90   M44
     ─┤├──────────────────────────────────( Y003 )
     M46
     ─┤├─┘

93   M35   M45   X022   X023
     ─┤├──┤/├──┤/├──┤/├──────────[ DPLSY  K13000  D100  Y002 ]  走仓位步进脉冲启动
     M47
     ─┤├─┘
     M46
     ─┤├─┘                                             走仓位结束标志

112  M46
     ─┤├──────────────────────────────────( Y005 )    入仓气缸放料伸出

114  M8029
     ─┤├────────────────────────────────[ SET   M51 ]    走仓位步进结束
```

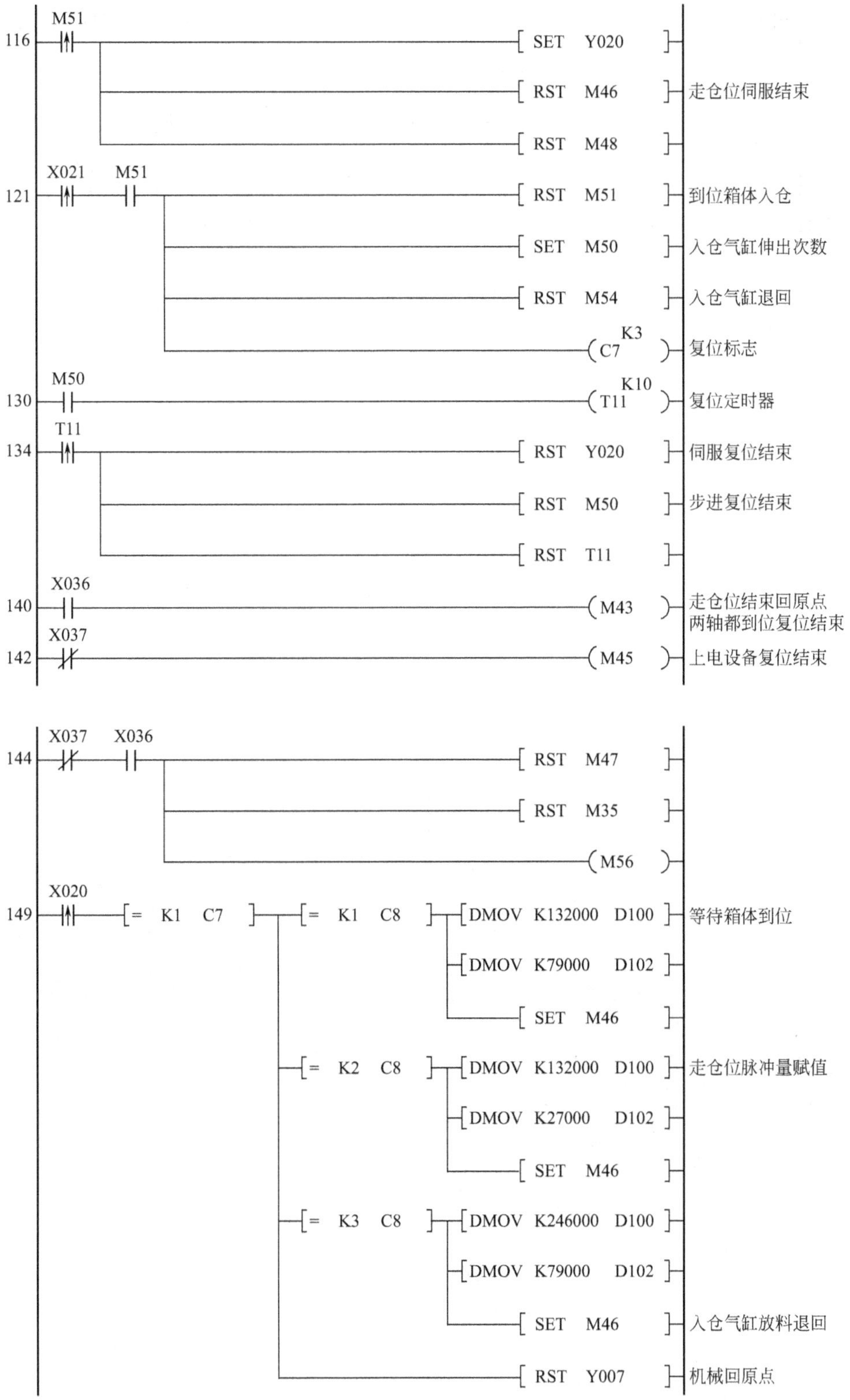

116	M51 ⊣↑⊢ — [SET Y020]	
	— [RST M46]	走仓位伺服结束
	— [RST M48]	
121	X021 M51 ⊣↑⊢—⊣ ⊢ — [RST M51]	到位箱体入仓
	— [SET M50]	入仓气缸伸出次数
	— [RST M54]	入仓气缸退回
	— (C7) K3	复位标志
130	M50 ⊣ ⊢ — (T11) K10	复位定时器
134	T11 ⊣↑⊢ — [RST Y020]	伺服复位结束
	— [RST M50]	步进复位结束
	— [RST T11]	
140	X036 ⊣ ⊢ — (M43)	走仓位结束回原点 两轴都到位复位结束
142	X037 ⊣/⊢ — (M45)	上电设备复位结束
144	X037 X036 ⊣/⊢—⊣ ⊢ — [RST M47]	
	— [RST M35]	
	— (M56)	
149	X020 ⊣↑⊢—[= K1 C7]—[= K1 C8]—[DMOV K132000 D100]	等待箱体到位
	[DMOV K79000 D102]	
	[SET M46]	
	[= K2 C8]—[DMOV K132000 D100]	走仓位脉冲量赋值
	[DMOV K27000 D102]	
	[SET M46]	
	[= K3 C8]—[DMOV K246000 D100]	
	[DMOV K79000 D102]	
	[SET M46]	入仓气缸放料退回
	[RST Y007]	机械回原点

图 6-22

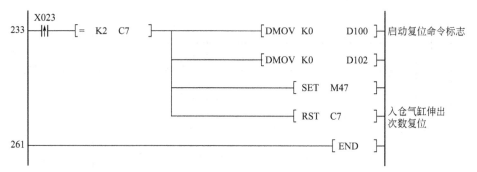

图 6-22　立体仓库程序

 # PLC控制系统的设计

PLC控制系统与继电器—接触器控制系统也有本质区别，硬件和软件可分开进行设计是可编程控制器的一大特点。在初步掌握了PLC的基本工作原理和它的编程技术，对控制对象具有足够的了解后，就可以用PLC构成一个实际的控制系统，这种系统的设计就是PLC的应用设计。它主要包括系统设计、软件程序设计、施工设计和安装调试等内容。

7.1 基本原则和步骤

为了实现生产工艺的控制要求，以提高生产效率和产品质量，在设计PLC控制系统时，应遵循以下基本原则：

① 最大限度地满足被控对象的控制要求。

② 在满足控制要求的前提下，力求使控制系统简单、经济，使用、维修方便。

③ 保证控制系统的安全、可靠。

④ 考虑到生产的发展和工艺的改进，应适当留有扩充裕量。

如图7-1所示是PLC控制系统设计流程图，具体设计步骤为：

① 根据生产的工艺过程分析控制要求。如需要完成的动作（动作顺序、动作条件、必须的保护和联锁等），操作方式（手动、自动、连续、单周期、单步等）。

② 根据控制要求确定所需要的用户输入/输出设备。据此确定PLC的I/O点数。

③ 选择PLC。

④ 分配PLC的I/O点，设计I/O连接图。

⑤ 进行PLC程序设计，同时可进行控制台（柜）的设计和现场施工。

7.2 硬件配置

（1）确定系统控制任务

首先，依据该系统需完成的控制任务，对被控对象的工艺过程、工作特点、控制系统的控制过程、控制规律、功能和特性进行详细分析，明确输入量，明确划分控制阶各阶段的特点，转换条件，画出完整的工作流程图。然后，根据PLC的技术特点，与其他工业控制设

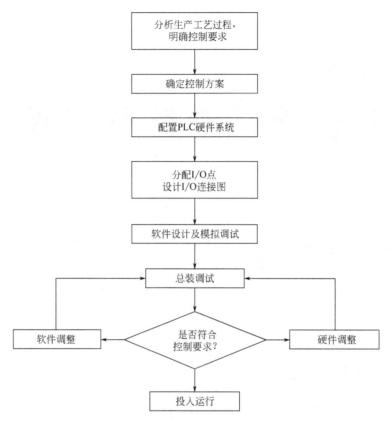

图 7-1　PLC 控制系统设计流程图

备，主要是继电器控制系统和计算机控制系统进行比较加以选择。如果被控系统具有以下特点，则宜选用 PLC，特别是小型 PLC。

① 输入输出以开关量为主，有少量模拟量。

② 系统工艺流程复杂，用继电器控制系统难以实现。

③ 工艺流程经常变动或控制系统有扩充可能。

④ 对控制系统的安全性和可靠性要求高。

⑤ 工业现场环境较差。

由于 PLC 的性能价格比不断提高，当点数超过 20 点或更少时就可以考虑选用 PLC 了，另外要说明的是，由于 PLC 技术的发展，大、中型 PLC 的输入输出点已完全不限于开关量，对模拟量处理功能也很强，特别是大大增强了过程控制、数据处理和联网通信功能。因此，与工业控制机相比较的选择问题，还需要考虑更多的技术经济等多种因素。

（2）PLC 机型选择

选择 PLC 时要注意：①结构合理；②功能适当；③机型统一；④PLC 的离线编程和在线编程；⑤对网络通信方面提供了一个以上的串行通信接口 RS-232C，方便与其他设备进行连接。

（3）I/O 分配

① I/O 点数的估算　根据功能说明书，可统计出 PLC 系统的开关量 I/O 点数及模拟量

I/O通道数，以及开关量和模拟量的信号类型，并考虑到I/O端口的分组情况以及隔离与接地要求，应在统计后得出I/O总点数的基础上，增加10％～15％的余量，考虑余量的I/O总点数即为I/O点数的估计值，该估算值是PLC选型的主要技术依据。应尽量避免使PLC能力接近饱和，为了以后的调整扩充，选定的PLC机型的I/O能力一般应有30％左右的余量。

②I/O模块的选择　在进行I/O模块的选择时要注意以下几点：

a. 开关量输入模块的选择。PLC的输入模块用来检测来自工业现场的电平信号，并将其转换为PLC内部的低电平信号。选择输入模块主要应考虑以下两点：

• 根据现场输入信号与PLC输入模块距离的远近来选择电压的高低。一般24V以下传输距离不宜太远。

• 高密度的输入模块，一般同时接通的点数不得超过总的输入点数的60％。

b. 开关量输出模块的选择。输出模块的任务是将PLC内部低电平的控制信号转换为外部所需电平的输出信号。

• 输出方式的选择。

• 输出电流的选择。

• 允许同时接通的输出点数。

c. 模拟量及特殊功能模块的选择。除了开关量信号以外，工业控制中还要对温度、压力、液位、流量等过程变量进行检测和控制。模拟量输入、模拟量输出以及温度控制模块就是用于将过程变量转换为PLC可以接收的数字信号以及将PLC内的数字信号转换成模拟信号输出。

确定好输入、输出器件后，应作出输入、输出器件分类表。表中应包含I/O编号、设备代号、设备名称及功能等，为了维修方便还可以注明安装场所。注意在分配I/O编号时，尽量将相同种类信号，相同电压等级的信号排在一起，或按被控对象分组。为了便于程序设计，根据工作流程需要也可将所需的定时器、计数器及辅助继电器也可按类列出表格，列出器件号、名称、设定值或用途。

7.3 软件设计

软件设计也就是程序设计。由于PLC所有的控制功能都是以程序的形式来体现，故大量的工作时间将用在程序设计上。

程序设计方法通常有逻辑设计法、经验设计法、时序图法、工艺流程的逐步探索法和翻译法等，不论采用何种设计法，一般需经过图7-2程序设计流程。

（1）逻辑设计法

逻辑设计法基础是逻辑代数，其方法有以下几种：

① 在程序设计时，对控制任务进行逻辑分析和综合，将控制电路中元件的通、断电状态视为以触点通、断状态为逻辑变量的逻辑函数。

② 对逻辑函数化简。

③ 利用PLC的逻辑指令进行设计。

使用场合：当主要对开关量进行控制时，使用逻辑设计法比较好。

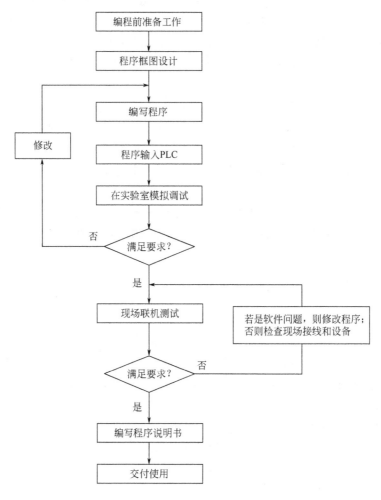

图 7-2　程序设计流程图

（2）经验设计法

经验设计法，根据被控对象对控制系统的具体要求，凭经验进行选择、组合、设计。有时为了得到一个满意的设计，需要进行反复调试和修改，或增加一些逻辑触点和中间环节。这种设计方法没有普遍的规律可循，具有一定的试探性和随意性，而设计所用的时间、设计的质量与设计者的经验多少有关。经验设计法适用于比较简单的控制系统，可以收到快速、简单的效果。由于该方法要依靠设计人员的经验进行，所以对设计人员的要求也比较高，特别是要求设计者有一定的实践经验，对工业控制系统和常用的各种典型控制环节要求比较熟悉。而对于较复杂的系统，如用经验设计法，一般周期长，不易掌握好，系统容易出现故障，维护困难。所以，经验设计法一般只适合于较简单的或与某些典型系统相类似的控制系统的设计。

（3）时序图法

时序图法是先画出控制系统的时序图，再根据时序图的关系画出对应的程序框图，最后根据程序框图写出 PLC 程序。对于输出信号状态变化有一定时间顺序的系统可以使用时序图法设计程序，对于这类系统，画出输出信号的时序图后，状态转换的时刻和转换条件就很容易理解了，对于建立清晰的设计思路很有帮助。

（4）逐步探索法

逐步探索法是以"步"为核心，根据工作流程图，从首步开始一步一步地设计下去，直至完成整个程序为止。逐步探索法的关键是编写工艺流程图。首先，将被控对象的工作过程分为若干步，在图中用方框表示一步，方框之间用带箭头的直线相连，箭头方向表示工步转换进程。然后，按加工工艺或生产过程，把工步转换条件画在直线的左方。工步转换条件既是上一步的执行结果，又是进入下一步的前提。在方框的右边，给出该工步的控制对象。这种工作流程图集合了工作过程的全部信息，为编制程序提供了依据。在进行程序设计时，可以利用辅助继电器记忆工步，并将工步连接起来，将上一步作为转入下一步的条件之一，一步一步地进行下去。当然顺序控制器并不总是一步接一步地顺序进行，也可能有多个分支，这可以利用跳转指令方便地实现。采用这种设计方法时，PLC器件的用量较大，不过这在PLC设计中已经不是主要问题。只要流程图设计好，便可立即进行梯形图设计。程序的转换及一些特殊功能容易实现，设计周期短，调整修改程序简单方便。

（5）翻译法

翻译法是一种依据继电器控制线路原理图，用PLC的对应符号和PLC功能相当的器件，按接点和器件对应关系，翻译成梯形图的设计方法。

现在普遍采用逐步探索法，只要有详细的流程图，可不受原继电线路的约束，局部也可采用逻辑法和翻译法。这样设计起来简单方便，周期短，调试容易。

7.4 PLC应用程序的内容与质量

（1）设计内容

① 初始化程序　在PLC上电后，一般都要做一些初始化的操作。初始化程序的主要内容为：将某些数据区、计数器进行清零；使某些数据区恢复所需数据；对某些输出位置位或复位；显示某些初始状态等。

② 检测、故障诊断、显示程序　应用程序一般都设有检测、故障诊断和显示程序等内容，这些内容可以在程序设计基本完成后再进行添加。

③ 保护、联锁程序　各种应用程序中，保护和联锁是不可缺少的部分。它可以杜绝由于非法操作而引起的控制逻辑混乱，保证系统的运行更安全、可靠，因此要认真考虑保护和联锁的问题。通常在PLC外部也要设置联锁和保护措施。

（2）应用程序的质量

① 程序的正确性　应用程序的好坏，最根本的一条就是正确，即必须能经得起系统运行实践的考验。

② 程序的可靠性好　好的应用程序，可以保证系统在正常和非正常的工作条件下都能安全可靠地运行，也可保证在出现非法操作等情况下不至于出现系统控制失误。

③ 参数的易调整性好　PLC控制的优越性之一就是灵活性好，容易通过修改程序或参

数而改变系统的某些功能。

④ 程序要简练 编写的程序应尽可能简练,减少程序的语句,一般可以减少程序扫描时间、提高 PLC 对输入信号的响应速度。当然,如果过多地使用那些执行时间较长的指令,有时虽然程序的语句较少,但是其执行时间也不一定短。

⑤ 程序的可读性好 程序不仅仅给编者自己看,系统的维护人员也要读。另外,为了有利于交流,也要求程序可读性好。

7.5 施工设计

与一般电气施工设计一样,PLC 控制系统的施工设计要完成以下工作:外部电路设计,完整的电路图,电气元件清单,电气柜内电器布置图,电器安装图等。

① 外部电路设计 外部电路设计主要包括与 PLC 的连接电路、各种运行方式(自动、半自动、手动、紧急停止)的强电电路、电源系统及接地系统的设计。这是关系 PLC 系统的可靠性、功能及成本的问题。PLC 选型再好,程序设计再好,外部电路不配套,也不能构成良好的 PLC 控制系统。这一部分可参阅有关书籍及手册进行设计。外部电路设计需注意以下几点:

a. 画出主电路及不进入 PLC 的控制电路。

b. 画出 PLC 输入输出接线图。

c. 对重要的互锁,如电动机正反转、热继电器等,需在外电路用硬接线再联锁。凡是有致命危险场合,设计成与 PLC 无关的硬线逻辑,仍然是目前常用的方法。

d. 画出 PLC 的电源进线接线图和执行电器供电系统图。

② 进行电气柜结构设计及画出柜内电器位置图。

③ 画出现场布线图。

7.6 安装调试

(1) 模拟调试

将设计好的程序用编程器输入到 PLC 中,进行编辑和检查,检查通过的程序再用模拟开关实验板,按流程图模拟运行,I/O 信号用 PLC 的发光二极管显示。还可编制调试程序对系统可能出现的故障或误操作进行观察,发现问题,立即修改和调整程序。

(2) 外部电路检查

先仔细检查外部接线,然后用编写的试验程序对外部电路做扫描通电检查,这种查找故障的方法既快又准确。由于 PLC 在低电压下高速动作,故对干扰较敏感。因此,信号引线应采用屏蔽线,且布线在遇到下述情况时,需改变走向或换线。高电平和低电平信号线;高速脉冲和低速脉冲信号线;动力线和低电平信号线;输入信号和输出信号线;模拟量和数字量信号线;直流线和交流线,对它们要分开整理布线。另外在信号线配线时应注意,同一线槽内设置不同信号电缆时必须隔离;配管配线时,一个回路不许分在两个以上配管敷设,否则容易发热;动力线尽量远离 PLC 线,距离在 200mm 以上,否则需将动力线穿配管,并将配管接地;不同电压等级的各种信号线不许放在一根多芯屏蔽电缆内,引线部分更不许捆扎在一起；为减小噪声，应尽量减小动力线与信号线平行敷设长度，输出线长度较长时线径要用比 $2mm^2$ 更粗的线，以降低内阻引起的线路压降。此外，PLC 接地最好采用专用接地，同其他盘板接地分开，或采用"浮地"方式。如果条件不允许还可采用系统并联一点接地方式。

（3）联机调试

联机调试是指模拟调试通过的程序在线统调。这时可先不带负载只带上接触器线圈、信号灯等进行调试。利用编程器的监控功能，采用分段分级调试方法进行。到各部分功能都调试正常后，再带上实际负载运行。如不符合要求，则可对硬件和程序做调整，通常只需修改部分程序即可达到调整的目的，这段工作所需的时间不多。

全部调试完毕后，交付使用，经过一段时间运行，不需要再修改时，可将程序固化在可擦除只读存储器 EPROM 中，即可交付用户。

附录1 项目化教学说明

项目1 PLC 的基本编程方法

【教学目标】

① 掌握 FX2N 系列 PLC 常见基本指令的功能与意义。

② 掌握梯形图的编程规则、编程技巧和方法。

③ 能根据工作任务的要求，运用基本指令进行简单控制程序的编写。

④ 掌握 FX2N 系列 PLC 状态继电器 S 及其步进指令 STL、RET 的功能与意义。

⑤ 掌握三菱 FX2N 系列 PLC 的步进顺序控制的结构、分类。

⑥ 能运用相应知识熟练编写 SFC 状态转移图并应用于控制系统中。

【技能要求】

① 能根据不同工作任务要求，作出相应的 PLC 的 I/O 分配表和画出 PLC 的 I/O 接线图。

② 能运用基本指令编写 PLC 控制程序。

③ 熟练地画出 PLC 控制系统的状态转移图、步进梯形图，并能写出相应的指令程序。

④ 能熟练地使用三菱公司的编程软件设计步进梯形图和指令程序，并输入 PLC 进行调试运行。

任务1 三相异步电动机正反转控制

【任务描述】

如图1所示，一台三相异步电动机采用继电器控制线路实现正、反转控制，现要求用 PLC 进行改造。改造后，电动机应具有正反连续运行控制功能，试用基本指令编写其控制程序。

【任务目标】

知识点：① 掌握 ANB、ORB 指令的功能及使用方法。

② 掌握辅助继电器 M 的功能和使用方法。

③ 掌握 PLC 的基本工作原理。

技能点：① 根据控制要求，熟练作出 PLC 的 I/O 分配表和接线图。

② 根据任务控制要求，利用 PLC 基本指令编写 PLC 控制程序。

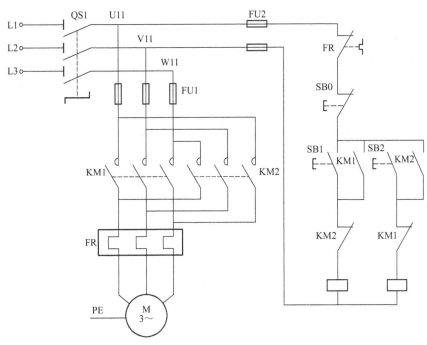

图 1　三相异步电动机正反转控制线路

③ 进一步熟练使用 Gx-Developer 软件，进一步了解软件的其他常用功能。

④ 能将程序输入到 PLC 中，并根据控制要求，安装好线路并调试程序。

【任务流程】

本工作任务流程如图 2 所示，后续工作任务流程如有类似就不再一一列出了。

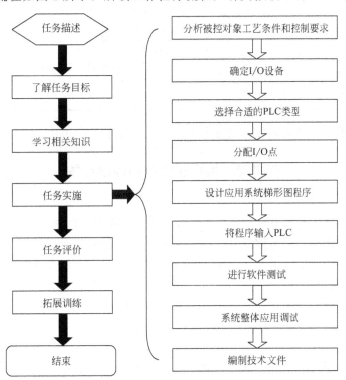

图 2　工作任务流程图

【任务评价】

【实践操作】完毕后，对任务完成情况做出评价。评价考核主要从绘图、安装布线、工具及仪表的使用、文明安全生产、程序输入及调试五个方面进行评价。总分为 100 分，具体评分细则见表 1。后续任务的任务评价考核步骤均可参照本任务进行，故不再一一列出。

表 1　考核评分记录表

序号	考核内容	考核要点	评分标准	配分	扣分	得分
1	绘图	①正确识图，理解电气工作原理 ②正确绘制 PLC 接线图，列出 PLC 控制 I/O 口元件地址分配表 ③根据控制要求设计梯形图	①电气图形文字符号错误或遗漏每处均扣 2 分 ②徒手绘制电路图扣 5 分；电路原理错误扣 10 分；缺少 PLC 接线图扣 10 分 ③缺少正反转互锁扣 5 分 ④梯形图画法不规范扣 5 分	20		
2	安装布线	按照电气安装规范，依据电路图正确完成本次考核线路的安装与接线	①不按图接线每处扣 2 分 ②电源线和负载不经接线端子排接线每根导线扣 2 分 ③电器安装不牢固、不平整、不符合设计及产品技术文件的要求，每项扣 2 分 ④电动机外壳没有接地，扣 2 分 ⑤导线裸露部分没有加套绝缘，每处扣 2 分	30		
3	工具使用	正确使用工具	工具使用不正确每次扣 5 分	5		
4	仪表使用	正确使用仪表	仪表使用不正确每次扣 5 分	5		
5	文明安全生产	明确安全用电的主要内容 操作过程符合文明生产要求	①未经教师检查同意私自通电扣 10 分 ②损坏设备扣 10 分 ③损坏工具仪表扣 5 分 ④发生轻微触电事故扣 10 分	10		
6	程序输入及调试	熟练操作 PLC 按照被控设备的动作要求进行模拟操作调试，达到控制要求	①不会操作 PLC，扣 30 分 ②模拟操作与控制流程不符每处扣 5 分 ③一次试车不成功扣 15 分，2 次试车不成功扣 30 分	30		

各项扣分上限均为该项配分，扣完为止，不得从其他项目中扣分。

任务 2　供水压力自动控制系统

【任务描述】

某供水系统共有三台水泵，三台工作水泵根据压力接点表的输入信号，实行自动运行与投切。在第一周工作时，压力偏低，1#泵投入运行，运行一段时间后压力仍低，2#泵投入运行，运行一段时间，压力仍低，启动 3#泵运行。当压力到达上限时，停止 3#泵的运行，压力还在上限，切掉 2#泵直至三台泵均停止运行。三台泵的切换方式为：最后启动运行的，先对其实施停机控制，启动与停机的次序是相逆的。在第二周工作时，首先投入的改为 2#泵，依次为 3#泵、1#泵，每运行一周按此种方式轮换一次。

【任务目标】

知识点：①掌握 MC 指令、MCR 指令、INV 指令、NOP 指令的功能和使用方法。

②掌握计数器与定制器的使用。

技能点：① 能根据控制要求，熟练作出 PLC 的 I/O 接线图。

② 能根据控制要求的描述，理解自动喷泉工作方式。

③ 根据确定的控制方式，用基本顺控指令编写 PLC 控制程。

④ 能将程序输入到 PLC 中，并根据控制要求，安装好线路并调试好程序。

项目 2 PLC 步进顺序控制指令与应用

【教学目标】

① 掌握 FX2N 系列 PLC 状态继电器 S 及其步进指令 STL、RET 的功能与意义。

② 掌握三菱 FX2N 系列 PLC 的步进顺序控制的结构、分类。

③ 能运用相应知识熟练编写 SFC 状态转移图并应用于控制系统中。

【技能要求】

① 熟练掌握 SFC 状态转移图的绘制方法。

② 掌握 SFC 状态转移图转换为梯形图的方法。

③ 掌握 SFC 状态转移图的运行、监控、调试方法。

任务 1 电镀生产线控制

【任务描述】

电镀生产线要求整个生产过程能自动、手动等多种方式进行，以满足生产需要以及方便对设备进行调整和检修。这主要体现在行车的控制上，如图 3 所示为电镀生产线，电镀专用行车用两台电动机驱动，一台为行走机构电动机另一台为提升机构电动机。电镀专用行车控制过程如下：

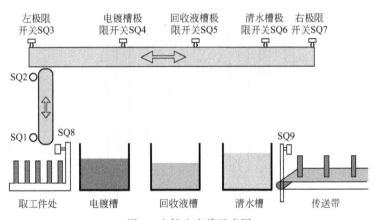

图 3 电镀生产线示意图

① 行车手动功能 要求上下、左右具有手动点动功能。

② 行车自动功能 行车吊篮原始位置位于左上侧，发出启动命令后，行车提升机构使吊篮放下碰到 SQ1、SQ8 停止下降，并装入工件，5s 后，行车提升碰到 SQ2 则上升到位，并自动向前运行碰压到 SQ4 即电镀槽的正上方后，自动将吊篮放下碰到 SQ1 停止下降，对工件进行电镀处理，经规定时间 280s 后，吊篮提起碰到 SQ2 后停止，滴液 28s；行车又向前运行碰压到 SQ5 回收液槽的正上方后下降，到位后在吊篮回收液槽内 30s，行车上升碰到

SQ2 后停止,滴液 15s;行车又向前运行碰压到 SQ6 清水槽的正上方后下降,到位后吊篮在清水槽内 30s,行车上升碰到 SQ2 后停止,滴液 15s;行车又向前运行碰压到 SQ7 右极限开关的正上方后自动下降,碰到 SQ1、SQ9 停止下降,并将工件放到传送带上 3s。在依次完成每道工序后,电镀行车吊篮自动返回进入下一循环。

【任务目标】

知识点:① 掌握步进指令 STL、RET 的功能与使用条件。

② 掌握顺序功能图编程的基本技巧。

③ 进一步熟悉状态转移图的转换及编程方法。

④ 掌握跳步与循环结构流程结构的编程方法。

技能点:① 熟练使用 GX-Developer 软件绘制 SFC 图形,并转换为梯形图。

② 熟练使用 GX-Developer 软件进行程序传输、SFC 图形监控。

③ 将程序输入到 PLC 中,并根据控制要求,调试程序。

任务 2 双头钻床加工流程控制

【任务描述】

某双头钻床用来加工一零件,如图 4 所示。试编写控制程序,要求在该零件两端分别加工大小深度不同的孔。控制要求:操作人员将工件放好后,按下启动按钮,夹紧工件,夹紧后压力继电器 KR 接通,在各自电磁阀的控制下大钻头和小钻头同时向下进给。大钻头钻到预先设定的终点限位深度 SQ3 时,由其对应的后退电磁阀控制使它向上退回原始位置 SQ1,大钻头到位指示灯 HL1 亮并保持 10s;小钻头钻到预先设定的终点限位深度 SQ4 时,由其对应的后退电磁阀控制使它向上退回到原始位置 SQ2,小钻头到位指示灯 HL2 亮也保持 10s;然后工件被松开,松开到位,系统返回初始状态。

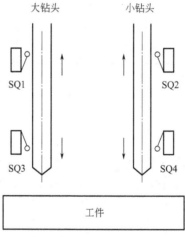

图 4 双头钻床工作示意图

【任务目标】

知识点:① 掌握并行性分支与汇合的结构特点。

② 进一步熟悉顺序功能图的表示。

技能点:① 掌握并行流程结构的编程方法。

② 熟悉并行流程结构的 SFC 输入方法。

项目3 FX2N系列PLC功能指令与应用

【教学目标】

① 掌握FX2N系列PLC常用功能指令的相关知识。

② 掌握各类数据寄存器的存储方式、数据格式。

③ 掌握字元件、位元件概念与数据寄存器关系。

④ 掌握条件跳转指令、传送指令、调用指令、移位指令、运算指令、比较指令、数据算术运算指令、七段码译码指令、时钟运算指令、触点比较指令等功能指令的具体含义。

⑤ 能运用相关的功能指令，解决工业生产中的实际问题。

【技能要求】

① 能根据不同的工业实际问题，作出相应的PLC的I/O分配表和PLC的I/O接线图。

② 能根据用户控制要求，运用功能指令编写PLC控制程序，将程序输入到PLC中进行运行调试。

任务1 8站小车的呼叫控制

【任务描述】

设计一个如图5所示的8站小车的呼叫控制系统，其控制要求如下：

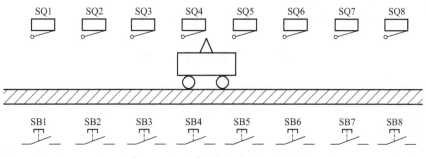

图5 8站小车的呼叫控制示意图

① 车所停位置号小于呼叫号时，小车右行至呼叫号处停车。

② 车所停位置号大于呼叫号时，小车左行至呼叫号处停车。

③ 小车所停位置号等于呼叫号时，小车原地不动。

④ 小车运行时呼叫无效。

⑤ 具有左行、右行定向指示、原点不动指示。

⑥ 具有小车行走位置的七段数码管显示。

【任务目标】

知识点：① 掌握功能指令的基本知识。

② 掌握位元件、字元件、变址寄存器的知识。

③ 掌握传送指令的相关知识。

④ 掌握触点比较指令的基本知识与应用。

⑤ 掌握CMP、ZCP功能指令的基本知识。

技能点：① 能根据控制要求，熟练做出 PLC 的 I/O 分配表和接线图。

② 会根据三相异步电动机的控制方式，利用传送指令编写 PLC 控制程序。

③ 能将程序输入到 PLC 中，并根据控制要求，调试好程序。

任务 2 停车场车位控制

【任务描述】

设有一停车场共有 16 个车位，需要在入口和出口处装设检测传感器，用来检测车辆进入和出外的数目。当有车位时，入口栏杆才可以将门开启，让车辆进入停放，并有一指示灯表示有车位；当车位已满时，入口栏杆不能开启让车辆进入，并有一指示灯显示车位已满。用七段数码管上显示当前停车数量和剩余车位数。栏杆电动机开启时到位有正转停止传感器检测，关闭时有反转停止传感器检测；系统设有启动解除按钮。试用二进制加 1、减 1 指令编写其控制程序。

【任务目标】

知识点：① 掌握二进制加 1、减 1 指令及其使用方法。

② 了解七段数码管工作原理及带锁存的七段显示指令。

③ 掌握触点比较指令。

技能点：① 能根据控制要求，熟练做出 PLC 的 I/O 分配表和接线图。

② 能根据控制要求的描述，确定 PLC 和外部设备的接线方法。

③ 根据确定的控制方式，利用功能指令编写 PLC 程序。

④ 能将程序输入到 PLC 中，并根据控制要求，调试好程序。

任务 3 简易四层货梯控制

【任务描述】

一台四层货梯每一楼层均设有召唤按钮 SB1～SB4，每一层均装有磁感应位置开关 LS1～LS4；现需设计程序实现。

① 不论桥厢停在何处，均能根据召唤信号自动判断电梯运行方向，然后延时 T_S 后开始运行。

② 相应召唤信号后，召唤指示灯 HL1～HL4 亮，直至电梯到达该层时熄灭。

③ 当有多个召唤信号，能自动根据楼层召唤信号停靠层站，经过 T_S 秒后，继续上升或下降运行，直到所有的信号响应完毕。

④ 电梯运行途中，任何反方向召唤均无效，且召唤指示灯不亮。

⑤ 桥厢位置要求用七段数码管显示，上行、下行用上下箭头指示灯显示。

⑥ 要求用功能指令编写。

【任务目标】

知识点：① 掌握逻辑运算指令及其用法。

② 掌握编码 ENCO、译码 DECO 指令及其用法。

技能点 ① 能根据控制要求，熟练做出 PLC 的 I/O 分配表和接线图。

② 能根据控制要求的描述，确定 PLC 和外部设备的接线方法。

③ 根据确定的控制方式，利用功能指令编写 PLC 程序。

④ 能将程序输入到 PLC 中，并根据控制要求，调试好程序。

任务 4　广告牌灯光控制

【任务描述】

某商厦灯光广告牌共有 8 只荧光灯管，24 只流水灯，排列如图 6 所示。现用 PLC 对灯光广告牌进行控制，控制要求如下：

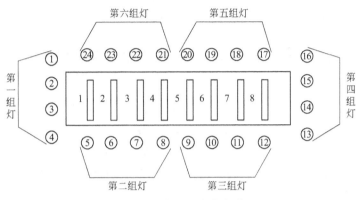

图 6　某大厦灯光广告牌

广告牌中间 8 个荧光灯管依次从左至右点亮，至全亮，每只点亮时间间隔 1s，全亮后显示 10s；接下来从右至左依次熄灭至全灭，全灭后保持 2s；再从右至左依次点亮至全亮，每只点亮时间间隔 1s，全亮显示 10s 后；再从左至右依次熄灭至全灭，全灭后保持 2s，又从开始运行，如此循环不止，周而复始。

广告牌四周的流水灯共有 24 只，每 4 只为一组，共分 6 组，每组灯间隔 1s 向前移动一次，移动 24s 后，再反过来移动，如此循环往复。最后，系统采用连续控制，有启动停止按钮。请根据任务要求编写 PLC 的控制程序。

【任务目标】

知识点：① 掌握循环及移位指令相关知识和程序设计的基本方法。

　　　　② 掌握 PLC 和外部设备的接线方法。

技能点：① 能根据控制要求，熟练做出 PLC 的 I/O 分配表和接线图。

　　　　② 能根据控制要求的描述，确定 PLC 和外部设备的接线方法。

　　　　③ 根据确定的控制方式，利用功能指令编写 PLC 程序。

　　　　④ 能将程序输入到 PLC 中，并根据控制要求，调试好程序。

项目 4　变频器、触摸屏的使用

【教学目标】

① 了解变频器的调速原理，掌握变频器各组成部分及其功能。

② 了解并熟悉变频器各种参数。

③ 掌握变频器的操作面板。

④ 掌握 PLC 控制工频-变频切换的原理。

⑤ 了解并熟悉 GOT 的性能及基本工作模式。

⑥ 掌握绘制用户画面软件 GT-Designer 使用。

【技能要求】

① 熟悉三菱 FR-A740 变频器的操作，能根据控制要求，设定相关参数。

② 熟练掌握变频器运行方式的切换及变频器接线。

③ 由变频器外端子控制多段速运行的设置。

④ 掌握 GOT 及与 PC 计算机和 PLC 的连接和设定。

⑤ 掌握 GT1155 软件 GT-Designer 使用，画面创建、传送、调试运行的方法。

任务 1   基于 PLC 的物料分拣输送带变频控制

【任务描述】

控制任务要求：物料分拣输送带采用变频控制，已知输送带采用三相笼型异步电动机 1.5kW，相交流 380V，请设计合理的控制方案。具体控制要求如下：

① 输送带能进行正反转控制，即用操作台上的按钮控制控制电动机的启动/停止、正转/反转。按下按钮"SB1"电机正转启动，按下"SB3"电动机停止，待电动机停止运转，按下"SB2"电动机反转。

② 速度设定用变频器面板调节给定。

【任务目标】

知识点：① 了解变频器的型号含义及基本配置。

　　　　② 掌握变频器的各端子的作用。

　　　　③ 了解并熟悉变频器各种参数。

技能点：① 熟练掌握变频器的参数的预置方法设定。

　　　　② 熟练掌握变频器运行方式的切换及变频器接线。

任务 2   恒压供水（多段速度）控制

【任务描述】

恒压供水（七段速度）控制，具体控制要求如下：

① 某供水系统共有三台水泵，按设计要求两台运行，一台备用，运行与备用 t_0 天轮换一次。

② 用水高峰时一台工频全速运行，一台变频运行；用水低谷时，1 台变频运行。

③ 三台水泵分别由 M1、M2、M3 电动机拖动。三台电动机由 KM1、KM3、KM5 变频控制，KM2、KM4、KM6 全速控制。

④ 变速控管由供水压力上限触点与下限触点控制。

⑤ 水泵投入工频运行时，电动机的过载有热继电器保护，并有报警信号指示。

【任务目标】

知识点：① 掌握 PLC 控制工频-变频切换的原理。

　　　　② PLC 控制多段速运行的原理。

技能点：① 熟练掌握变频器运行方式的切换及变频器接线。

　　　　② 由变频器外端子控制多段速运行的设置。

　　　　③ 掌握恒压供水水控制方法。

任务3 PLC在食品企业供给糖浆计量系统中的应用

【任务描述】

某食品公司果冻车间需设计一套糖浆供给计量系统，在生产时，根据配方的不同，将不同重量糖浆准确计量，通过糖浆泵、不锈钢料管、阀门分别抽到六口煮糖浆锅里，以保证食品品质，维护食品安全，提高生产效率，如图7所示为糖浆供给系统示意图。

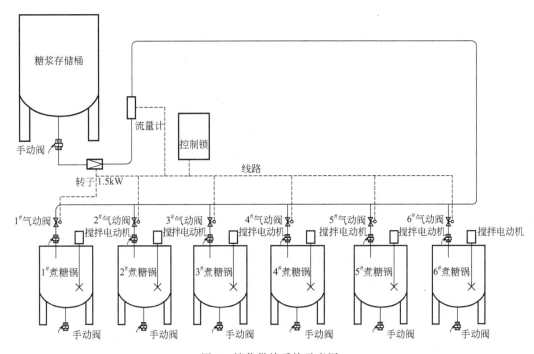

图7 糖浆供给系统示意图

要求既能独立启动每组煮糖锅气动阀及抽糖泵，又能全自动完成对六个煮糖锅的糖浆供给计量；另对于不同配方所对应的糖浆重量数据应方便修改，实时显示监控。在抽糖泵工作中，若6s内流量计内没糖浆流过，系统会自动复位，以保护抽糖泵。

【任务目标】

知识点：① 了解并熟悉GOT的性能及基本工作模式。

② 掌握绘制用户画面软件GT-Designer使用。

③ 了解高速计数器性能特点。

技能点：① 掌握GOT及与计算机和PLC的连接和设定。

② 掌握GT1155软件GT-Designer使用，画面创建、传送、调试运行的方法。

③ 掌握高速计数器的使用。

项目5 PLC与变频器等设备的通信

【教学目标】

① 了解通信系统的基本知识与常用通信接口标准。

② 熟悉 PLC 与计算机、变频器、其他 PLC 等的通信协议及编程方法。

③ 熟悉可编程的通信功能指令使用。

④ 了解 CC-LINK 通信。

【技能要求】

① 熟练掌握 PLC、变频器的通信参数设定。

② 能够编写 PLC 与变频器、1∶1、N∶N 网络通信程序及接线方法。

③ 能组建小型 N∶N 网络，解决实际工程中的网络控制问题。

④ 基本了解 CC-LINK 通信的应用。

任务 1　两台 PLC 之间的通信控制

【任务描述】

用两个 FX2N 系列的 PLC 通过 FX2N-485-BD 并联，要求实现：

① 主站输入点的 X0～X7 状态，可以在从站的 Y0～Y7 上显示。

② 主站计算结果（D0＋D2）大于 100，从站的 Y10 为 ON。

③ 从站 M0～M7 的状态，可以在主站 Y0～Y7 上显示。

从站中的 D10 被用来设置主站的定时器。

【任务目标】

知识点：① 了解 PLC 数据通信系统的组成。

　　　　② 了解 PLC 数据通信系统通信方式。

　　　　③ 了解 PLC 数据通信系统的常用通信接口标准。

技能点：① 根据控制要求，熟练做出 PLC 的 I/O 接线图。

　　　　② 根据控制要求，完成 FX2N-485 通信板的接线。

　　　　③ 会编写 PLC 控制程序。

任务 2　三台电动机的 PLC N∶N 网络控制

【任务描述】

有一小型系统，系统有一个主站两个从站，要求用 RS-485BD 通信板，采用 N∶N 网络通信协议控制，按如下要求编写程序进行控制：

① 通信参数：重试超过 4 次，通信超时时间 30ms，采用模式 1 链接软元件。

② 用主站 0 的 X1 启动、X2 停止，控制从站 1 的电动机甲为星形-三角形启动，星形-三角形延时时间为 5s，并有灯闪烁指示，闪烁频率为每秒 1 次。

③ 用从站 1 的 X1 启动、X2 停止，控制从站 2 的电动机乙为星形-三角形启动，星形-三角形延时时间为 4s，并有灯闪烁指示，闪烁频率为每秒 1 次。

④ 用从站 2 的 X1 启动、X2 停止，控制主站 0 的电动机丙为星形-三角形启动，星形-三角形延时时间为 4s，并有灯闪烁指示，闪烁频率为每秒 1 次。

⑤ 各站中电动机的 Y 启动用 Y0，△启动用 Y1，主输出用 Y2，闪烁指示灯用 Y3。

【任务目标】

知识点：① 熟悉 N∶N 网络通信中通信标志寄存器和辅助继电器使用。

　　　　② 掌握 N∶N 网络通信中链接软元件分配。

技能点：① 熟练编写 N∶N 网络通信控制程序。

② 能组建小型 N∶N 网络，解决实际工程中网络控制问题。

任务 3　PLC 与变频器的通信控制

【任务描述】

三菱 FX 系列 PLC 通过 RS485 与三菱 FR-A540 变频器之间的通信，使用触摸屏实现如下功能：

① 控制变频器正转、反转、停止。

② 在运行中直接修改变频器的运行频率，10Hz、20Hz、30Hz、40Hz、50Hz。

③ 在触摸屏上直接显示变频器的运行的电压、运行电流、输出频率。

【任务目标】

知识点：① 了解 PLC 采用 RS485 通信时通信参数的设置方法。

② 了解三菱 FR-A700 变频器运行基本参数的设置方法。

技能点：① 根据控制要求，熟练做出 PLC 的分配 I/O 点和接线图。

② 正确设置 PLC 的通信格式。

③ 编写 PLC 通信控制程序。

④ 掌握 PLC 结合触摸屏 GOT 进行控制的技术。

任务 4　触摸屏与变频器的通信

【任务描述】

制作如图 8 所示的画面，通过画面完成下列操作：

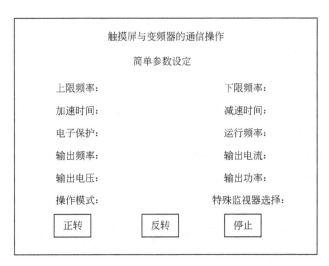

图 8　触摸屏与变频器的通信画面

① 能在画面显示变频器的运行频率、输出频率、输出电流、输出电压及输出功率等。

② 通过触摸屏上的按键操作变频器控制电动机的正反转及停止。

③ 能在电动机的运行中设定并修改运行频率，能在运行中修改上、下限频率和加减速时间，并能修改特殊监视器选择号，在输出功率处有不同的显示（如电压、电流和频率）。

【任务目标】

知识点：① 了解触摸屏传输规格的设置、变频器中通信参数的设置。

② 掌握触摸屏中使用的通信软元件。

技能点：① 熟悉触摸屏与变频器通信的画面制作。

② 掌握触摸屏与变频器通信。

项目 6　PLC 在定位控制方面的应用

【教学目标】

① 了解步进电动机和伺服电动机的基本知识。

② 熟悉步进驱动器和伺服驱动器的应用。

③ 熟悉 PLC 定位控制功能指令使用。

④ 熟悉 PLC 在复杂定位控制方面的编程方法。

【技能要求】

① 熟练掌握 PLC 步进电动机驱动器和伺服驱动器的参数设定。

② 能够编写 PLC 通过驱动器控制电动机运动的程序及接线方法。

③ 能独立完成一套较复杂的定位控制任务，解决实际工程中的定位控制问题。

任务 1　PLC 直接输出脉冲信号控制步进电动机

【任务描述】

PLC 通过输出脉冲信号直接控制步进电动机的正反转和调速控制，要求实现：

① 能实现步进电动机的正反转控制。

② 能在触摸屏上对电动机的进行加减速控制。

③ 能实现对步进电动机的运行频率进行直接设定。

【任务目标】

知识点：① 了解步进电动机的工作原理。

② 掌握用 PLC 直接控制步进电动机的接线方式。

③ 掌握脉冲输出指令的应用。

技能点：① 根据控制要求，熟练做出 PLC 的 I/O 接线图。

② 根据控制要求，完成接线。

③ 会编写 PLC 控制程序。

任务 2　PLC 通过步进驱动器驱动步进电动机

【任务描述】

SX-815P 工业自动化生产线上的包装盖章单元中包含一个步进电动机，控制箱体物料的上料动作。它在 PLC 在定位控制领域中为经典应用。箱体在设备运行之前先摆放 3 只空箱体，手动 M0 获得上升沿信号可以模拟箱体中已摆满瓶子，从而进入 3# 输送带直到遇到输送带母端的传感器，在这个动作循环 3 次以后步进电动机进入复位状态，复位结束重新摆放箱体。

【任务目标】

知识点：① 熟悉步进驱动器的性能指标。

② 掌握 PLSY 和 PLSR 等高速脉冲输出指令。

技能点：① 熟练编写控制指令控制程序。

② 能进行 PLC 与驱动器的接线操作，以及实际工程中的各类驱动器的控制问题。

③ 掌握步进驱动器参数的设置方法。

任务 3　PLC 通过伺服驱动器驱动伺服电动机

【任务描述】

三菱 FX 系列 PLC 通过伺服驱动器实习立体仓库实现入库功能：立体仓库单元的堆垛机系统，是由步进电动机驱动的 X 轴水平运动机构和伺服电动机驱动的 Z 轴垂直运动机构组成。两个轴都由 PLC 向驱动器发送高速脉冲来控制机构运行位置。

【任务目标】

知识点：① 熟悉伺服驱动器的性能指标。

② 掌握 PLSY 和 PLSR 等高速脉冲输出指令。

技能点：① 熟练编写运动控制指令控制程序。

② 能进行 PLC 与伺服驱动器的接线操作，以及实际工程中的各类驱动器的控制问题。

③ 掌握常用伺服驱动器参数的设置方法。

附录2 维修电工理论考核复习题(附答案)

一、填空题

1. 一般情况下，CC-Link 网络在 100m 内的通信速率可达_____，在 1200m 内的通信速率可达_____。

2. 自动控制系统的基本要求是_____、_____和_____。

3. 按_____分类和按_____分类，是传感器常用的两种分类方法。

4. 静止变频装置的作用是把电压和频率恒定的电网电压变为_____的交流电。

5. PLC 执行程序的过程分为_____、_____和_____三个阶段。

6. 根据输入信号的特征，可将自动控制系统分成_____、_____和_____三类。

7. 直流脉宽调速系统的控制方式一般采用_____和_____结构。

8. 在变频器装置使用的三相逆变电路中，其晶闸管的导通时间通常采用_____和_____两种。

9. 使用 PWM 技术在同一逆变器中可以实现_____和_____功能。

10. F940GOT 触摸屏与三菱 FX 系列 PLC 是采用_____通信的方式。

11. 从信号传送的特点或系统的结构形式来看，控制系统可分_____和_____系统。

12. PI 控制器的输出与输入信号_____成正比。

13. 传感器通常由_____和_____组成。

14. 双闭环调速系统中的 ASR 和 ACR 分别用来对_____和_____调节，两者之间_____连接。

15. 由脉宽调制变换器向直流电动机电枢供电的自动控制系统称为_____。

16. 状态转移图是一种表明步进顺控系统的控制过程_____和_____的图形。

17. 触摸屏的供电电压为直流_____或交流_____。

18. VVVF（变压变频）控制的特点是_____。

19. 一个完善的控制系统通常由_____、_____、校正元件、放大元件、执行元件以及_____等基本环节组成。

20. 电流型变频器的滤波环节采用_____。

21. 采用脉宽调制技术在同一变频器中既实现_____，又实现_____。

22. 数字 "0" 的 ASCII 码是_____，大写字母 "A" 的 ASCII 码是_____。

23. 触摸屏用于与计算机进行通信的接口标准为_____，属于_____行接口。

24. 在通信线路上按照数据传送方向可以将数据通信方式划分为_____、_____、_____通信方式。

25. 一个完善的控制系统通常由_____，_____、校正元件、放大元件、执行元件以及_____等基本环节组成。

26. 传感器的分类方法有两种，一种按_____来分，一种是按_____来分。

27. 电流型变频器滤波环节采用_____。

28. 采用脉宽调制技术在同一变频器中实现_____又实现_____。

29. 机器人运动一般有_____模式和_____模式。

30. 工业机器人通常由_____、_____和控制系统三部分组成。

31. 在通信线路上按照数据传送方向，可以将数据通信方式划分为_____，_____，_____通信方式。

32. PI 控制器的输出与_____和对时间的积分成正比。

33. PID 的三种基本控制是_____、_____和_____。

34. 双闭环调速系统中的 ASR 和 ACR 分别用来对_____和_____两者之间串级连接。

35. 由脉宽调制变换器向直流电动机电驱供电的自动控制系统称为_____。

36. 传感器静态特性主要由_____、_____和_____三种性能来描述。

37. 状态转移图是一种表明_____和特性的图形。

38. 从信号传送的特点或系统的结构形式来看，控制系统可分为_____和_____。

39. 比较开环和闭环控制系统可见：开环系统由_____值控制，闭环系统由_____值控制。

40. 恒值控制系统的特点是输入信号_____，程序控制系统的特点是输入信号_____，随动系统的特点是输入信号_____。

41. PI 控制器的输出信号与输入信号_____。

42. 传感器的静态特性是_____、_____、_____。

43. 双闭环调速系统中的 ASR 为_____，ACR 为_____，两者之间串级连接。

44. 三菱 PLC 的 M8002 具有_____功能。

45. 由脉宽调制变换器向直流电动机电枢供电的自动控制系统称为_____。

46. PLC 开关量输出接口按输出开关器件的不同分_____输出、_____输出和_____输出。

47. 触摸屏一般通过_____行接口与计算机、PLC 等外部设备连接通信。

48. 变频调速恒压频比控制方式的特点是 ($U_1/f_1 = C$)，实用中在低频时常采用_____的方法增强带载能力。

49. PID 的三种基本控制分别是_____、_____和_____。

50. F940GoT 触摸屏用于与计算机进行通信的接口标准为_____，属于_____行接口。

51. 任何一个控制系统都是由_____和_____两大部分所组成。

52. 伺服控制系统的输入信号是随时间_____的函数。

53. PLC 输入电路一般由光电耦合电路进行电气隔离防止干扰。光电耦合器由_____和_____组成。

54. 实现立体仓库的定位控制系统中，伺服系统所控制的方向轴的反馈量为_____角度。

55. 力控组态使用步骤分为_____、_____、_____和动画连接。

56. 电压型变频器滤波环节采用_____。

57. CC-Link 网络中，Q 型主站设定 D1000 是从站的 RX 区域首地址，则 3≠ 从站在主站的 RX 区域是_____、_____。

58. PLC 是在控制系统上发展起来的。

59. 按照输入信号变化的规律，控制系统分为_____、_____、_____控制三类。

60. 为限定变频器的最大输出频率，可通过_____设定频率参数来实现。

61. PLC 输入电路中光电耦合电路的作用是通过实现_____、_____的目的。

62. 在输入采样阶段，PLC 以_____工作方式按顺序对所有输入端的输入状态进行采样。

63. PLC 通用定时器的特点是_____断电保持功能。

64. 在 SPWM 中，常用_____作为调制波，_____作为载波

65. 异步串行通信接口标准，可分为_____、_____、_____。

填空题答案

1. 10MB　156KB　2. 稳定性　快速性　准确性　3. 被测物理量　传感器的工作原理　4. 电压　频率均可调　5. 输入采样　程序执行　输出刷新　6. 恒值控制系统　程序控制系统　随动系统　7. 转速负反馈　电流负反馈　8. 120°　180°　9. 调压　变频　10. 串口　11. 开环控制　闭环控制　12. 大小和对时间的积分　13. 敏感元件　转换元件　14. 速度　电流　串级　15. 直流脉宽调速系统　16. 功能　特性　17. 24V　220V　18. $u_1/f_1=C$　19. 测量反馈元件　比较元件　被控对象　20. 电抗器　21. 调压　变频　22. H30　H41　23. RS-232　串　24. 单工　半双工　全双工　25. 测量反馈元件　比较元件　被控对象　26. 被测物理量传感器的工作原理　27. 电抗器　28. 调压　调频　29. 自动　示教　30. 机器人　设备连接电缆　31. 单工　半双工　全双工　32. 输入信号的大小　33. 比例控制　积分控制　微分控制　34. 速度和电流　35. 直流脉宽调速系统　36. 线速度　灵敏度　重复性　37. 进顺控系统的控制过程功能　38. 开环控制和闭环控制系统　39. 给定信号值控制　偏差信号　40. 某个常数　按照一种预先知道的时间函数变化　随时间任意变化的函数　41. 对时间的积分成正比　42. 线性度　灵敏度　重复性　43. 转速调节器　电流调节器　44. 初始化　45. 直流脉宽调速系统　46. 继电器输出　晶体管输出　晶闸管　47. 串　48. 定子压降补偿　49. 比例控制　积分控制　微分控制　50. RS-232　串　51. 被控制对象　控制装置　52. 任意变化　53. 发光二极管　光敏晶体管　54. 角度　55. 创建窗口　创建图形对象　创建实时数据库　56. 电容器　57. D1004　1005　58. 继电　59. 恒值　程序　伺服（或随动）　60. 上限　61. 光电隔离　抗干扰　62. 扫描　63. 不具备　64. 正弦波　等腰三角波　65. RS232　RS422　RS485

二、单项选择题

1. 在自动控制系统中，当反馈信号 U_f 比给定信号 U_{gd} 大时，系统的偏差信号 ΔU（　　　）。

A. 大于零   B. 小于零   C. 等于零   D. 不定

2. 在自动控制系统中，当反馈信号 U_f 比给定信号 U_{gd} 小时，系统的偏差信号 ΔU （   ）。

A. 大于零   B. 小于零   C. 等于零   D. 不定

3. 电阻应变片式传感器是利用金属和半导体材料的 （   ） 而制成的。

A. 光电效应   B. 应变效应   C. 热敏效应   D. 电磁效应

4. VVVF（变压变频）控制的特点是 （   ）。

A. $u_1/f_1=C$ B. E_1/ω_s C. $\omega_s=C$ D. $u_1=C$

注：CVCF（恒压恒频）   VVVF（变压变频）

5. 三菱 GOT 系列触摸屏的专用软件是 （   ）。

A. DU/WIN   B. FXGP/WIN-C   C. E-mail   D. Ethemet

6. 三菱 F940GOT 触摸屏通信口有 （   ）。

A. RS-232   B. RS-485   C. RS-232，RS-422   D. RS-232C

7. 在恒压供水系统中，安装在出水管上的压力传感器的作用是 （   ）。

A. 检测地下水池水压力   B. 检测天面水池水压力

C、检测管网水压力   D. 检测市政管进水水压

8. 在恒压供水系统中，多采用的控制系统为 （   ）。

A. 压力开环控制系统   B. 压力闭环控制系统

C. 压力开环和闭环控制系统   D. 速度环和电流环的双闭环控制系统

9. 恒压供水系统的 PID 调节器的作用是把压力设定信号和压力反馈信号经运算后，输给变频器一个 （   ） 控制信号。

A. 温度   B. 频率   C. 电阻   D. 热量

10. 在恒压供水系统中，变频器的作用是为电动机提供频率可变的电流，以实现电动机的 （   ）。

A. 有级调速   B. 无级调速   C. 额定变速   D. 恒定转速

11. 恒压供水系统为了恒定水压，在管网水压降落时，要 （   ） 变频器的输出频率。

A. 降低   B. 保持   C. 升高   D. 先降低后保持

12. PI、PD、PID 运算都是对 （   ） 进行运算的。

A. 反馈信号   B. 给定值   C. 偏差信号   D. 被控量

13. PID 控制器的控制对象是 （   ）。

A. 给定值   B. 偏差信号   C. 扰动信号   D. 反馈信号

14. PI 控制器的输出 （   ）。

A. 与输入信号的大小成正比

B. 与输入信号对时间的积分成正比

C. 既与输入信号的大小成正比，又与输入信号对时间的积分成正比

D. 与输入信号的微分成正比

15. 热电偶传感器是利用 （   ） 的原理而制成的。

A. 光电效应   B. 应变效应   C. 热电效应   D. 电磁效应

16. 电力场效应管指的是 （   ）。

A. MOSFET   B. GTO   C. IGBT   D. GTR

注：MOSFET 为电力场效应管，Power MOSFET 为功率场效应管，GTO 为门极可关

断晶闸管，IGB 为绝缘栅双极型晶体管，GTR 为达林顿管，BJT 为双极型功率晶体管。

17. 电力场效应管是理想的（　　）控制型器件。

A. 电压　　　　　　B. 电流　　　　　　C. 电阻　　　　　　D. 功率

18. CC-Link 通信网络用于主站，从站的数据传输时经常使用的指令是（　　）。

A. FROM，TO　　　B. SET　　　　　　C. FOR，NEXT　　　D. SFTL

19. 三菱 FX 系列 PLC 从站写入信息到 CC-Link 网络主站，采用的功能指令是（　　）。

A. FROM　　　　　B. MOV　　　　　　C. TO　　　　　　D. SET

20. RS-232 串口通信传输模式是（　　）通信方式。

A. 单工　　　　　　B. 半单工　　　　　C. 全双工　　　　　D. 半双工

21. 传感器是将各种（　　）转换成电信号的元件。

A. 数字量　　　　　B. 交流脉冲量　　　C. 非电量　　　　　D. 直流电量

22. 电压负反馈加电流正反馈的直流调速系统中，电流正反馈环节是（　　）反馈环节。

A. 是补偿环节，而不是　　　　　　　　B. 不是补偿环节，而是

C. 是补偿环节，也是　　　　　　　　　D. 不是补偿环节，也不是

注：电压负反馈体现反馈控制规律，电流正反馈环节是补偿环节。

23. PWM 变换器的作用是把恒定的直流电压调制成（　　）。

A. 频率和宽度可调的脉冲列　　　　　　B. 频率可调的脉冲列

C. 宽度可调的脉冲列　　　　　　　　　D. 频率固定、宽度可调的脉冲列

注：PWM 为脉宽调制（频率固定，脉宽可调），SPWM 为处理型脉宽调制（脉冲幅值相等）

24. 电压型变频器的直流回路滤波环节采用（　　）。

A. 电容器　　　　　B. 电抗器　　　　　C. 晶闸管　　　　　D. 二极管

25. 电流型变频器的直流回路滤波环节采用（　　）。

A. 电容器　　　　　B. 电抗器　　　　　C. 晶闸管　　　　　D. 二极管

26. 触摸屏是（　　）。

A. 输入设备　　　　B. 输出设备　　　　C. 编程设备　　　　D. 输入和输出设备

27. 通用变频器一般由（　　）组成。

A. 整流器、滤波器、逆变器　　　　　　B. 整流器、逆变器、放大器

C. 整流器、逆变器　　　　　　　　　　D. 逆变器

28. 在变频调速 U/f 控制方式下，当输出频率比较低时，电动机最大转矩 T_{max} 相应减少，要求变频器具有（　　）功能。

A. 频率偏置　　　　B. 转差补偿　　　　C. 定子压降补偿　　D. 段速控制

29. 双闭环直流调速系统在启动过程的第二阶段（　　）。

A. ASR、ACR 均处于饱和状态　　　　　B. ASR 处于饱和状态，ACR 处于不饱和状态

C. ASR、ACR 均处于不饱和状态　　　　D. ASR 处于不饱和状态，ACR 处于饱和状态

注：第一、二阶段时，ASR 处于饱和状态，ACR 处于不饱和状态第三阶段时，ASR、ACR 均处于不饱和状态。

30. 下列能产生 1s 脉冲的触点是（　　）。

A. M8000　　　　　B. M8186　　　　　C. M8033　　　　　D. M8013

31. 下列指令中不必配对使用的是（　　）。

A. MC、MCR　　　B. MPS、MPP　　　C. LDP、LDF　　　D. FOR、NEXT

32. 下列指令中（　　）是子程序返回指令。

A. SRET　　　　　B. IRET　　　　　C. RET　　　　　　D. WDT

33. 如图1所示的锅炉汽包水位控制系统中，被控对象为（　　）。

A. 给水调节阀　　B. 水位　　　　　C. 汽包　　　　　D. 给水泵

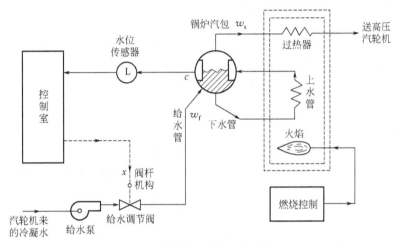

图1　锅炉汽包水位控制系统

注：锅炉汽包水位控制系统的功能框图如图2所示。

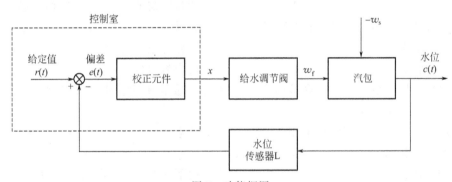

图2　功能框图

34. 电阻应变片式传感器是利用金属和半导体材料的（　　）而制成的。

A. 光电效应　　　B. 应变效应　　　C. 热敏效应　　　D. 电磁效应

35. PID控制器的输入信号是（　　）。

A. 给定值　　　　B. 偏差信号　　　C. 扰动信号　　　D. 反馈信号

36. 电压负反馈加电流正反馈的直流调速系统中，电流正反馈环节是（　　）反馈控制。

A. 是补偿控制，而不是　　　　　　　B. 不是补偿控制，而是

C. 是补偿控制，也是　　　　　　　　D. 不是补偿控制，也不是

37. 6～10kV电气线路，当发生单相接地故障时，不影响三相系统的正常运行，但需及时发出信号，以便运行人员进行处理，防止故障进一步扩大，为此，应装设（　　）。

A. 电流速断保护　　B. 过电流保护　　C. 绝缘监察装置　　D. 过电压保护

38. 变压器速断保护动作电流按躲过 （　　） 来整定。

A. 最大负荷电流　　　　　　　　　　B. 励磁涌流

C. 变压器低压侧母线三相短路电流　　D. 原边三相短路电流

39. 10kV 电力变压器电流速断保护的 "死区" 是由 （　　） 措施来弥补的。

A. 带时限的过电流保护　　　　　　　B. 低电压保护

C. 气体（瓦斯）保护　　　　　　　　D. 装过负荷开关

40. 当 10kV 电力变压器气体继电器动作发出报警后要采集继电器内的气体并取出油样，迅速进行其他和油样的分析。若气体为灰白色，有臭味且可燃，则应采取的措施是 （　　）。

A. 允许继续运行　　B. 立即停电检修　　C. 进一步分析油样　D. 允许运行 2h

41. 高压并联电容器，总容量大于 300kVAR 时，应采用 （　　）

A. 跃落式熔断器　　B. 高压负荷开关　　C. 高压断路器　　　D. 高压隔离开关

42. 三个单相电压互感器接成 Y0/Y0 形，可用于对 6～10kV 线路进行绝缘监视，选择绝缘监察电压表量程应按 （　　） 来选择。

A. 相电压　　　　　B. 线电压　　　　　C. 3 倍相电压　　　D. 3 相电压

43. 短路计算电压一般取短路线路首端电压，对 10kV 线路，短路计算电压是 （　　）。

A. 10kV　　　　　　B. 10.5kV　　　　　C. 11kV　　　　　　D. 12kV

44. 两只电流互感器（在 U、W 相）和一只过电流继电器接成的两相电流差接线形式，能反映各种相间短路故障，但灵敏度不同，其中灵敏度最高的是 （　　） 短路故障。

A. U、V 相　　　　　B. V、W 相　　　　C. U、W 相　　　　D. U、V、W 相

45. 能保护各种相间短路和单相接地短路的电流互感器的接线形式是 （　　）。

A. 一相式　　　　　B. 两相 V 形　　　　C. 两相电流差　　　D. 三相星形

46. 两台单相电压互感器接成 V/V 形式，其总容量为 （　　）。

A. 两台容量之和　　　　　　　　　　B. 两台容量和的 50%

C. 单台容量　　　　　　　　　　　　D. 两台容量的 75%

47. 三相五柱三绕组电压互感器接成 Y0/Y0 形，在正常运行中，其开口三角形的两端出口电压为 （　　）。

A. 0V　　　　　　　B. 相电压　　　　　C. 线电压　　　　　D. 100V

48. 电流速断保护的动作时间是 （　　）。

A. 瞬时动作　　　　　　　　　　　　B. 比下一级保护动作时间大 0.5s

C. 比下一级保护动作时间大 0.7s　　　D. 根据负荷性质定

49. 当电源电压突然降低或瞬时消失时，为保证重要负荷的电动机的自启动，对不重要的负荷或一般用电负荷或线路应装设 （　　），作用于跳闸。

A. 过电流保护　　　　　　　　　　　B. 电流速断保护

C. 低电压保护　　　　　　　　　　　D. 低电压和过电流保护

50. 重合闸继电器中，与时间元件 KT 串接的电阻 R5 的作用是 （　　）。

A. 限制短路电流

B. 限制流入 KT 线圈电流，以便长期工作而不致过热

C. 降低灵敏度

D. 降低选择性

51. 触摸屏实现数值输入时，要对应 PLC 内部 （　　）。

A. 输入点 X   B. 输出点 Y   C. 数据存储器   D. 定时器

52. PID 运算是对（　　）进行运算的。

A. 反馈信号   B. 给定值   C. 偏差信号   D. 被控量

53. 绝缘栅双极晶体管指的是（　　）。

A. MOSFET   B. GT0   C. IGBT   D. GTR

54. 区间比较指令是（　　）。

A. CMP   B. HSCS   C. ZCP   D. HSCR

55. PID 运算是对（　　）进行运算的。

A. 反馈信号   B. 给定信号   C. 被控量   D. 偏差信号

56. 如图 3 所示为导弹发射架的方位控制系统中，被控对象为（　　）。

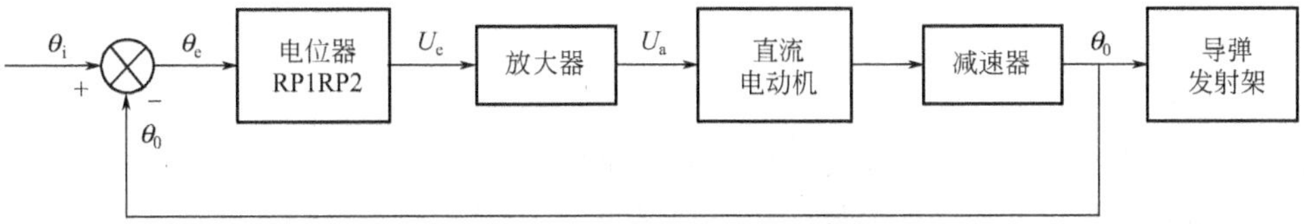

$$\theta_i \xrightarrow{+} \bigotimes \xrightarrow[-]{\theta_e} \boxed{\begin{array}{c}\text{电位器}\\\text{RP1RP2}\end{array}} \xrightarrow{U_c} \boxed{\text{放大器}} \xrightarrow{U_a} \boxed{\begin{array}{c}\text{直流}\\\text{电动机}\end{array}} \xrightarrow{} \boxed{\text{减速器}} \xrightarrow{\theta_0} \boxed{\begin{array}{c}\text{导弹}\\\text{发射架}\end{array}}$$

图 3　导弹发射架的方位控制系统

A. 电位器   B. 直流电动机   C. 方位角 θ D. 导弹发射架

57. 下列能产生 100ms 脉冲的触点是（　　）。

A. M8000   B. M8161   C. M8033   D. MSO12

58. 下列传感器中属于模拟量传感器的是（　　）。

A. 脉冲编码器   B. 热电偶   C. 压力开关   D. 温度开关

59. 我国工频供电下，4 极三相异步电动机的理想空载转速是（　　）r/min。

A. 3000   B. 1500   C. 1000   D. 750

60. 输入量保持不变时，输出量却随着时间直线上升的环节为（　　）。

A. 比例环节   B. 积分环节   C. 惯性环节   D. 微分环节

61. 计算机目前采用的通信口是（　　）。

A. RS-232   B. RS-422

C. RS-232 和 RS-422   D. RS-85

62. 奇校验方式中，若发送端的数据位 b0～b6 为 0100100，则校验位 b7 应为（　　）。

A. 0   B. 1   C. 2   D. 3

63. 闭环控制系统通常对（　　）进行直接或间接地测量，通过反馈环节去影响控制信号。

A. 输出量   B. 输入量   C. 扰动量   D. 设定量

64. 检测各种非金属制品，应选用（　　）型的接近开关。

A. 电容   B. 永磁型及磁敏元件

C. 高频振荡   D. 霍尔

65. M8002 有（　　）功能。

A. 置位功能   B. 复位功能   C. 常数   D. 初始化功能

66. 梯形图编程的基本规则中，下列说法不对的是（　　）。

A. 触点不能放在线圈的右边

B. 线圈不能直接连接在左边的母线上

C. 双线圈输出容易引起误操作，应尽量避免线圈重复使用

D. 梯形图中的触点与继电器线圈均可以任意串联或并联

67. PLC 程序中手动程序和自动程序需要（　　）。

A. 自锁　　　　　　B. 互锁　　　　　　C. 保持　　　　　　D. 联动

68. 触摸屏通过（　　）方式与 PLC 交流信息。

A. 通信　　　　　　B. I/O 信号控制　　C. 继电器连接　　　D. 电气连接

69. 调速系统的调速范围和静差率这两个指标是（　　）。

A. 互不相关　　　　B. 相互制约　　　　C. 相互补充　　　　D. 相互平等

70. 按变频器面板的"正转"键发现电动机反转，若要电动机的转向与控制命令一致，应采取的措施是（　　）。

A. 按"反转"键

B. 改变参数设置

C. 对调变频器与三相电源连接的任意两相导线

D. 对调变频器与电动机连接的任意两相导线

71. 正弦波脉宽调制波（SPWM）是（　　）叠加运算而得到的。

A. 正弦波与等腰三角波　　　　　　　　B. 矩形波与等腰三角波

C. 正弦波与矩形波　　　　　　　　　　D. 正弦波与正弦波

72. 我国工频供电下，6 极三相异步电动机的理想空载转速是（　　）r/min。

A. 3000　　　　　　B. 1500　　　　　　C. 1000　　　　　　D. 750

单项选择题答案

1. B	2. A	3. B	4. A	5. A	6. C	7. C
8. B	9. B	10. B	11. C	12. C	13. B	14. C
15. C	16. A	17. A	18. A	19. C	20. C	21. C
22. A	23. D	24. A	25. B	26. D	27. A	28. C
29. B	30. D	31. C	32. A	33. C	34. B	35. A
36.	37. C	38. C	39. B	40. C	41. B	42. B
43. C	44. C	45. B	46. A	47. A	48. C	49. B
50. C	51. C	52. C	53. C	54. D	55. B	56. D
57. D	58. B	59. B	60. B	61. A	62. A	63. A
64. A	65. D	66. D	67. B	68. A	69. B	70. D
71. A	72. C					

三、多项选择题

1. PLC 的输出对输入的响应有一个时间滞后原因是（　　）。

A. 指令的输入时间长　　　B. 输入电路的滤波　　　C. 扫描时间

D. 输出电路滤波　　　　　E. 输出电路开关元件的导通时间

2. 下列关于电感器描述正确的是（　　）。

A. 电感器具有通直流的作用　　B. 电感器具有通交流的作用

C. 电感器具有隔直流的作用　　D. 电感器具有隔交流的作用

3. 下列属于顺序控制指令的结构是（　　）。

A. 并行性结构　　　　B. 选择性结构　　　　C. 单流程结构　　　　D. 模块化结构

4. PLC的输入信号有（　　　）。

A. 开关量　　　　B. 模拟量　　　　C. 数字量　　　　D. 脉冲量

5. 电压型变频器的主要特点（　　　）。

A. 中间环节采用大电容滤波　　　　　　B. 中间环节采用小电容滤波

C. 输出电流波形近似正弦波　　　　　　D. 输出电压波形近为矩形波

E. 输出电压波形近似正弦波

6. 下列传感器中属于数字量传感器的是（　　　）。

A. 编码器　　　　B. 温度开关　　　　C. 压力开关　　　　D. 热电偶

7. 下列指令中必须配用的是（　　　）。

A. MC、MCR　　　　B. MPS、MPP　　　　C. PLS、PLF　　　　D. FOR、NEXT

8. 关于M8013的正确说法有（　　　）。

A. M8013是普通继电器　　　　　　　　B. M8013是产生1s的时钟脉冲

C. M8013的时钟脉冲占空比是50%　　　D. M8013在程序中只能使用一次

9. 下列用于三相交流异步电动机调速的方法有（　　　）。

A. 变频　　　　B. 变极　　　　C. 变磁通　　　　D. 变转差率

10. 下列关于电容器的描述正确的是（　　　）。

A. 电容器是储能元件　　　　　　　　　B. 电容器是耗能元件

C. 电容器的有功功率等于零　　　　　　D. 容抗与频率无关

E. 容抗与频率成反比

11. 属于字元件的是（　　　）。

A. M　　　　B. K1M0　　　　C. T　　　　D. C

12. PWM逆变器的作用和优点有（　　　）。

A. 调频　　　　B. 调压　　　　C. 降低电网功率因数

D. 调节速度慢而稳　　　　E. 可靠性高

多项选择题答案

1. BCE　　2. AD　　3. ABC　　4. ABCD　　5. ACD　　6. ABC

7. ABD　　8. BC　　9. ABD　　10. ACE　　11. CD　　12. ABE

四、判断题

（　　）1. 开环系统是由给定信号值控制的；而闭环系统则是由偏差信号值控制的。

（　　）2. 在自动控制系统中，开环系统是由给定信号值控制的；而闭环系统则是由偏差信号值控制的。

（　　）3. 开环系统和闭环系统都是由给定信号值控制的。

（　　）4. 只要是闭环控制系统就能实现自动控制的功能。

（　　）5. 压力传感器一般由热敏元件、放大器和显示器等组成。

（　　）6. 热电偶主要是利用两种导体的接触电动势来工作的。

（　　）7. 静差率是用来衡量系统在负载变化时速度的稳定性。

（　　）8. PWM变换器（斩波器）是把恒定的直流电压，调制成频率不变，宽度不变脉直流电压。

（　　）9. 程序 ├─┤ ├─── (C2　X100) ── ├ 中，计数器C2每1s计数一次。
（X8012）

（　　）10. 计算机与 FX2N 的连线中，与计算机的连接端为 RS-232 接口，与 FX2N 连接端为 RS-422 接口。

（　　）11. 计算机与 FX2N 的连线中，与计算机的连接端为 RS-232 接口，与 FX2N 连接端为 RS-484 接口。

（　　）12. 在恒压供水系统中，当用水量大时，增加水泵数量或提高水泵的转速以保持管网中的水压不变。

（　　）13. 恒定供水的主要目标是保持地下水池液面不变。

（　　）14. 串行数据通信是以二进制的位（bit）为单位的数据传输方式。

（　　）15. 在多泵组恒压供水系统中，变频器的主要作用是控制水泵的切换。

（　　）16. 传感器的静态特性主要由线性度、灵敏度和重复性来描述。

（　　）17. 传感器的动态特性主要由最大超调量、响应时间来描述。

（　　）18. 传感器是实现自动检测和自动控制的首要环节。

（　　）19. 变频器要维持恒磁通控制的条件是保持变频器输入电压不变。

（　　）20. 电流型变频器不适用于经常启动、制动的系统。

（　　）21. 定时器和计数器的设定值只能用十进制常数 K 来设定。

（　　）22. 定时器的定时设定值可以用数据寄存器设定。

（　　）23. 当驱动定时器使其延时时间等于设定时间时，定时器触头动作，线圈继续得电计时。

（　　）24. 触摸屏一般通过串行接口与计算机、PLC 等连接通信，并可由专用软件完成画面的制作和传输，以实现作为图形操作和显示终端的功能。

（　　）25. CC-Link 网络中可以无需经过主站而实现 PLC 从站之间的直接通信。

（　　）26. CC-Link 网络是总线型主从式网络。

（　　）27. 在 PLC 网络中，一般使用星形拓扑网络。

（　　）28. 调速系统的调速范围和静差率这两个指标相互制约。

（　　）29. 双闭环调速系统中的电流环为外环，速度环为内环，两环是串联的。

（　　）30. 速度、电流双闭环调速系统起主要调节作用的是速度调节器。

（　　）31. SPWM 各脉冲的幅值是相等的。

（　　）32. FEND 指令后的程序可以被 PLC 执行。

（　　）33. 使用 STL 指令编程时，一个状态元件的 STL 触点在梯形图中只能出现一次。

（　　）34. 在自动控制系统中，若给定电压是负电压，则该系统是负反馈系统。

（　　）35. F940GOT 触摸屏可以与某些不是三菱品牌的 PLC 通信。

（　　）36. F940GOT 触摸屏可以作为三菱 FX2N 的 PLC 编程器使用。

（　　）37. F940GOT 触摸屏的 RS-422 接口用于与 PLC 的 RS-232C 接口连接。

（　　）38. 触摸屏既是输入设备，又是输出设备。

（　　）39. 三菱 FX 系列 PLC 的区间比较指令是 ZCP。

（　　）40. 在有静差调速系统中，电流正反馈和电压负反馈的作用是反馈控制。

（　　）41. 在电压负反馈调速系统中引入电流正反馈可提高系统的静态性能指标。

（　　）42. 要构成一种高精度的无静差系统就必须采用比例加积分控制器。

（　　）43. 整流器电路用于将交流电转变为直流电，而逆变器却实现相反的过程。

（　　）44. 从通信方式观点看，手机间的通信属于半双工通信方式。

（　　）45. RS-232C 接口标准允许多于三个站点同时通信。

（　　）46. 开环系统和闭环系统都是由给定信号值控制的。

（　　）47. 只要是闭环控制系统就能实现自动控制的功能。

（　　）48. 在有静差调速系统中，电流正反馈和电压负反馈的作用是反馈控制。

（　　）49. 在电压负反馈调速系统中引入电流负反馈可以提高系统的静性态指标。

（　　）50. 三菱的 F940 触摸屏可以作为三菱的 FX2N 的 PLC 编程器使用。

（　　）51. 数据通信就是将数据信息通过传送介质，从一台机器传送到另一台机器。

（　　）52. 传感器是实现自动检测和自动控制的重要环节。

（　　）53. 输出继电器 Y 可以由外部输入信号驱动。

（　　）54. 触摸屏一般通过串行接口与计算机、PLC 或其他外围设备进行通信。

（　　）55. 控制系统中的反馈信号与给定值的极性相同是构成自动控制系统的基本要求之一。

（　　）56. 接近开关是一种无需与运动部件进行机械接触就可以进行检测的位置开关。

（　　）57. 传感器的动态特性主要由力学量、电学量和热学量来描述。

（　　）58. 计数器的设定值可以用数据寄存器设定。

（　　）59. 在 PLC 组成的 RS-422 网络中，是网状拓扑结构。

（　　）60. 触摸屏实质上是一种控制器。

（　　）61. 热电偶传感器是利用金属导体的阻值随温度变化而变化的原理进行测温的。

（　　）62. 任何一个控制系统都是由被控对象和控制器两大部分所组成。

（　　）63. 静差率与机械特性有关，特性越硬，静差率越大。

（　　）64. PLC 扫描周期主要取决于程序的长短。

（　　）65. F940GOT 与外围设备连接的接口只能是 RS-232。

（　　）66. 触摸屏具有输入和输出的控制功能。

（　　）67. 传感器的静态特性主要由力学量、电学量和热学量来描述。

（　　）68. 在梯形图中，继电器的线圈可以并联，也可以串联。

（　　）69. 按正反馈原理组成的闭环控制系统能实现自动控制的功能。

（　　）70. 偏差信号是指参考输入与主反馈信号之差。

（　　）71. 输出继电器 Y 可以由外部输入信号驱动。

（　　）72. 高精度的无静差系统可采用比例加积分控制器构成。

（　　）73. FEND 后面的指令将不被执行。

（　　）74. 现代 PLC 的编程软件具有很强的语法检查能力，能检查出 PLC 程序中的所有语法错误。

（　　）75. 电力场效应管是理想的功率控制型器件。

（　　）76. 并行通信比串行传输速率高，所以适用于长距离通信。

（　　）77. PLC 与触摸屏进行连接时，它们之间有主从的关系，属于主的是 PLC。

（　　）78. 同一触摸屏不能监控不同的设备。

（　　）79. 接近开关的用途除行程控制和限位保护外，还可检测金属物品的存在、定位、变换运动方向、液面控制等。只要是闭环控制系统就能实现自动控制的功能。

（　　）80. 划分大、中和小型 PLC 的分类主要依据是开关量的输入、输出点数。

（　　）81. 三菱 FR 变频器采用 RS-232 接口。

（　　）82. FXON-3A 模块在恒压供水中起着监测管网压力，实现恒压调节的作用。

（　　）83. 恒压供水中的压力传感器是电流传感器，液面传感器是电压传感器。

（　　）84. 触摸屏通过 I/O 信号控制的方式与 PLC 交流信息。

判断题答案

1. √　　2. √　　3. ×在自动控制系统中，开环系统是由给定信号值控制的；而闭环系统则是由偏差信号值控制的　　4. ×不是所有的闭环控制系统都能实现自动控制的功能

5. ×力传感器一般由力敏元件、放大器和显示器等组成　　6. √　　7. √　　8. ×PWM 变换器（斩波器）是把恒定的直流电压，调制成频率不变，宽度可调的脉冲列　　9. ×程序

$$\begin{array}{c} X8012 \\ \dashv\ \vdash\!\!-\!\!(\ C2\quad X100\quad)\!\!-\!\!\!-\!\!\! \end{array}$$

中，计数器 C2 每 100ms 计数一次，M8011：10ms　　M8012：100ms　　M8013：1s　　10. √　　11. ×计算机与 FX2N 的连线中，与计算机的连接端为 RS232 接口，与 FX2N 连接端为 RS422 接口　　12. √　　13. ×　　14. √　　15. ×在多泵组恒压供水系统中，交流接触器组的主要作用是控制水泵的切换，变频器的主要作用是恒定管网压力　　16. √　　17. √　　18. √　　19. ×变频器要维持恒磁通控制的条件是保持变频器输入电流不变　　20. ×电流型变频器适用于经常启动、制动的系统　　21. ×定时器和计数器的设定值可以用十进制常数 K、十六进制常数 H、数据寄存器 D 来设定

22. √　　23. ×当驱动定时器使其延时时间等于设定时间时，定时器触头动作，线圈失电

24. √　　25. ×CC-Link 网络中必须经过主站才能实现 PLC 从站之间的通信　　26. √

27. ×在 PLC 网络中，一般使用总线型拓扑网络　　28. √　　29. ×双闭环调速系统中的电流环为内环，速度环为外环，两环是串联的　　30. ×速度、电流双闭环调速系统起主要调节作用的是速度调节器（ASR）和电流调节器（ACR）　　31. √　　32. √　　33. ×使用 STL 指令编程时，一个状态元件的 STL 触点在梯形图中可以出现多次　　34. ×在自动控制系统中，若给定电压是负电压，该系统不一定是负反馈系统　　35. √　　36. √

37. ×F940GOT 触摸屏的 RS-422 接口用于与 PLC 的 RS-422 接口连接　　38. √　　39. √

40. ×　　在有静差调速系统中，电压负反馈体现反馈控制规律，电流正反馈环节是补偿环节

41. √　　42. √　　43. √　　44. ×　　从通信方式观点看，手机间的通信属于全双工通信方式　　45. ×RS-232C 接口标准不允许多于三个站点同时通信　　46. ×　　47. ×　　48. ×

49. √　　50. √　　51. √　　52. √　　53. ×　　54. √　　55. √　　56. √　　57. ×

58. √　　59. √　　60. √　　61. ×　　62. √　　63. ×　　64. √　　65. √　　66. ×

67. ×　　68. ×　　69. √　　70. ×　　71. ×　　72. √　　73. ×　　74. ×　　75. ×

76. ×　　77. ×　　78. ×　　79. ×　　80. √　　81. ×　　82. ×　　83. ×　　84. ×

五、问答题

1. 简述自动控制系统的特征。

答：特征有三个：①结构上系统必须具有反馈装置，以求取得偏差信号 Δu；② 由偏差 Δu 产生控制作用，以便纠正偏差；③控制的目的是力图减小或消除偏差，使被控制量尽量接近期望值。

2. 采用 PWM 方式构成的逆变器具有什么功能？试简述其主要特点。

答：具有调压和变频的功能。主要特点是体积小，重量轻，可靠性高，调节速度快，动态响应好，能提供较好的逆变器输出电压和电流波形，能提高逆变器对交流电网的功率因数

3. 运行如图 4 所示的程序。X0 为按钮控制，Y0 控制灯，问 X0 至少应吸合多长时间，Y0 控制的灯才亮?

```
     X000  M8014                                          K50
0    ├┤    ├┤                                          ─( C3  )
     C3
5    ├┤                                              ─( Y000 )
7    ─────────────────────────────────────────────────[ END ]
```

图 4 题 3 程序

答：50min。

4. 运行如图 5 所示的程序 X0、X1 为按钮控制，Y0 控制灯，问 X0 至少应吸合多少次，Y0 控制的灯才亮?

```
     X000                                               K5
0    ├┤                                              ─( C3  )
     C3                                                 K4
4    ├┤                                              ─( C4  )
     C3
8    ├┤─┬─────────────────────────────────────[ RST   C3 ]
        │
     X001│
     ├┤──┘
     X001
.2   ├┤                                         ─[ RST   C4 ]
     C4
.5   ├┤                                              ─( Y000 )
.7   ─────────────────────────────────────────────────[ END ]
```

图 5 题 4 程序

答：至少 20 次。

5. CC-Link 网络中，Q 型主站设定 D1000 是从站的 RX 区域首地址，D1040 是从站的 RWr 区域首地址，问 3# 从站在主站的 RX 区域和 RWr 区域是什么?

答：3# 从站在主站的 RX 区域 D1004～D1005；3# 从站在主站的 RWr 区域 D1048～D1051。

6. CC-Link 网络中，请编写 6# 从站 FX2N 的 PLC 读取 Q 型主站发给 6# 从站数据的程序，6# 从站的占用站点为 0。设 FX2N 的 CC-Link 从站模块号为 2。

答：

```
     M8000
0    ├┤                        ─[ FROM   K2    K0      D0      K32 ]
10   ─────────────────────────────────────────────────[ END ]
```

7. 简述什么是交-直-交变频器？

答：先用整流器将一频交流电变成直流电，再用逆变器将直流电变为电压、频率可调的交流电，这种变频器称为交-直-交变频器。

8. 变频器为什么要维持恒磁通控制，条件是什么？

答：对于要求调速范围大的恒转矩负载，要在整个调速范围内保持最大转矩 T_{max} 不变，则须保持 ϕ 恒定不变，所以采用 E_1/f_1 为常数的恒磁通控制方式。

9. 表示 PLC 型号的 FX2N-48MR 中 48、M 和 R 的含义分别是什么？

答：48 个 I/O 点、基本单元、继电器输出型。

10. 分析如图 6 所示 FX2NPLC 与 FR-A700 变频器的通信程序，回答下列问题：

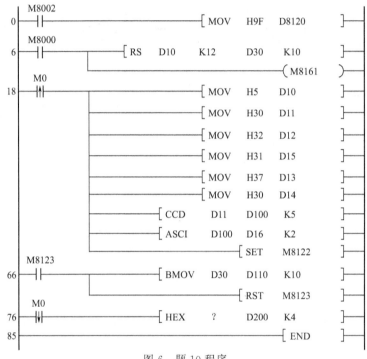

图 6 题 10 程序

① FR-D720 变频器的站号应设为多少？

② 数据寄存器 D13、D14 的数据内容所表示的含义是什么？

③ 程序中 "?" 处的数据寄存器代码是什么？

答：①2；②指令代码；③D113。

11. 程序如图 7 所示，当 x10 吸合后程序一直运行，运行了 1min 时，D1 的值是多少？

图 7 题 11 程序

答：160。

12. 运行如图 8 所示的程序。X0 为按钮控制，Y0 控制灯，问 X0 至少应吸合多长时间，Y0 控制的灯才亮？

```
    X000   T1
0 ──┤├────┤/├──────────────────────────( T1    K500 )

    T1
5 ──┤├────────────────────────────────( C3    K50  )

    C3
9 ──┤├────────────────────────────────( Y000 )

11 ──────────────────────────────────[ END ]
```

图 8 题 12 程序

答：2500s

13. 自动控制系统的基本要求是什么？

答：①稳定性；②快速性；③准确性。

14. 简述自动控制系统的定义。

答：自动控制系统是一个带有反馈装置的动态系统。系统能自动而连续地测量被控制量，并求出偏差，进而根据偏差的大小和正负极性进行控制，而控制的目的是力图减小或消除所存在的偏差。

15. 简述传感器的定义。

答：传感器是能感受规定的被测量并按照一定的规律转换成可用输出信号的器件或装置，通常由敏感元件和转换元件组成。

16. 简述什么是交流调速系统。

答：交流调速系统就是以交流电动机作为电能-机械能的转换装置，并通过对电能（电压、电流、频率）的控制以产生所需转矩与转速的电气传动自动控制系统。

17. 运行如图 9 所示的程序。X0 为按钮控制，Y3～Y0 为控制灯，问 X0 吸合，且 PLC 的输出稳定后，Y3～Y0 控制的哪个灯亮？

```
    X000
0 ──┤├─────────────────────────────────( M0 )

    M0     T0
  ──┤├────┤/├───────────────────────────( T0    K10 )

    T0
7 ──┤├──┬──────────────────────────────[ INC   K1Y000 ]
        │
        └──────────────────────────────( C0    K10 )

    C0
14 ──┤├────────────────────────────────[ RST   M0 ]

16 ────────────────────────────────────[ END ]
```

图 9 题 17 程序

答：Y3、Y1 亮。

18. 分析如图 10 所示的程序，D10 的值是多少？

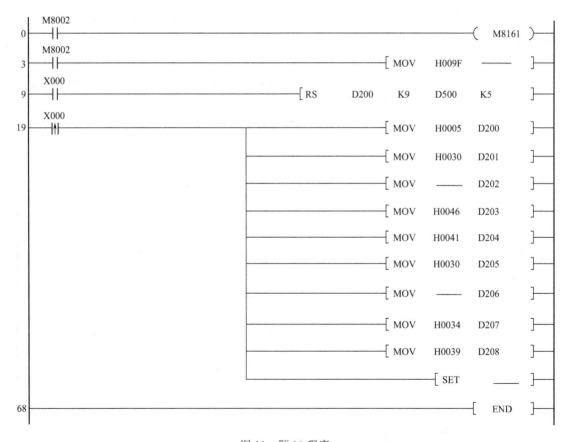

图 10   题 18 程序

答：D10 的值是 0。

19. 表 1 是 PLC 与变频器的串行通信协议，请根据以下协议，把变频器正转运行时对应的字符填写在如图 11 所示的程序空格中。

表 1   题 19 表

ENQ	变频器站号	指令代码	数据	总和校验
H05	H30 H30	H46 H41	H30 H32	H34 H39

图 11   题 19 程序

答：分别填：D8120、H30、H32、M8122

20. 反馈控制系统怎样确定其反馈性质是正反馈还是负反馈？

答：测量反馈信号和给定信号的极性，若两者的极性相同，就是正反馈；若两者的极性相反，就是负反馈。

21. 在如图 12 所示的程序中，按下 X10，执行 MOV 指令，则 M10～M13 中哪个元件得电？

```
   X010
0  ──┤├─────────────────────────────[ MOV    K14      K1M10 ]
   X011
6  ──┤├─────────────────────[ BMOV   K1M10   K1Y000   K2 ]

14 ────────────────────────────────────────────[ END ]
```

图 12　题 21 程序

答：$(14)_{10}=(1110)_2$，所以，M13、M12、M11 得电。

22. CC-Link 网络中，Q 型主站中设定 D1000～D1001 为 1# 从站的发送区域，D1020～D1021 为 1# 从站的接收区域。问 3# 从站的发送区域、5# 从站的接收区域是什么？

答：3# 从站的发送区域是：D1004～D1005；5# 从站的接收区域是：D1028～D1029。

23. 写出 FX2N 的 PLC 把本机的 X17～X0 状态发送到 CC-Link 的 Q 型主站中的程序。设 FX2N 的 CC-Link 模块号为 0。

答：

```
   M8000
0  ──┤├───┬───────────────────────[ MOV    K4X000   D200 ]
         │
         └──────────────[ TO    K0    K0    D200    K32 ]

15 ────────────────────────────────────────────[ END ]
```

24. 已知恒压供水系统中的变频器控制回路图如图 13 所示，请问如图中的 FU 端、OL 端、5～4 端的作用是什么？

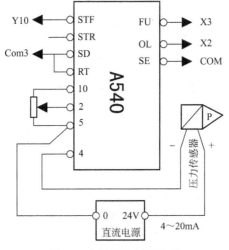

图 13　变频器控制回路图

答：① 变频器启动靠 PLC 输出 Y10 来控制，频率检测的上/下限信号分别通过 FU 和 OL 输出至 PLC 的 X3 与 X2 输入端。

② 5～4 端是供水压力传感器回路，压力传感器和液面传感器都是通过各自的数显表供电，而且都为电流传感器，压力不同和液位不同会影响回路中的电流大小。

25. PLC 的部分 I/O 接线图和梯形图程序如图 14 所示。

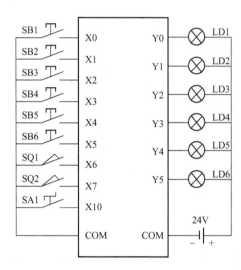

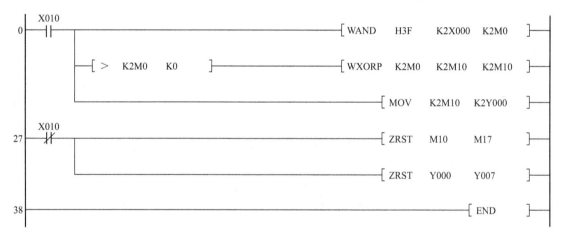

图 14 接线图和梯形图程序

① 若 SA1 接通，按顺序按下 SB1、SB2、SB3、SB4、SB5、SB6 后，各指示灯的状态如何变化？

② 再次按顺序按下 SB1、SB2、SB3、SB4、SB5、SB6 后，各指示灯的状态又如何变化？

③ 试说明梯形图中 WAND 指令的作用。

④ 能否把 WXORP 指令改为 WXOR，说明理由。

答：① X10 接通，第一次按顺序按下 X0、X1、X2、X3、X4、X5 后，LD1、LD2、LD3、LD4、LD5、LD6 按顺序从灭变亮。

② X10 接通，第二次按顺序按下 X0、X1、X2、X3、X4、X5 后，LD1、LD2、LD3、

LD4、LD5、LD6 按顺序从亮变灭。

③ WAND 为逻辑与指令，是将两个源操作数按位进行与操作，结果送指定元件，当 X10 接通后，(H003F)∧(K2X0)→(K2M0)。

④ 不能把 WXORP 指令改为 WXOR。WXORP 和 WXOR 都是逻辑异或指令，但是：WXORP 是脉冲执行型指令，在执行条件满足时，仅执行一个扫描周期；WXOR 是连续执行型指令，在执行条件满足时，每一个扫描周期都要执行一次。在本梯形图中，[＞K2M0 K0] 是触点比较指令，后面用 WXORP 才正确。

26. PLC 型号的 FX2N-48MR 中的 48、M. R 分别指什么？

答：PLC 型号的 FX2N-48MR 中的 48 指 48 个 I/O 点、M 指基本单元、R 指电器输出型

27. 在如图 15 所示的程序中，D100 的值是多少？

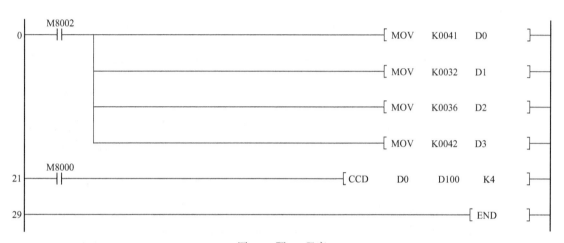

图 15　题 27 程序

答：(D100)＝K151

28. 简述自动控制的基本要求

答：自动控制的基本要求是稳定性、快速性、准确性。

29. 简述 PLC 执行程序的过程。

答：PLC 执行程序的过程是输入采样阶段、程序执行阶段、输出刷新阶段。

六、读图题

1. 洗手盆有人使用时，光电开关使 X0 为 ON，冲水系统在 3s 后令 Y0 为 ON，冲水 2s 停止，当 X0 为 OFF 时，再行冲水 2s，如图 16 所示。请设计出梯形图。

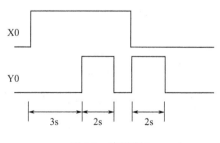

图 16　读图题 1

答：

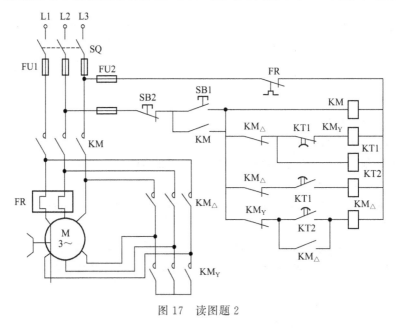

2. 根据时间继电器控制星形-三角形降压启动线路图，如图 17 所示，采用功能指令 MOV 编程，并绘出 I/O 分配图和梯形图（KT1 延时时间为 6s，KT2 延时时间为 1s）。

图 17　读图题 2

答：

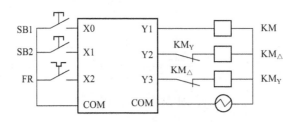

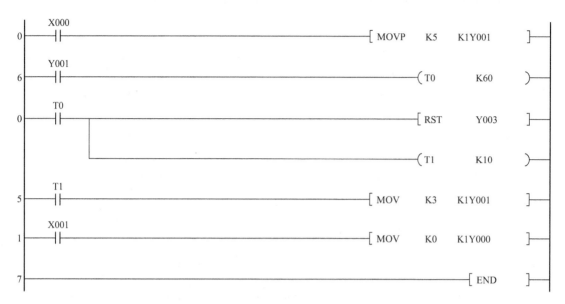

七、编程题

1. 设计如图18所示的振荡灯光控制电路,请画出 PLC 的 I/O 分配圈、梯形图。

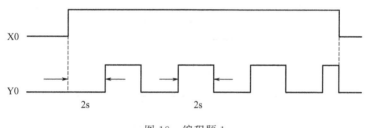

图18 编程题 1

答:

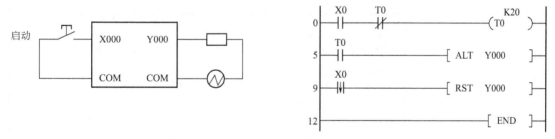

2. 某地有 1# 和 2# 两组风机,控制顺序如下:

① 1# 和 2# 风机根据日期轮流运行,要求单数天时 1# 机组运行,双数天时 2 并机组运行;

② 两台风机均采用时间控制星形-三角形降压启动,风机先星形启动,4s 后,风机三角形运行;

③ 当风机过载时能自动停止;

④ 当风机发生故障时运行指示灯闪烁。

请根据控制要求用 FX 系列 PLC 的功能指令编程，绘出 I/O 分配图和程序梯形图。

答：

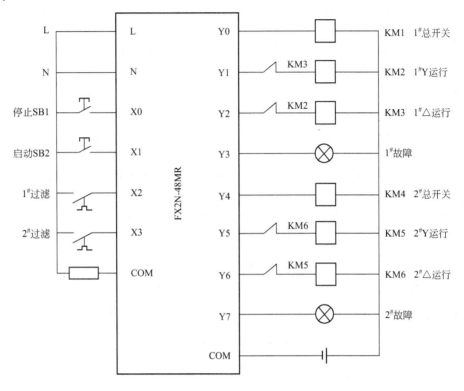

```
       X002    M8013
69 ─┤├──────┤↑├─────────────────────────────────[ ALT    Y003 ]─┤

       X003    M8013
75 ─┤├──────┤↑├─────────────────────────────────[ ALT    Y007 ]─┤

       X002
81 ─┤↓├───────────────────────────────────────[ RST    Y003 ]─┤

       X003
84 ─┤↓├───────────────────────────────────────[ RST    Y007 ]─┤

87 ─────────────────────────────────────────────[ END ]─┤
```

3. 滤波程序

系统启动后，每隔 20s 将以 D9～D0 中的数据移到以 D29～D20 为首地址数据寄存器中，并计算 D29～D20 的平均值并存入 D50 中。如果 D50 的值小于 D51 的值并且持续 5s，那么 Y0 每秒闪烁一次，以驱动外部报警信号。请设计程序并调试出来。

要求：①画出 PLC 的 I/O 分配图；②画出 PLC 的梯形图。

答：①

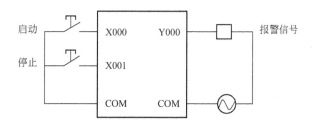

②

```
       X000            X001
 0 ─┬─┤├────────────┤/├──────────────────────────────( M0 )─┤
    │  M0
    └─┤├

       M0              T0
 4 ─┤├──────────────┤/├──────────────────────────( T0    K50 )─┤

       T0
 9 ─┬─┤├──────────────────────────[ BMOV   D0    D20   K10 ]─┤
    │
    └──────────────────────────────[ MEAN   D20   D50   K10 ]─┤

24 ─[ <    D50        D51    ]─────────────────────( T1    K20 )─┤

       T1              M8013
32 ─┤├──────────────┤├──────────────────────────────( Y000 )─┤

35 ─────────────────────────────────────────────[ END ]─┤
```

4. 光电开关使 X0 为 ON，冲水系统在 3s 后令 Y0 为 ON，冲水 2s（图 19）停止，当 X0 为 OFF 时，再行冲水 2s，请绘出 I/O 图和梯形图。

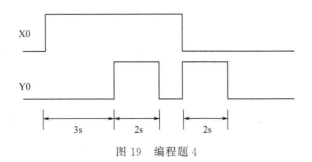

图 19   编程题 4

答：I/O 图

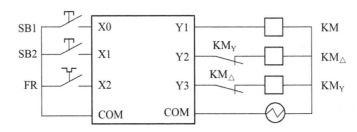

梯形图

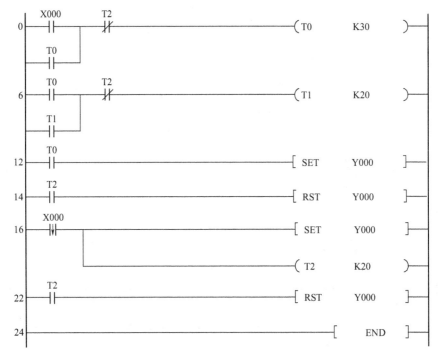

5. 请用 DECO 指令编写 PLC 直接对两相步进电动机的手动正反转控制程序，控制要求如下：

① 按下"正转"按钮时，步进电动机以 1 步/s 的速度正转。

② 松开"正转"按钮时，步进电动机停止转动。

③ 按下"反转"按钮时，步进电动机以 1 步/s 的速度反转。

④ 松开"反转"按钮时，步进电动机停止转动。

⑤ 请画出 I/O 分配图，编写梯形图。

答：

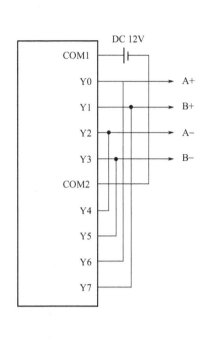

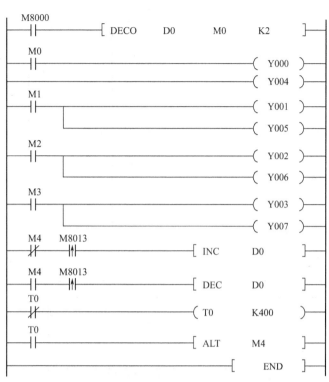

6. 某自动生产线上的运料小车运行如图 20 所示，运料小车由一台三相异步电动机拖动，电动机正转，小车向右行，电动机反转，小车左行。在生产线上有 3 个编码位 1～3 的站点供小车停靠，在每一个停靠站安装一个行程开关以检测小车是否到达该站点。对小车的控制除了启动按钮和停靠按钮之外，还设有 3 个呼叫按钮开关（H11～H13）分别与 3 个停靠站点相对应。

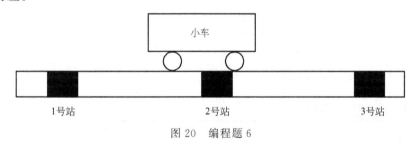

图 20　编程题 6

① 按下启动按钮，系统开始工作，按下停止按钮，系统停止工作；

② 当小车当前所处停靠站的编码小于呼叫按钮 HJ 的编码时，小车向右行，运行到呼叫按钮 HJ 所对应的停靠站时停止；

③ 当小车当前所处停靠站的编码大于呼叫按钮 HJ 的编码时，小车向左行，运行到呼叫按钮 HJ 所对应的停靠站时停止；

④ 当小车当前所处停靠站的编码等于呼叫按钮 HJ 的编码时，小车保持不变；

⑤ 呼叫按钮 H11～H13 应有互锁功能，按下者优先；

⑥ 画出 I/O 分配图；

⑦ 画出 PLC 梯形图。

答：I/O 图

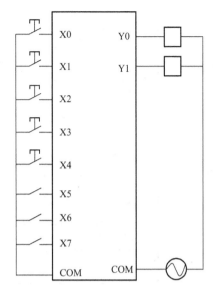

输　　入	说　　明	输　　出	说　　明
X000	启动按钮开关	Y000	电动机反转继电器
X001	停止按钮开关	Y001	电动机正转继电器
X002	1号站呼叫按钮开关		
X003	2号站呼叫按钮开关		
X004	3号站呼叫按钮开关		
X005	1号站行程开关		
X006	2号站行程开关		
X007	3号站行程开关		

梯形图

```
      X000    X001
   0 ─┤├──────┤╱├──────────────────────────────────────( M0 )──
      M0
     ─┤├──

      X002    M0     X003    X004
   4 ─┤├─────┤├─────┤╱├─────┤╱├────────────────[ MOV   K0    D0 ]──

      X003    M0     X002    X004
  13 ─┤├─────┤├─────┤╱├─────┤╱├────────────────[ MOV   K1    D0 ]──

      X004    M0     X003    X004
  22 ─┤├─────┤├─────┤╱├─────┤╱├────────────────[ MOV   K2    D0 ]──

      X005    M0
  31 ─┤├─────┤├──────────────────────────────[ MOV   K0    D2 ]──

      X006    M0
  38 ─┤├─────┤├──────────────────────────────[ MOV   K1    D2 ]──

      X007    M0
  45 ─┤├─────┤├──────────────────────────────[ MOV   K2    D2 ]──

                           M0
  52 ─[ >   D0    D2 ]────┤├─────────────────────────────( Y000 )──

                           M0
  59 ─[ <   D0    D2 ]────┤├─────────────────────────────( Y001 )──

  66 ──────────────────────────────────────────────────[ END ]──
```

7. 某车间的 1# 、2# 两台风机能够自动启动与停止，控制要求如下：

① 第一天 8：00 启动 1# 风机，10：00 启动 2# 风机，15：00 停 1# 风机，17：00 停 2# 风机。

② 第二天 8：00 启动 2# 风机，10：00 启动 1# 风机，15：00 停 2# 风机，17：00 停 1# 风机。

③ 第三天重复第一天的启动顺序，第四天重复第二天的启动顺序，如此类推。

④ 按下"停止"按钮后，不论 1# 和 2# 风机处于哪种状态，都必须同时停止。

请根据控制要求，编程并绘出 I/O 分配图和梯形图。

答：I/O 图

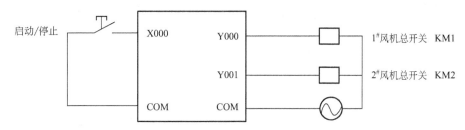

梯形图

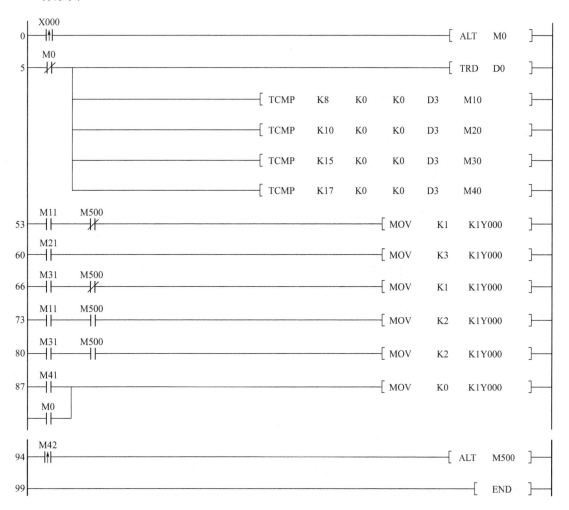

8. 设计一个对鼓风机与引风机控制的电路程序。

要求：① 开机时首先启动引风机，引风机指示灯亮，10s 后自动启动鼓风机，鼓风机指示灯亮。

② 停机时首先关断鼓风机，鼓风机指示灯灭，经 20s 后自动关断引风机和引风机指示灯，设开机输入信号由 X0 实现，关机由 X1 实现。鼓风机启动控制和指示灯由 Y0 和 Y1 实现，引风机启动控制与指示灯控制由 Y2 和 Y3 实现。

请画出 PLC 的 I/O 分配图和梯形图。

答：I/O 分配图

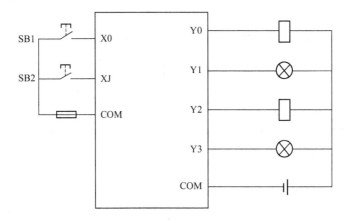

梯形图

9. 炉温控制系统设允许炉温的下限值放在 D0 中，上限值放在 D2 中，实测炉温放在 D1 中，按下启动按钮，系统开始工作。当实测炉温低于允许炉温下限值时，加热器工作、恒温器停止；当实测炉温高于允许炉温上限值时，加热器、恒温器停止；当实测炉温在允许炉温上、下限值之间维持时，恒温器工作。按下停止按钮，系统停止。请画出 PLC 的 I/O 分配图和梯形图。

答：I/O 图

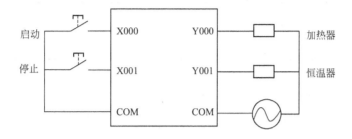

梯形图

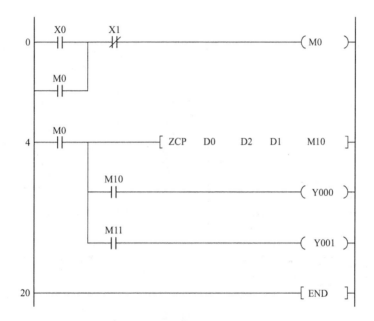

八、绘图题

1. 请根据如图 21 所示的某水温控制系统图绘出控制系统的框图。说明该系统的被控量和被控对象。

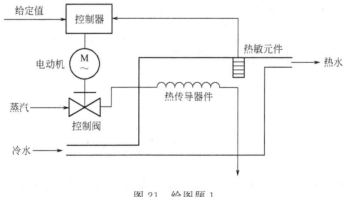

图 21　绘图题 1

答：

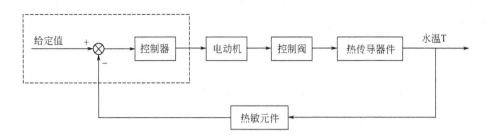

被控对象：水箱；被控量：水温。

2. 用框图表示交-直-交变频器系统的原理。请根据某锅炉汽包水位控制系统图（图22）绘出控制系统的框图。

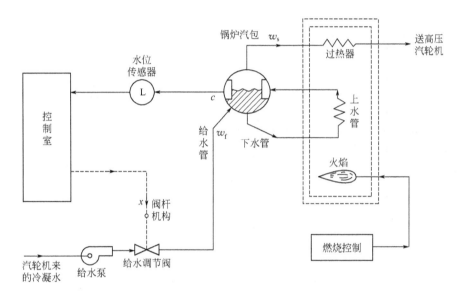

图 22　绘图题 2

答：

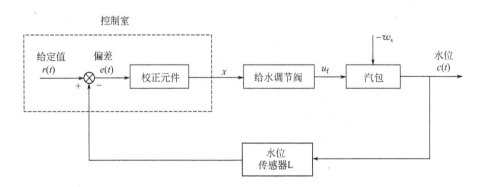

3. 根据输出电压的不同控制方式，画出静态变频器的交-直-交变频器的系统原理图。

答:

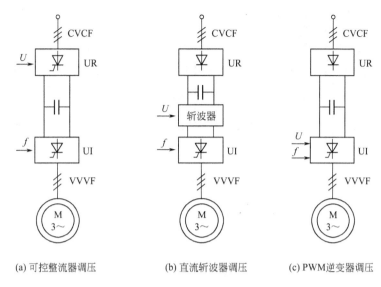

(a) 可控整流器调压	(b) 直流斩波器调压	(c) PWM逆变器调压

交-直-交变频装置原理图

4. 绘出带有双泵控制的恒压供水系统的主电路图。

答:

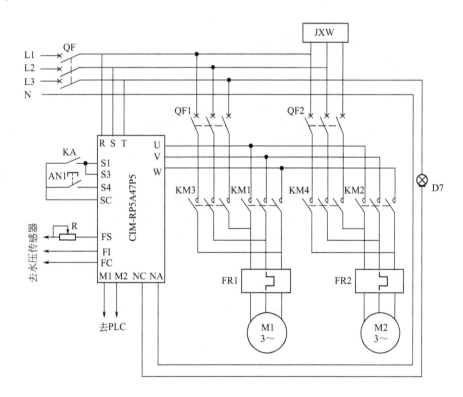

5. 某炉温自动控制系统如图23所示,图中的电炉采用电加热的方式运行,加热器所产生的热量与施加的电压 U_c 的平方成正比,电炉温度 t 用热电偶测出并转换成电压信号 U_f。试绘出该自动控制系统框图,并指出该系统的控制对象、被控量各是什么?

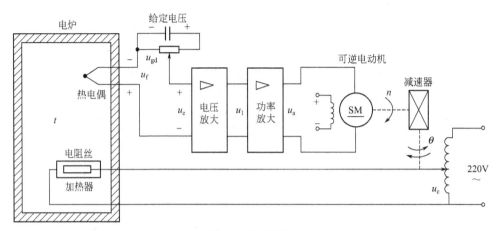

图 23 绘图题 5

答：

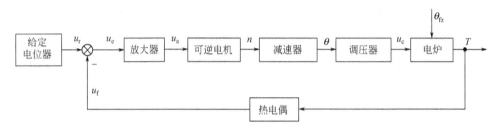

控制对象是加热炉，被控量是炉膛温度。

6. 画出恒压供水系统中变频器的控制回路图。

答：

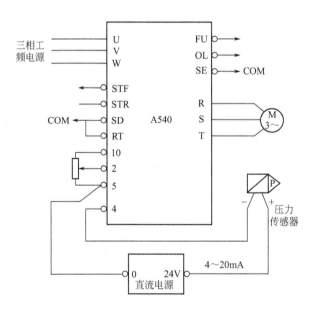

7. 某炉温控制系统如图 24 所示，图中电炉采用电加热的方式运行，加热器所产生的热量与施加的电压 U_c 的平方成正比，电炉温度 T 用电热偶测试并转换成电压信号 U_F。试绘出该控制系统的框图，并指出该系统的控制对象、被控量是什么？

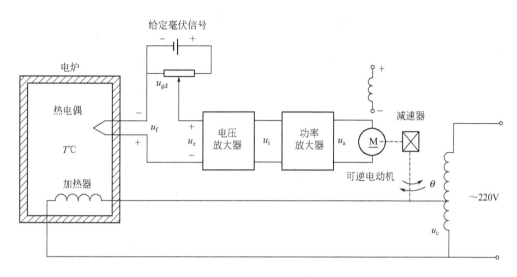

图 24 绘图题 7

答：

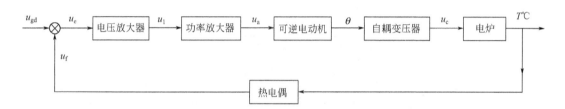

控制对象：电炉，控制量：电炉的温度

九、计算题

1. 已知逆变器直流侧电压为 220V，试计算 180°和 120°导通型逆变器相电压有效值和线电压有效值。

答：① 180°导通型逆变器相电压有效值：$U_{AO} = 0.471U = 0.471 \times 220 = 94.2V$

② 180°导通型逆变器线电压有效值：$U_{AB} = 0.817U = 0.817 \times 220 = 163.4V$

③ 120°导通型逆变器相电压有效值：$U_{AO} = 0.408U = 0.408 \times 220 = 81.6V$

④ 120°导通型逆变器线电压有效值：$U_{AB} = 0.707U = 0.707 \times 220 = 141.4V$

注：U 为逆变器的直流侧电压。

2. 已知逆变器直流侧电压为 100V，试计算 180°和 120°导通型逆变器相电压有效值和线电压有效值。

答：180°时相电压的有效值：$U_{AO} = 0.471 \times 100 = 47.1V$

180°时线电压的有效值：$U_{AB} = 0.817 \times 100 = 81.7V$

120°时相电压的有效值：$U_{AO} = 0.408 \times 100 = 40.8V$

120°时线电压的有效值：$U_{AO} = 0.707 \times 100 = 70.7V$

3. 将图 25(a) 所示的阶跃信号 u_1 输入到图 25(b) 所示的调节器中，试计算输出信号 u_0 的大小，在图 25(c) 中画出其对应的波形并回答这是什么调节器。

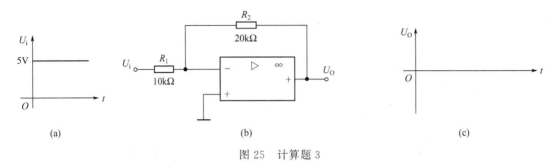

(a)　　　　　　　　　　　　(b)　　　　　　　　　　　　(c)

图 25　计算题 3

答：$u_0 = -(R_2 u_i)/R_1 = -10V$

波形图

十、论述题

1. 请用框图说明恒压供水系统的基本思路。

答：恒压供水系统框图如图 26 所示。

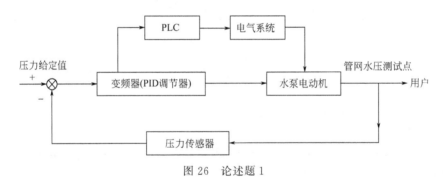

图 26　论述题 1

　　由图可知，恒压供水系统是一个闭环控制系统，压力传感器反馈来的管网压力信号与给定压力值进行比较而得出偏差变化，经变频器内部 PID 运算，调节变频器输出频率，从而改变水泵电动机的转速，用水量大时，通过 PLC 控制水泵工频电流与变频电流供电的切换，自动控制水泵投入运行台数，或经变频器提高水泵转速，以保持管网压力不变，用水量小时又需作出相反调节，这就是恒压供水系统的基本思路。

　　2. 试述恒压供水系统的基本原理。

　　答：恒压供水系统是一个闭环控制系统，压力传感器反馈来的管网压力信号与给定压力值进行比较而得出偏差变化，经变频器内部 PID 运算，调节变频器输出频率，从而改变水泵电动机的转速，用水量大时，通过 PLC 控制水泵工频电流与变频电流供电的切换，自动控制水泵投入运行台数，或经变频器提高水泵转速，以保持管网压力不变，用水量小时又需作出相反调节，这就是恒压供水系统的基本思路。

参 考 文 献

［1］ 向晓汉等．PLC完全精通教程．北京：化学工业出版社，2012．

［2］ 万学春等．生产线组装与调试实训教程．北京：中国水利水电出版社，2010．

［3］ 钟肇新等．可编程控制器原理及应用．第3版．广州：华南理工大学出版社，2006．

［4］ 李江全等．三菱PLC通信与控制应用编程实例．北京：中国电力出版社，2012．

［5］ 梁耀光等．电工新技术教程．北京：中国劳动社会保障出版社，2014．

［6］ 咸庆信等．PLC技术与应用．第2版．北京：机械工业出版社，2011．

［7］ 三菱通用变频器FR-A700使用手册．

［8］ 刘明等．PLC技术及应用．广州：世界图书出版广东有限公司，2013．

［9］ 吴启红等．变频器、可编程序控制器及触摸屏综合应用技术实操指导书．第2版．北京：机械工业出版社，2011．

［10］ 广东三向教学仪器制造有限公司．SX-608D（电工技师/高级技师实训考核设备）实验指导书．

［11］ 广东三向教学仪器制造有限公司．SX-815P（工业自动化实训考核设备）设备使用说明书．